高等职业教育新目录新专标
电子与信息大类教材

嵌入式处理器应用开发
——基于龙芯1B处理器

邵　瑛　李军锋　刘子坚　董昌春
石　浪　郑　其　张　莹　编著

電子工業出版社
Publishing House of Electronics Industry
北京·BEIJING

内 容 简 介

本书按照教育部最新职业教育教学改革要求，以能力为本位，以职业实践为主线，贴合项目化、模块化专业课程设计理念，以国产自主可控技术龙芯 1B 处理器技术应用的典型案例为载体构建课程内容。项目案例设计遵循“由简到难、循序递进”的教学原则，安排“基础篇—进阶篇—实战篇”三个篇章，其中基础篇和进阶篇主要面向现实生活某款嵌入式产品的部件或功能模块开发进行项目教学设计，将嵌入式处理器及应用开发的基础知识与技能完全覆盖并融入其中；实战篇则紧随“新基建”热点，选用新能源汽车与智慧灯杆两大主题，对标真实的新能源汽车仪表盘与智慧灯杆设计项目开展实战教学。

本书是 2022 年职业教育国家在线精品课程“嵌入式系统应用”的配套用书，体系完整，内容全面，配套丰富的数字化教学资源。本书作为电子信息类专业职业本科“嵌入式处理器应用开发”、高职专科“嵌入式技术及应用”等课程的教学用书时，高职专科专业可以侧重基础篇和进阶篇的学习，职业本科专业则建议加强实战篇的学习。本书也可作为“嵌入式边缘计算软硬件开发”1+X 考证参考教材、嵌入式技能大赛的培训指导书，还可作为从事智能硬件产品开发、嵌入式系统应用开发的工程技术人员的参考用书。

图书在版编目（CIP）数据

嵌入式处理器应用开发 ： 基于龙芯 1B 处理器 / 邵瑛
等编著. -- 北京 : 电子工业出版社, 2024. 6. -- ISBN
978-7-121-48362-2

Ⅰ. TP368.1

中国国家版本馆 CIP 数据核字第 2024QY1343 号

责任编辑：左　雅
印　　刷：三河市良远印务有限公司
装　　订：三河市良远印务有限公司
出版发行：电子工业出版社
　　　　　北京市海淀区万寿路 173 信箱　　　　邮编：100036
开　　本：787×1092　　1/16　　印张：17.75　　字数：477 千字
版　　次：2024 年 6 月第 1 版
印　　次：2024 年 6 月第 1 次印刷
定　　价：59.00 元

凡所购买电子工业出版社图书有缺损问题，请向购买书店调换。若书店售缺，请与本社发行部联系，联系及邮购电话：（010）88254888，88258888。

质量投诉请发邮件至zlts@phei.com.cn，盗版侵权举报请发邮件至dbqq@phei.com.cn。

本书咨询联系方式：（010）88254580，zuoya@phei.com.cn。

前　言

党的二十大报告指出“必须坚持科技是第一生产力、人才是第一资源、创新是第一动力，深入实施科教兴国战略、人才强国战略、创新驱动发展战略，开辟发展新领域新赛道，不断塑造发展新动能新优势。”实施三大战略，赋能教育培养科技创新人才，优化升级产业链供应链，发展新质生产力，加快实现高水平科技自立自强，为中国式现代化建设保驾护航。电子信息类学科是先进信息技术领域的重要学科，是国民经济的四大支柱产业（节能环保、新一代信息技术、生物、高端装备制造）中新一代信息技术产业的重要组成部分，被广泛应用于工业、农业、国防军事等许多领域，在国民经济中发挥着越来越重要的作用。微处理器技术是近年来热门电子信息类学科技术，目前我国微处理器芯片自主可控技术与世界先进水平相比在芯片设计方面的差距正在逐渐缩小，一些国产芯片性能指标已经达到国际先进水平，全面贯彻落实党的二十大精神，构建国产自主可控技术生态、促进国产自主可控技术迭代发展是必然趋势。

本书在已建成的职业教育国家在线精品课程的基础上，面向“国产替代，自主可控”的产业发展人才需求，基于国产自主可控技术的龙芯 1B 处理器芯片技术应用，以能力为本位，以职业实践为主线，以典型真实项目为载体，有机融入全国职业院校技能大赛“嵌入式系统应用开发”赛项标准、“嵌入式边缘计算软硬件开发”1+X 证书标准内容。全书注重课程内容与嵌入式智能电子产品设计与应用职业岗位能力要求的相关性，将工作任务与知识点、技能点合理匹配，让学生在任务实施中掌握知识，提升能力；也突出课程学习的实用性与趣味性，易于激发学生学习兴趣，孵化学生工程实践能力。

本书分为 9 个项目，包括 SOS 求救信号器开发、计数器应用开发、手机呼吸灯应用开发、智能家居灯光控制系统应用开发、LCD 电子时钟应用开发、环境温湿度测量仪开发、温湿度存储记录仪开发、新能源汽车仪表盘设计与应用、新基建智慧灯杆设计与应用。项目实践过程都按照任务驱动的模式进行组织，回归到科学知识和实践技能获取的自然过程。每个项目细分为若干任务，每个任务主要包括以下三个组成部分。

- 任务分析：介绍任务的基本情况、技术要求、实现任务的关键技术，以及实现项目任务设计制作所必需的预备知识。
- 任务实施：任务实现所需的技术资料、实现步骤等，梳理项目实践过程中的要点和步骤，便于学生理解和接受。
- 拓展提高：通过拓展知识提高学生触类旁通、举一反三的能力，便于强化学生的工程应用能力。

本书主要特色如下。

（1）项目化教学：以企业实际项目为载体，将理论知识与实践操作紧密结合，使学生在完成项目的过程中掌握微处理器技术的应用。

（2）实用性强：内容涵盖微处理器的基本原理、硬件设计、软件编程等多个方面，具有很强的实用性。

（3）系统性强：包括 9 个典型项目，每个项目从基础知识和任务分析开始，逐步深入到任务实施，再到较复杂的应用任务拓展，最后进行总结与思考，形成了完整的知识体系。

（4）互动性好：配有丰富的实例和实验，学生可以通过实际操作来加深对理论知识的理解。

（5）适应性广：适用于电子、自动化、计算机等专业的学生，也适用于对嵌入式、微处理器技术感兴趣的自学者。

（6）更新快：随着微处理器技术的发展和龙芯芯片的更新迭代，本书会定期进行更新，以保证内容的时效性。

本书由上海电子信息职业技术学院邵瑛老师组织编写和统稿，上海电子信息职业技术学院李军锋、董昌春老师，金华职业技术学院刘子坚、张莹老师，百科荣创科技发展有限公司石浪、郑其工程师参与编著。在编写过程中得到龙芯中科技术股份有限公司和百科荣创科技发展有限公司技术人员的支持与帮助，在此一并表示感谢！

本书作为 2022 年职业教育国家在线精品课程“嵌入式系统应用”的配套用书，配有相关教学视频（扫描书中二维码观看），以及电子教学课件、习题参考答案、源程序文件等教学资源。读者可登录华信教育资源网（http://www.hxedu.com.cn）免费注册后获取资料，还可在“智慧职教-资源库”网站搜索邵瑛老师主讲的“嵌入式系统就用（龙芯版）”课程观看学习。

因时间和作者水平有限，书中的不足之处在所难免，恳请读者提出宝贵意见。

编著者

目　录

基 础 篇

进　阶　篇

实 战 篇

基础篇

项目 1　SOS 求救信号器开发

SOS 是国际通用的紧急求救信号。随着无线电报机的发明，人类开始使用摩尔斯电码传递信息，但由于无线电在当时没有统一标准，各类求救信号五花八门。1903 年，第一届国际无线电报会议召开，马可尼无线电公司提出的“CQD”成为国际通用的遇难信号，“CQ”即“Call to Quarters（All Stations Attend）”，是“全部台站皆应答”的意思，后面加上一个“D”表示“Distress”，是“遇难”的意思。但“CQD”与一般呼叫“CQ”容易混淆，1906 年，一位德国专家建议使用“SOE”作为统一遇难信号，为了避免摩尔斯电码短音“E”被误解或错过，大家最终决定用 S 代替 E。于是，“SOS”就成为了国际统一无线电遇难求救信号。

本项目是利用龙芯 1B 处理器开发设计一款 SOS 求救信号器。通过本项目学习，读者可掌握龙芯 1B 处理器应用开发的基本方法及其 GPIO 的输出功能。本项目有两个任务，通过任务 1 搭建龙芯 1B 处理器开发环境学习龙芯 1B 处理器的基本知识、开发软件的安装、配置及 LoongIDE 的基本使用方法；通过任务 2 SOS 求救信号器开发实现学习龙芯 1B 处理器的 GPIO 输出功能并进一步熟悉其应用开发流程。

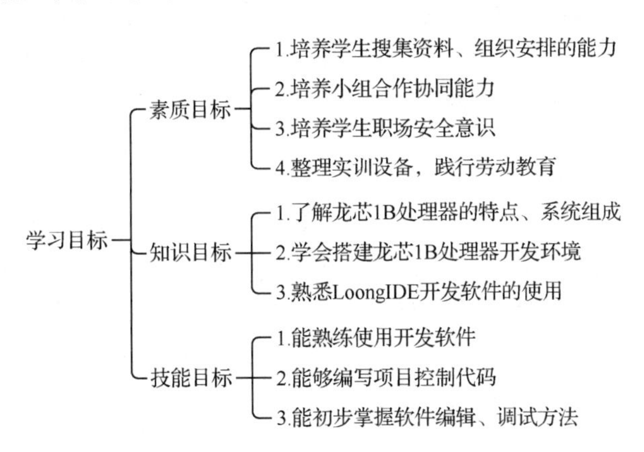

学习目标
素质目标
1.培养学生搜集资料、组织安排的能力
2.培养小组合作协同能力
3.培养学生职场安全意识
4.整理实训设备，践行劳动教育
知识目标
1.了解龙芯1B处理器的特点、系统组成
2.学会搭建龙芯1B处理器开发环境
3.熟悉LoongIDE开发软件的使用
技能目标
1.能熟练使用开发软件
2.能够编写项目控制代码
3.能初步掌握软件编辑、调试方法

任务 1.1　搭建龙芯 1B 处理器开发环境

任务分析

本任务要求搭建龙芯 1B 处理器开发环境，使用该环境建立一个工程项目，编译程序生成

hex 文件烧写至开发板运行。

完成这个任务，需要知道 LoongIDE 工具如何安装、如何配置、如何使用，龙芯 1B 处理器开发板如何使用。

建议学生带着以下问题进行本任务的学习和实践。

- 什么是龙芯？
- 龙芯处理器有什么特点？
- LoongIDE 集成开发环境有何功能？
- 龙芯开发板如何使用？

SOS 求救信号器讲解

相关知识

随着人工智能、物联网等新兴技术领域的不断发展，嵌入式系统及嵌入式技术在智能家电、数码产品、通信、汽车电子、航空航天、工业控制及医疗电子等领域的应用越来越广泛。嵌入式系统是一种置入应用对象内部起信息处理和控制作用的专用计算机系统。嵌入式系统以应用为中心，以计算机技术为基础，软硬件可裁剪，能够满足应用系统对功能、可靠性、成本、体积和功耗等的严格要求。嵌入式系统发展正呈现出网络化、智能化及易操控等特点。嵌入式系统一般由嵌入式硬件系统和嵌入式软件系统组成。硬件系统包括嵌入式处理器、存储器、外设接口及必要的外围电路。其中，嵌入式处理器是嵌入式系统最核心的模块。

1.1.1 龙芯处理器

“龙芯”是我国最早研制的高性能通用处理器系列，采用 RISC 指令集，类似于 MIPS 指令集，于 2001 年在中科院计算所开始研发，得到了中科院、863、973、核高基等项目大力支持。2010 年，中国科学院和北京市政府共同牵头出资，龙芯中科技术有限公司正式成立，开始市场化运作，旨在将龙芯处理器的研发成果产业化。

1. 龙芯处理器发展

2002 年 8 月 10 日诞生的“龙芯 1 号”是我国首枚拥有自主知识产权的高性能通用微处理芯片。龙芯从 2001 年以来共开发了 1 号、2 号、3 号三个系列处理器和龙芯桥片系列，在政企、安全、金融、能源等应用场景得到了广泛的应用。龙芯历年来研发的三个系列的处理器如图 1-1 所示。

大 CPU 系列，也就是龙芯 3 号系列 CPU，为 64 位多核系列处理器，主要面向桌面和服务器等领域。追求的是高性能，对标 Intel 的酷睿和至强，本书撰写时期内最新推出的是 3A6000。中 CPU 系列，也就是龙芯 2 号，为 64 位低功耗单核或双核系列处理器，主要面向工控和终端等领域。面向工业领域和终端类应用，对标 Intel 的 Atom 系列和 ARM 的 Cortex 系列，目前的主打产品是采用 40nm 工艺的 2K1000，将推出采用 28nm 工艺、主频 2GHz 的 2K2000，目前都是双核的。小 CPU 系列，也就是龙芯 1 号系列 CPU，为 32 位低功耗、低成本处理器，主要面向低端嵌入式和专用应用领域。比如金色的 1HMCU，专门用于石油勘探，可以耐 175℃的高温；还有用于智能门锁、水表、电表的专用芯片，以及用在北斗等卫星上的专用抗辐照芯片。最新推出的产品是单核处理器 1A500，功耗在 2W 以下，在工业领域有很广阔的应用场景。

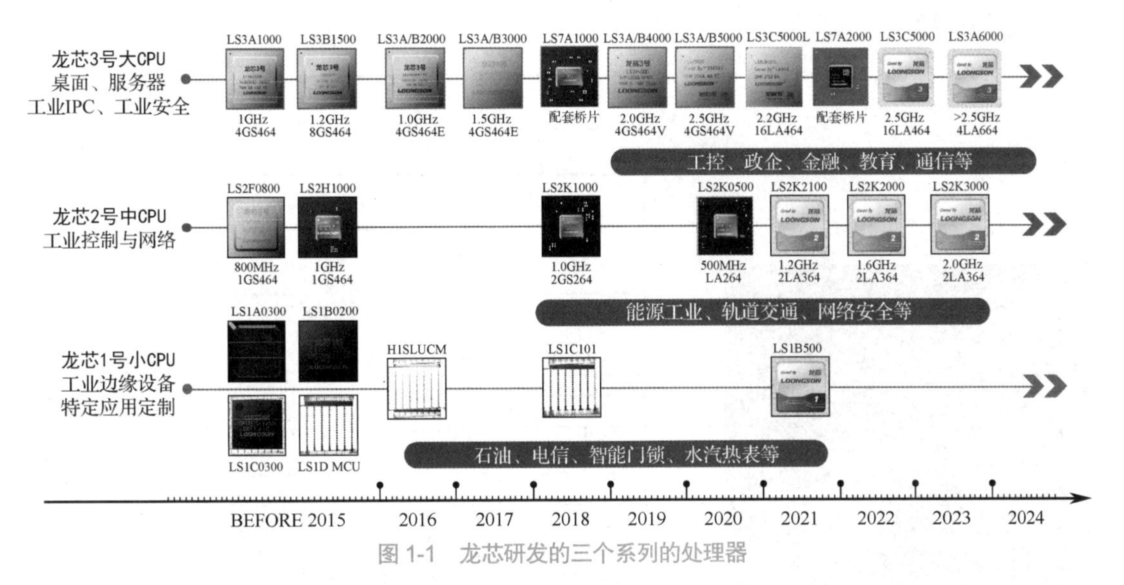

图 1-1　龙芯研发的三个系列的处理器

2. 龙芯 1B 处理器结构

龙芯 1B 处理器采用 0.13μm 工艺，是一款轻量级的 32 位 SoC 芯片。片内集成了 GS232 处理器核、16/32 位 DDR2、高清显示、NAND、SPI、62 路 GPIO、USB、CAN、UART 等接口，能够满足超低价位云终端、数据采集、网络设备等领域需求。龙芯 1B 处理器外观如图 1-2 所示。龙芯 1B 产品参数如表 1-1 所示。

表 1-1　龙芯 1B 产品参数

内核	单核 32 位
主频	200～256MHz
功耗	0.5W
内存控制器	16/32 位 DDR2
I/O 接口	USB2.0/1.1×1、GMAC×2、I^2C×3、CAN×2、SPI×2、NAND、UART×12、RTC、PWM×4、GPIO×62
一级指令缓存	8KB
一级数据缓存	8KB
制造工艺	130nm
引脚数	256
封装方式	17mm×17mm BGA

1B 芯片内部顶层结构由 AXI XBAR 交叉开关互连，其中 CPU（GS232）、DC、AXI_MUX 作为主设备通过 3X3 交叉开关连接到系统；DC、AXI_MUX 和 DDR2 作为从设备通过 3X3 交叉开关连接到系统。在 AXI_MUX 内部实现了多个 AHB 和 APB 模块到顶层 AXI 交叉开关的连接，其中 DMA_MUX、GMAC0、GMAC1、USB 被 AXI_MUX 选择作为主设备访问交叉开关；AXI_MUX（包括 confreg、SPI0、SPI1）、AXI2APB、GMAC0、GMAC1、USB 等作为从

设备被来自 AXI_MUX 的主设备访问。在 AXI2APB 内部实现了系统对内部 APB 接口设备的访问，这些设备包括 WatchDog、RTC、PWM、I^2C、CAN、NAND、UART 等。龙芯 1B 处理器结构如图 1-3 所示。

图 1-2　龙芯 1B 处理器外观

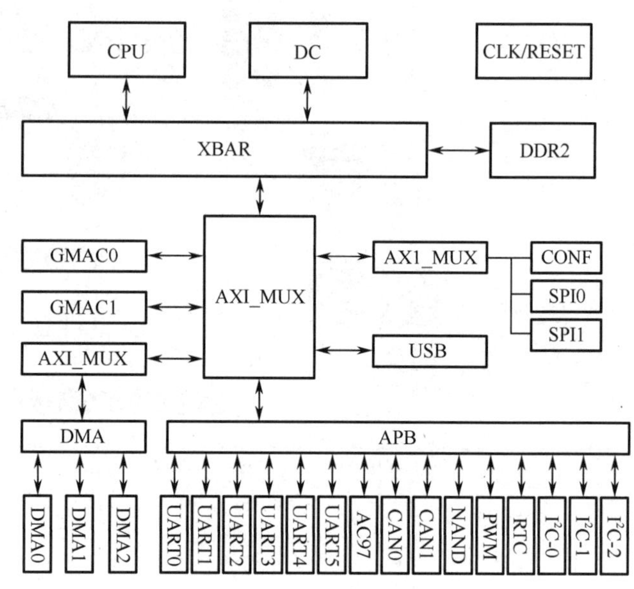

图 1-3　龙芯 1B 处理器结构图

3. 龙芯 1B 处理器功能

龙芯 1B 处理器支持以下功能。

（1）GS232 CPU。龙芯 232 核是一款实现 MIPS32 兼容且支持 EJTAG 调试的双发射处理器，通过采用转移预测、寄存器重命名、乱序发射、路预测的指令 CACHE、非阻塞的数据 CACHE、写合并收集等技术来提高流水线的效率。下面介绍 GS232 架构的相关优点。

- 双发射五级流水、乱序发射、乱序执行；
- 8KB 指令 CACHE+8KB 数据 CACHE，4 路组相连，指令 CACHE 支持路预测；
- 6 项 BRQ、16 项的 QUEUE；
- 动态转移预测、地址返回栈；
- 32 项 JTLB，4 项 ITLB、8 项 DTLB；
- 两个定点 ALU 部件；
- 支持非阻塞的 CACHE 访问技术，4 项 load 队列、2 项 store 队列、3 项 miss 队列，最多容忍 5 条 store 指令 CACHE 不命中和 4 条 load 指令 CACHE 不命中；
- 支持 cache store 指令的写合并和 uncache 写加速技术；
- 支持 cache lock 技术和预取指令；
- 支持流水线暂停模式；
- 支持向量中断，可配置支持快速中断响应，最多 8 个时钟周期进入中断处理程序；
- 支持 EJTAG 调试。

（2）DDR2。

- 32 位 DDR2 控制器；

- 遵守 DDR2 DDR 的行业标准（JESD79-2B）；
- 一共含有 18 位的地址总线（即 15 位的行列地址总线和 3 位的逻辑 Bank 总线）；
- 接口上命令、读写数据全流水操作；
- 内存命令合并、排序提高整体带宽；
- 配置寄存器读写端口，可以修改内存设备的基本参数；
- 内建动态延迟补偿电路（DCC），用于数据的可靠发送和接收；
- 支持 33～133MHz 工作频率。

（3）LCD Controller。

- 屏幕大小可达 1920px×1080px；
- 硬件光标；
- 伽玛校正；
- 最大像素时钟 172MHz；
- 支持线性显示缓冲；
- 上电序列控制；
- 支持 16/24 位 LCD。

（4）USB2.0。

- 1 个独立的 USB2.0 的 HOST ports 及 PHY；
- 兼容 USB1.1 和 USB2.0；
- 内部 EHCI 控制和实现高速传输 480Mbps；
- 内部 OHCI 控制和实现全速和低速传输 12Mbps 和 1.5Mbps。

（5）AC97。

- 支持 16、18 和 20 位采样精度，支持可变速率，最高达 48kHz；
- 2 频道立体声输出；
- 支持麦克风输入。

（6）GMAC。

- 两路 10/100/1000Mbps 自适应以太网控制器；
- 双网卡均兼容 IEEE 802.3；
- 对外部 PHY 实现 RGMII 和 MII 接口；
- 半双工/全双工自适应；
- 半双工时，支持碰撞检测与重发（CSMA/CD）协议；
- 支持 CRC 校验码的自动生成与校验。

（7）SPI。

- 支持 2 路 SPI；
- 支持系统启动；
- 极性和相位可编程的串行时钟；
- 可在等待模式下对 SPI 进行控制。

（8）UART。

- 集成 1 个全功能串口、1 个四线串口和 10 个两线串口；
- 在寄存器与功能上兼容 NS16550A；

- 全双工异步数据接收/发送；
- 可编程的数据格式；
- 16 位可编程时钟计数器；
- 支持接收超时检测；
- 带仲裁的多中断系统。

（9）I^2C。

- 兼容 SMBUS（100kbps）；
- 与 PHILIPS I^2C 标准相兼容；
- 履行双向同步串行协议；
- 只实现主设备操作；
- 能够支持多主设备的总线；
- 总线的时钟频率可编程；
- 可以产生开始/停止/应答等操作；
- 能够对总线的状态进行探测；
- 支持低速和快速模式；
- 支持 7 位寻址和 10 位寻址；
- 支持时钟延伸和等待状态。

（10）PWM。

- 提供 4 路可配置 PWM 输出；
- 数据宽度 32 位；
- 定时器功能；
- 计数器功能。

（11）CAN。

- 支持 2 个独立 CAN 总线接口；
- 每路 CAN 接口均支持 CAN2.0A/B 协议；
- 支持 CAN 协议扩展。

（12）RTC。

- 计时精确到 0.1 秒；
- 可产生 3 个计时中断；
- 支持定时开关机功能。

（13）GPIO。

- 62 位 GPIO；
- 支持位操作。

（14）NAND。

- 支持最大单颗 NAND FLASH 为 32GB；
- 共有 4 个片选 CS；
- 数据宽度 8 位；
- 支持 SLC；
- 支持页大小 2048Byte。

（15）INT controller。

- 支持软件设置中断；
- 支持电平与边沿触发；
- 支持中断屏蔽与使能；
- 支持固定中断优先级。

（16）Watchdog。

- 16 位计数器及初始化寄存器；
- 低功耗模式暂停功能。

（17）功耗。

- 典型工作状态 0.3～0.5W。

1.1.2　龙芯 1x 嵌入式开发工具（LS1x DTK）

龙芯 1x 嵌入式开发工具是一套用于开发龙芯 1 系列芯片的 RT-Thread/FreeRTOS/uCOS/RTEMS 项目或裸机项目的嵌入式编程工具，帮助用户在龙芯 1x 嵌入式开发过程中减少编码量、缩短开发周期、降低开发难度，快速实现符合工业标准的国产化产品，从而助力工控行业的国产化进程。龙芯 1x 开发工具架构如图 1-4 所示。

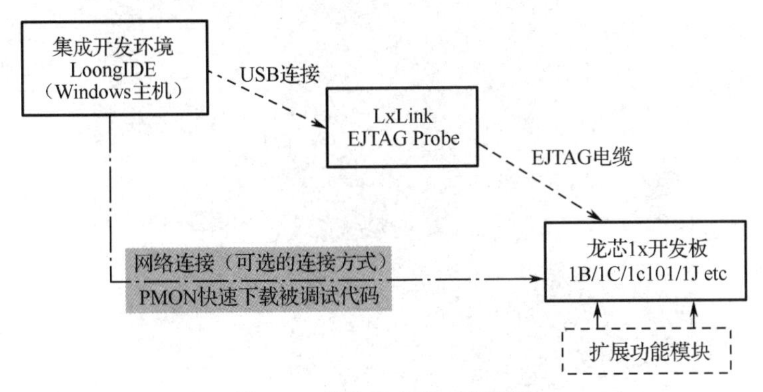

图 1-4　龙芯 1x 开发工具架构

1. 集成开发环境（LoongIDE）

集成开发环境（LoongIDE）是 LS1x DTK 的人机交互界面，是针对龙芯 1x 系列处理器开发的集成开发环境，具有如下特点：

- 实现龙芯 1x 项目的 C/C++和 MIPS 汇编程序的编辑、编译和调试，软件功能强大、简单易用；
- 包含基于实时操作系统 RTEMS 的龙芯 1x BSP 包，可以让用户快速部署工业级应用的项目开发；
- 包含基于 RT-Thread/FreeRTOS/uCOS/裸机编程的龙芯 1x 应用程序框架，方便用户选择适用的 RTOS。

LoongIDE 实现的调试功能如下：

- 源代码断点设置和跟踪；
- 汇编代码实时跟踪；
- 源代码单步/进入命令；
- 汇编代码单步/进入命令；
- 变量实时监控（Watchvars）；
- 函数调用回溯（Backtraces）；
- CPU 寄存器实时显示；
- 当前光标处变量实时显示。

2. *龙芯开发板*

龙芯开发板基于龙芯 1B 处理器设计，方便用户模拟和实现各种自动化、工业控制、物联网等应用场景。龙芯 1B 开发板采用核心板+底板形式，用 4 个 3×30PIN 的 54102-0304 板对板连接器与核心板进行连接，外观如图 1-5 所示。

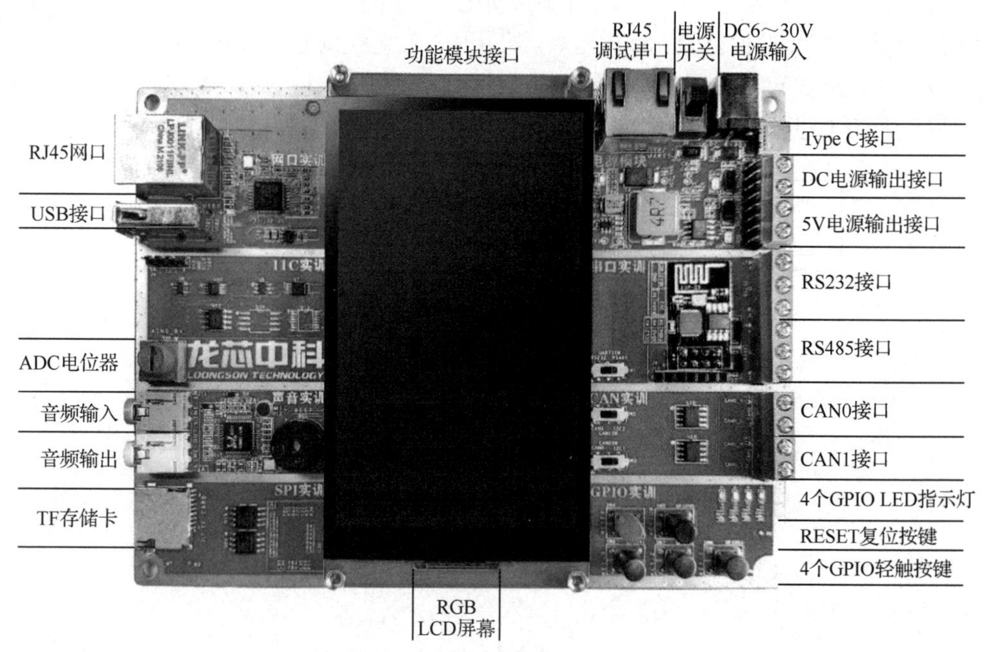

图 1-5　龙芯 1B 开发板外观

龙芯 1B 开发板包含 GMAC、Debug USB、RGB LCD、USB、CAN、I²C、SPI、UART、AC97、PWM 等接口，其规格参数如表 1-2 所示。

表 1-2　龙芯 1B 开发板规格参数

规　格	具 体 参 数
CPU	板载龙芯 1B200
内存	板载 64MB DDR2
存储	板载 512KB NOR Flash 板载 128MB NAND Flash

续表

规　格	具 体 参 数
尺寸	72mm×46mm
连接器	4 个板对板 Molex 连接器
输入电源	载板提供 3.3V 电源，RTC 电源
GPIO	提供 4 位 LED 指示灯，采用 GPIO 控制 提供 1 个有源蜂鸣器 提供 4 个轻触按键
CAN	提供 2 路 CAN 接口
串口	提供 1 路 RS232 调试串口（标准 RJ45 连接器） 提供 1 路 RS232 通信串口（3PIN 接线端子） 提供 1 路 RS485 通信串口，可用于接 RS485 Modbus-RTU 场景模块（3PIN 接线端子） 提供 1 路 TTL 串口，用于无线模块（2×4PIN 2.54mm 杜邦座）
SPI	提供 2 个板载 SPI Flash（其中 1 个存放默认程序写保护，检验默认硬件状态） 提供 1 个 TF 卡接口
声音	提供 1 路音频输入、1 路音频输出
I^2C	提供 3 路 I^2C 接口（其中 I^2C1、I^2C2 与 CAN0、1 复用） 提供 1 个板载 I^2C EEPROM 提供 4 路 12 位 ADC 输入；I^2C 接口芯片扩展：ADS1015 提供 1 路 12 位 DAC 输出；I^2C 接口芯片扩展：MCP4725 提供 1 个板载 I^2C RTC 电路（包含 CR1220 电池座）
网络接口	提供 1 路 10/100Mbps 自适应网口
USB 接口	提供 1 路 USB 接口
触控显示	提供 1 路标准 4.3 寸 RGB LCD 接口，支持 I^2C 触控接口（分辨率 480px×800px）

3. LxLink

LxLink 是用于芯片级调试的 EJTAG 接口设备，通过 USB 连接主机，为龙芯系列处理器提供在线调试仿真支持，其外观如图 1-6 所示。本课程中使用的开发板集成了该调试工具，因此无须额外配置。

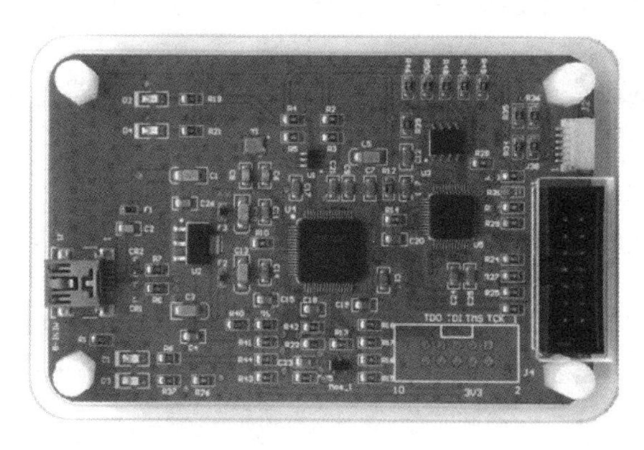

图 1-6　LxLink 外观

LxLink 由上位机软件驱动运行，实现两大功能：

- 标准 EJTAG 接口，实现龙芯 1x 的在线调试；
- 实现 SPI 硬件接口，支持 NOR Flash 芯片的编程。

任务实施

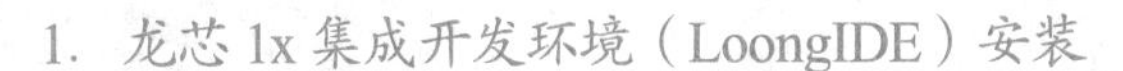

1. 龙芯 1x 集成开发环境（LoongIDE）安装

（1）安装运行环境。“龙芯 1x 嵌入式集成开发环境”使用在 MinGW 环境下编译的 GNU 工具链，所以在使用 gcc、gdb 等 GNU 工具时，需要安装 MSYS2 软件包支持 MinGW 运行环境。可以从 http://www.loongide.com 下载 msys2_full_install.exe 离线安装包进行安装，安装过程如图 1-7 所示。

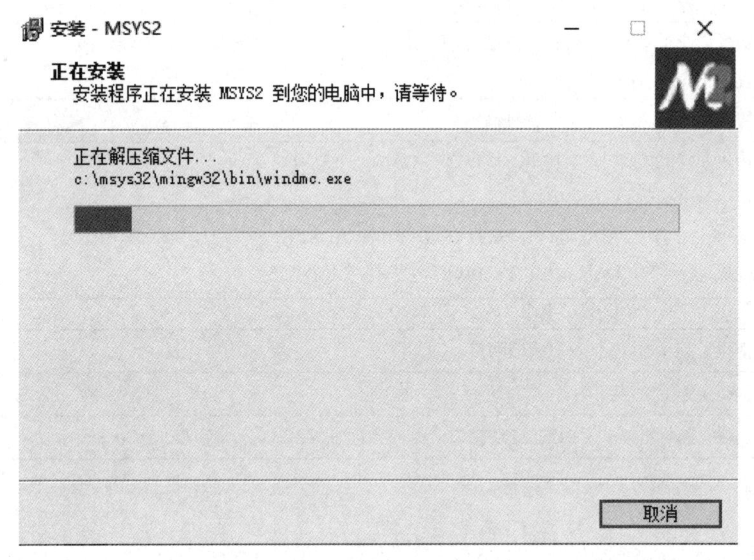

图 1-7　MSYS2 软件安装

安装时要注意：

- 软件安装目录路径中避免使用空格、汉字等字符。软件安装完成后，建议重启 Windows 系统。
- 安装过程所有选项均使用默认选项，路径建议选择 C 默认路径进行安装，MSYS2 安装完成后，需要设置 Windows 系统环境变量 path。

（2）修改系统环境变量。

① MSYS2 安装完成后，需要设置 Windows 系统环境变量 path。打开系统控制面板，选择“系统”→“高级系统设置”选项，选择“高级”选项卡，单击“环境变量”按钮，如图 1-8 所示，打开环境变量配置窗口。

② 将路径“C:\msys32\usr\bin”“C:\msys32\mingw32\bin”置于 path 首部，如图 1-9 所示。

图 1-8　打开环境变量配置窗口

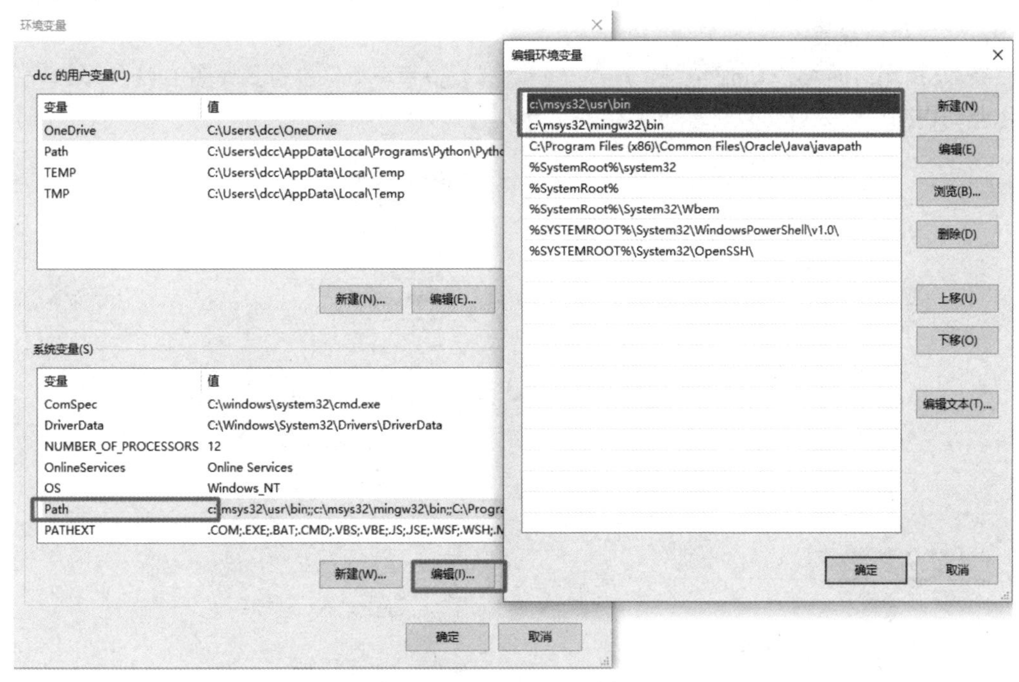

图 1-9　设置 path 路径

（3）安装 LoongIDE 主程序。

① 从 http://www.loongide.com 下载“龙芯 1x 嵌入式集成开发环境”安装程序 loongide_1.1_beta3_setup_for_1x，根据安装向导完成安装即可，如图 1-10 所示。

② 最后，选择安装 LxLink 驱动程序，如图 1-11 所示。

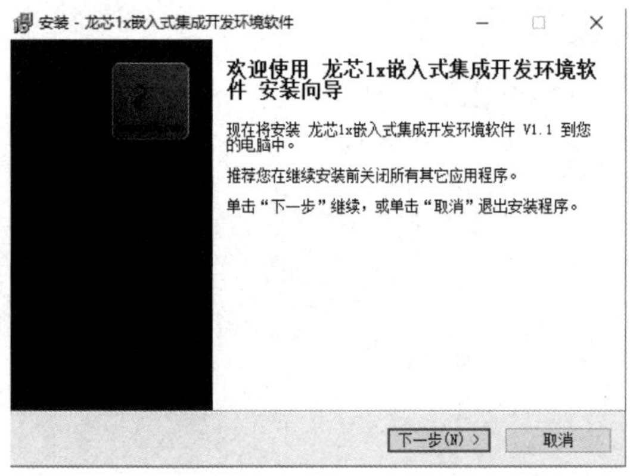

图 1-10　LoongIDE 安装

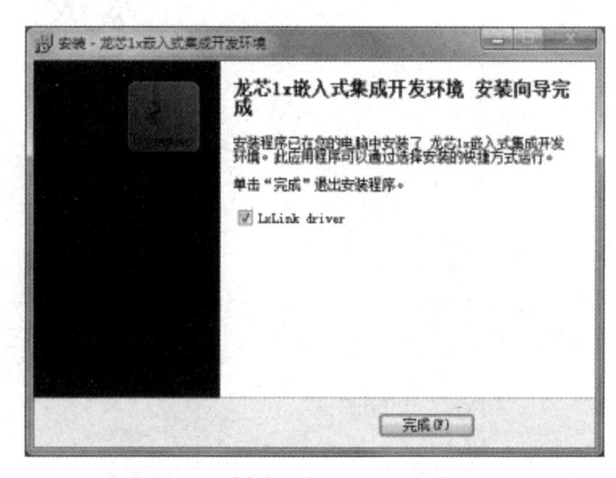

图 1-11　选择安装 LxLink 驱动程序

注意：通常安装完成 LoongIDE 主程序后，驱动程序会自动安装，如出现 IDE 无法识别下载器的情况，则需要手动安装驱动程序。

在主程序安装目录下有 driver 目录，如图 1-12 所示，目录文件 CDM21228_Setup_x86 中保存有 LxLink 的驱动程序，文件 CDMuninstallerGUI.exe 用于从 Windows 系统中清除驱动程序。双击 CDM21228_Setup.exe 驱动程序，按照默认提示安装即可。

（4）LxLink 驱动检测。LxLink 驱动程序在 loongide 安装目录下的 driver 目录中，安装时可能与 Windows 系统中已存在的 VCP 驱动程序发生冲突，导致安装失败，这时需要先卸载驱动程序，然后重新安装。

在 USB 端口插入 LxLink 电缆，在 Windows“设备管理器”中看到如图 1-13 所示的设备，表示驱动程序已经完成安装（驱动版本 2.12.28）。

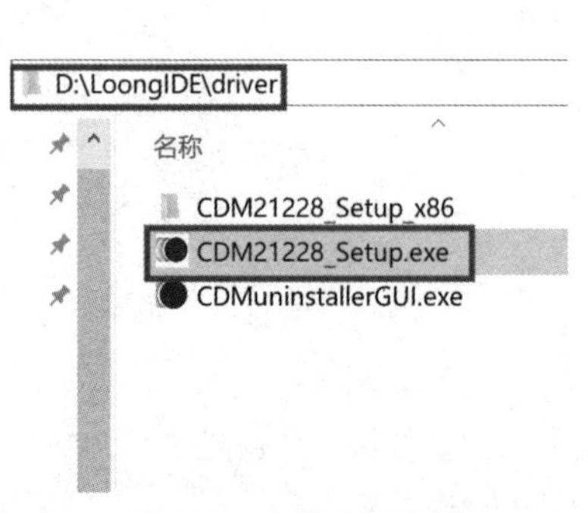

图 1-12　驱动程序路径

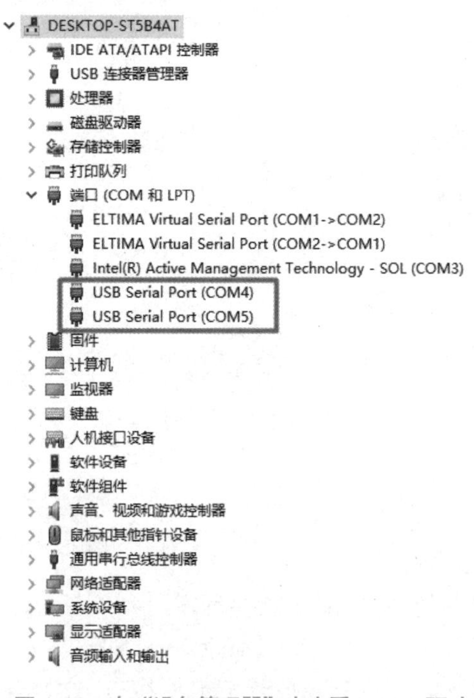

图 1-13　在“设备管理器”中查看 LxLink 驱动

检测 LxLink 驱动程序是否安装正确：

① 打开开发板电源；

② 连接 LxLink 的 USB 电缆线（“设备管理器”中显示设备正常）；

③ 运行安装目录下的驱动测试程序 ftditest.exe，依次单击“Load Driver”按钮、“Do Test”按钮，如图 1-14 所示。

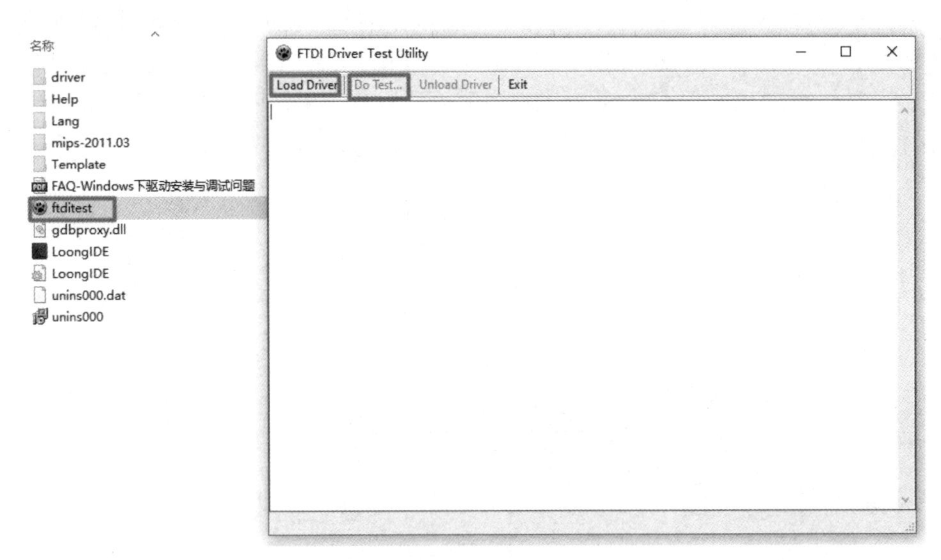

图 1-14　运行驱动测试程序 ftditest.exe

④ 如果能够看到如图 1-15 所示信息，说明驱动工作正常。否则，需要重新安装 LxLink 驱动程序。

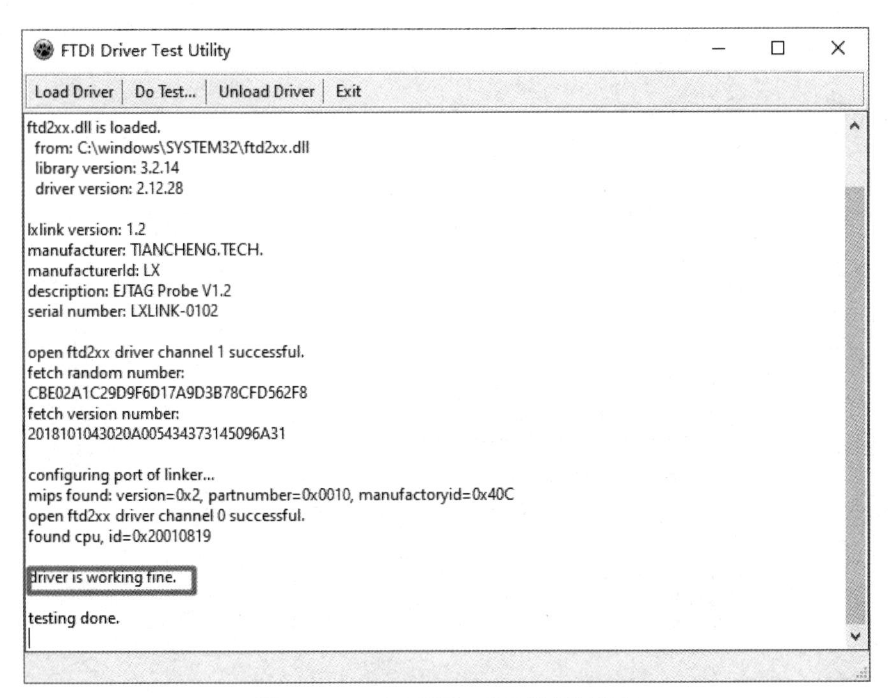

图 1-15　LxLink 驱动工作正常显示信息

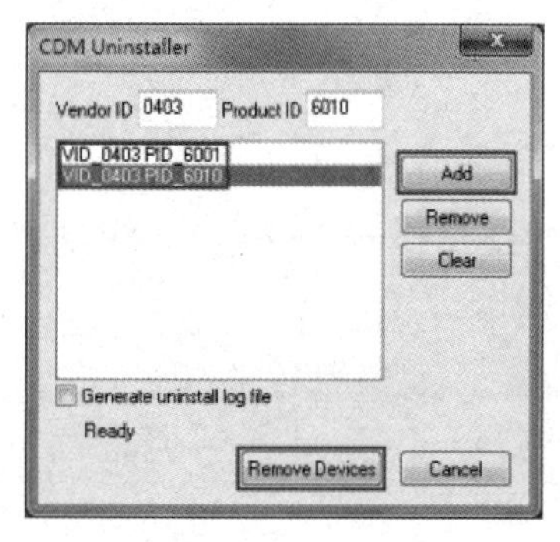

图 1-16　运行卸载 LxLink 驱动程序

（5）LxLink 驱动卸载与重装。如果检测到 LxLink 驱动程序不正常，需要先卸载 LxLink 驱动程序然后重装。运行安装目录\driver\CDMuninstallerGUI.exe，界面如图 1-16 所示。加入需要卸载的设备号，单击“Remove Devices”按钮卸载和清理驱动程序。

驱动程序的卸载也可以通过“设备管理器”来实现，如图 1-17 所示。在设备名称上单击鼠标右键，选择“卸载”命令，勾选“删除此设备的驱动程序软件。”复选按钮后单击“卸载”按钮，将两个设备全部删除。

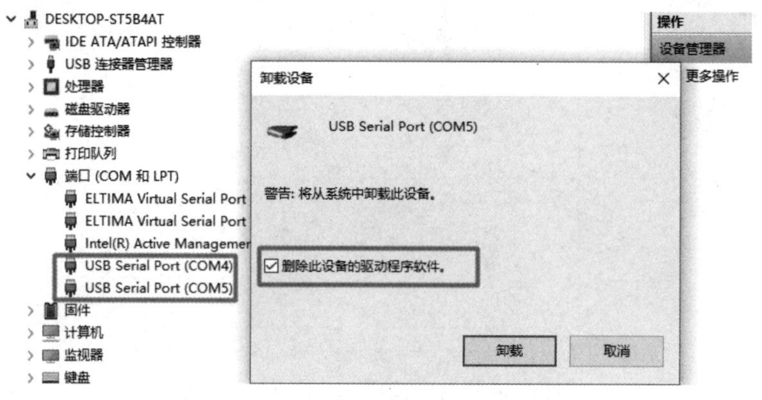

图 1-17　通过“设备管理器”删除设备

然后重新安装 LxLink 驱动程序，到“设备管理器”中进行驱动更新，如图 1-18 所示。

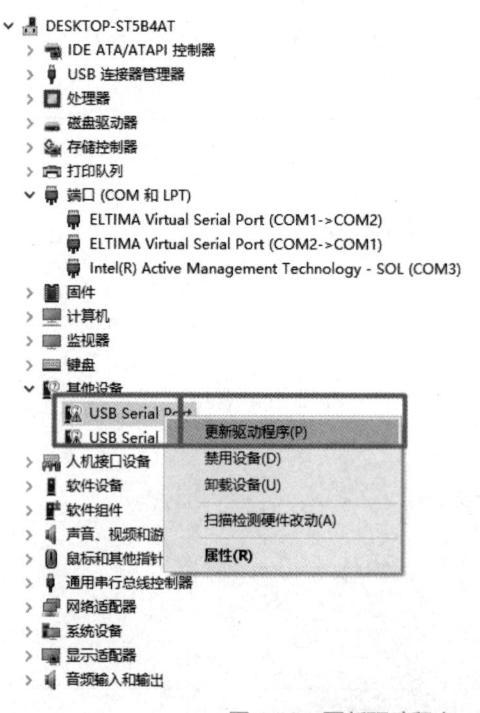

图 1-18　更新驱动程序

单击“浏览计算机以查找驱动程序软件”链接，如图 1-19 所示。

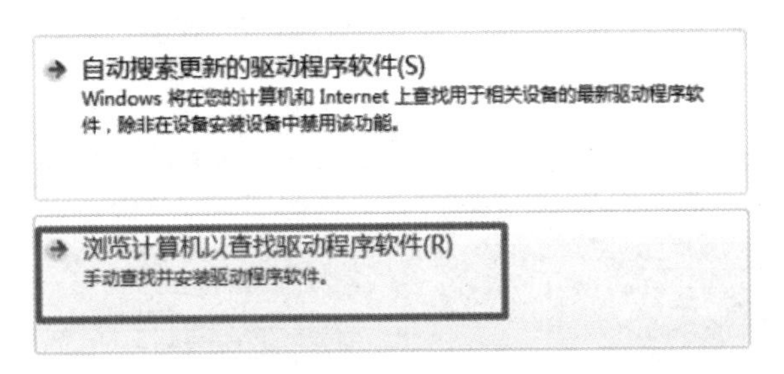

图 1-19　单击“浏览计算机以查找驱动程序软件”链接

浏览“安装目录\driver\CDM21228_Setup_x86”实现驱动安装。驱动安装完成后，重新启动计算机，检查驱动是否正常工作。

2. 龙芯 1x 集成开发环境（LoongIDE）设置

初次运行 LoongIDE.exe，显示界面如图 1-20 所示。

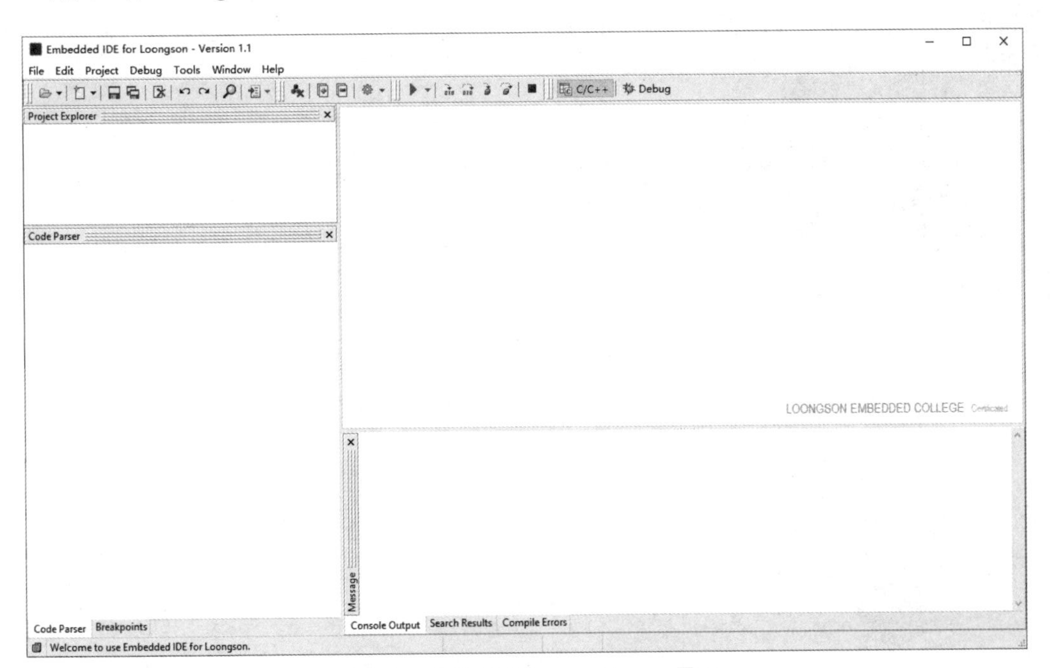

图 1-20　初次运行 LoongIDE.exe 界面

在使用 LoongIDE 前，需要进行初始化设置：工作区目录设置、语言设置、GNU 工具链设置。

（1）工作区目录设置。打开菜单“Tools”→“Enviroment Options”，进入环境变量设置窗口，选择“Directories”选项卡，从文件系统中选择工作区目录，作为新建项目的默认存放目录，如图 1-21 所示。

（2）语言设置。打开菜单“Tools”→“Enviroment Options”，进入环境变量设置窗口，选择“General”选项卡，语言选择“简体中文”，单击“OK”按钮退出，如图 1-22 所示。这时主窗口的标题、菜单等文本以中文显示。

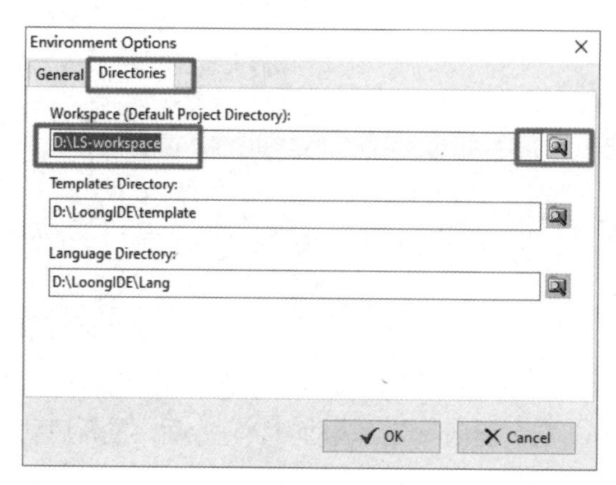

图 1-21　工作区目录设置

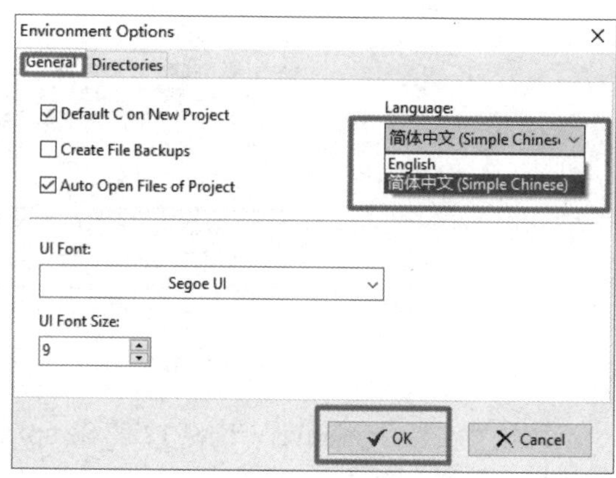

图 1-22　语言设置

（3）GNU 工具链设置。“龙芯 1x 嵌入式集成开发环境”使用 SDE Lite for MIPS 工具链来实现项目的编译和调试。用户可以在 LoongIDE 中安装一个或多个工具链，使用时根据项目的实际情况来选择适用的工具链。打开 LoongIDE 工具选项卡，打开“工具链管理”窗口，设置界面如图 1-23 所示。

图 1-23　GNU 工具链设置

（4）新建项目。

① 新建项目向导。创建 LoongIDE 新项目通过“新建项目向导”实现。打开菜单“文件”→“新建”→“新建项目向导”，创建新项目，如图 1-24 所示。

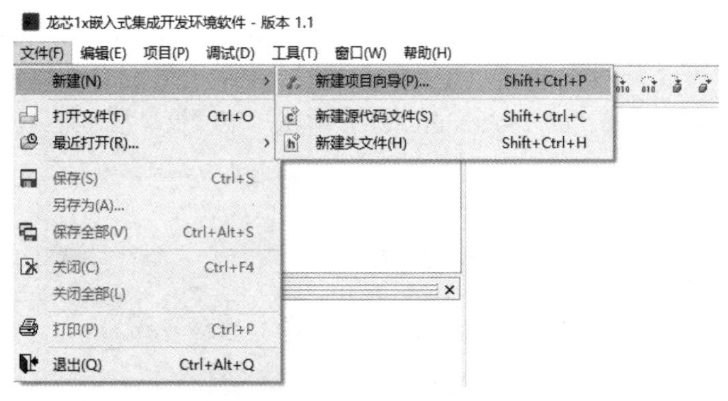

图 1-24　通过菜单打开新建项目向导

没有项目被打开时，使用“项目视图”“代码解析”面板的右键快捷菜单中的“新建项目向导”命令创建新项目，如图 1-25 所示。

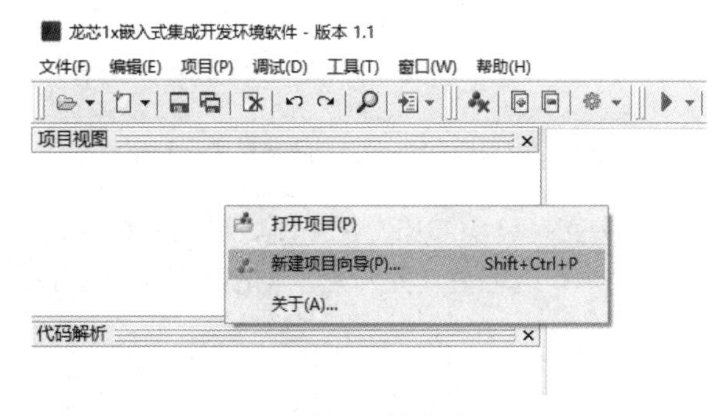

图 1-25　通过右键快捷菜单创建新项目

② 项目基本信息。打开“新建项目向导”窗口，界面如图 1-26 所示，在其中填写项目名称与项目工程存放路径，需要注意的是存放路径必须是英文路径。可参考图 1-26 所示信息进行配置，项目基本信息设置完成后，单击“下一页”按钮。

图 1-26　新建项目基本信息

③ 设置 MCU、工具链和操作系统。根据项目的需求，选择 MCU 等配置选项，如图 1-27 所示。将芯片型号设置为 LS1B200，工具链在此选择“SDE Lite 4.5.2 for MIPS”。本次实验无须使用 RTOS，选择“None (bare programming)”，单击“下一页”按钮继续。

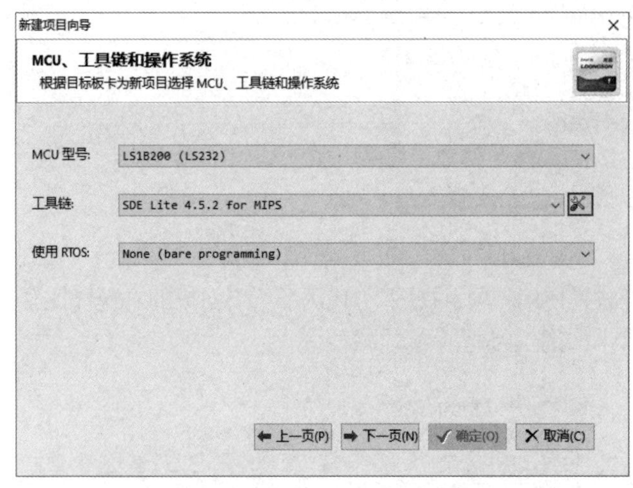

图 1-27 设置 MCU、工具链和操作系统

④ 组件配置。开发工具中支持自动添加文件系统、网络协议栈、GUI 等相关组件，用户可根据项目需求进行选择，便于实现相关功能开发，本小节暂未用到，单击“下一页”按钮即可，如图 1-28 所示。

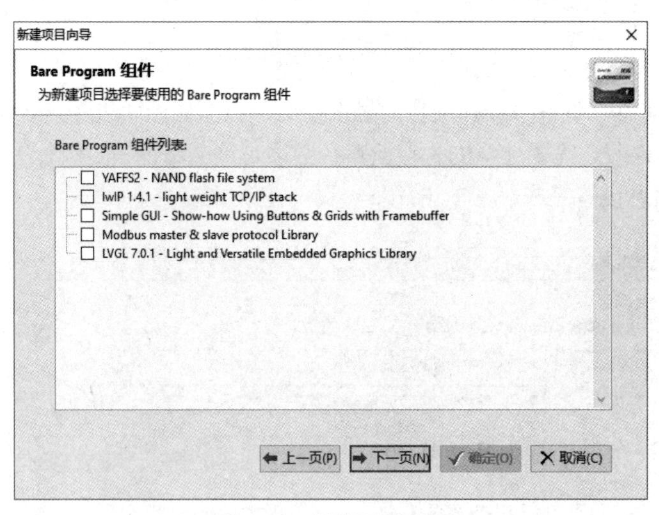

图 1-28 组件配置界面

⑤ 确认并完成向导。显示新建项目汇总信息如图 1-29 所示，单击“确定”按钮完成新项目的创建。

3. 项目操作

项目创建完成后，显示如图 1-30 所示界面，可以执行以下操作：

- 在项目中新建、添加、编辑、保存源代码文件；

- 执行编译，并对编译错误进行修改处理；
- 在项目编译成功后，启动调试。

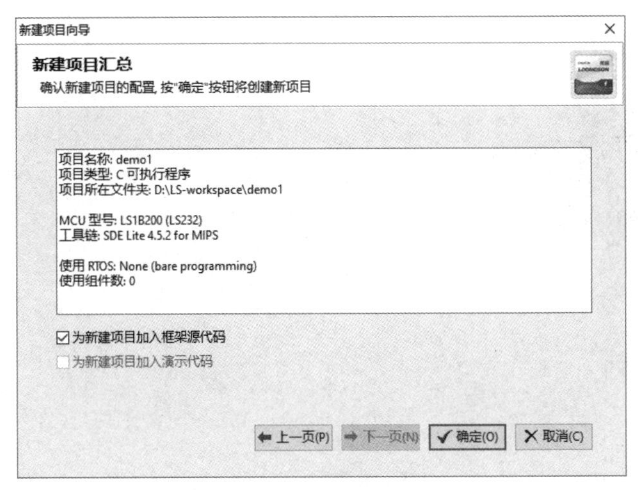

图 1-29　新建项目汇总界面

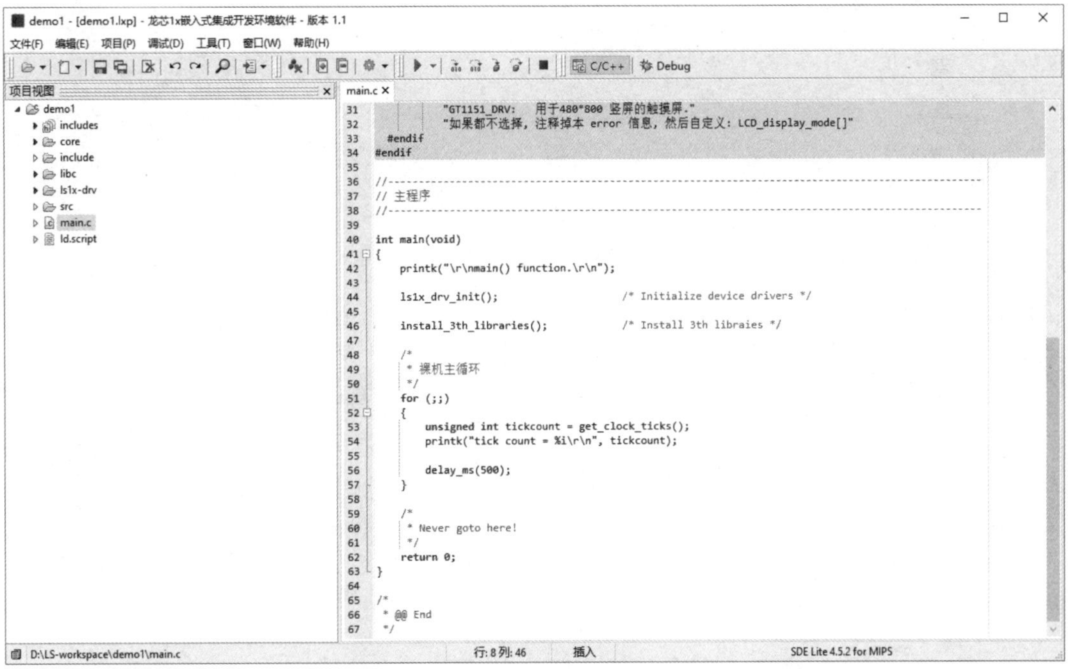

图 1-30　新项目界面

（1）添加代码。在 main.c 文件中添加、完善如下代码：

```
1.  #include <stdio.h>
2.  #include "ls1b.h"
3.  #include "mips.h"
4.  #include "bsp.h"
5.  #include "ls1b_gpio.h"
```

```
6.
7.  #define LED4 3
8.  #define ON 0
9.  #define OFF 1
10.
11. //LED 初始化函数
12. void LED_IO_Config(void)
13. {
14.     gpio_enable(LED4, DIR_OUT);          //设置 GPIO 为输出状态
15. }
16.
17. //LED 测试函数
18. void LED_Test(void)
19. {
20.     gpio_write(LED4, ON);                //点亮 LED
21.     delay_ms(500);                       //延时函数
22.     gpio_write(LED4, OFF);               //关闭 LED
23.     delay_ms(500);                       //延时函数
24. }
25.
26. //主程序
27. int main(void)
28. {
29.     printk("\r\nmain() function.\r\n");
30.     LED_IO_Config();                     //LED 端口初始化
31.     for (;;)
32.     {
33.         LED_Test();
34.     }
35.     return 0;
36. }
```

（2）工程编译。代码编写完成后，单击工具栏的齿轮图标，编译工程。工程编译完成后，提示代码 0 错误，0 警告。编译结果如图 1-31 所示。

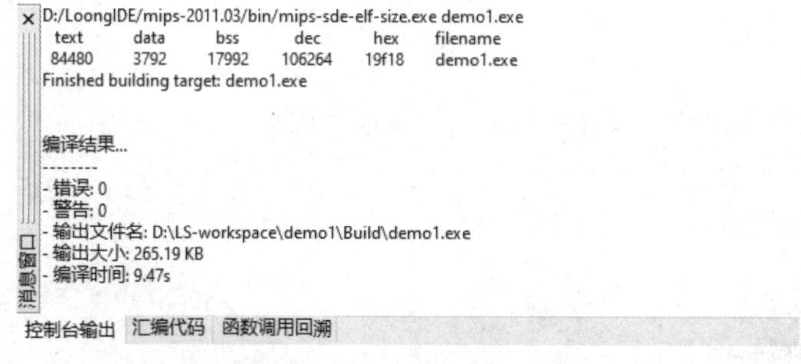

图 1-31　编译结果

（3）代码下载。LoongIDE 通过 EJTAG 下载或 PMON TCP/IP 网络实现快速下载。单击工具栏绿色箭头图标▶就可以将代码下载到开发板中运行，如图 1-32 所示。

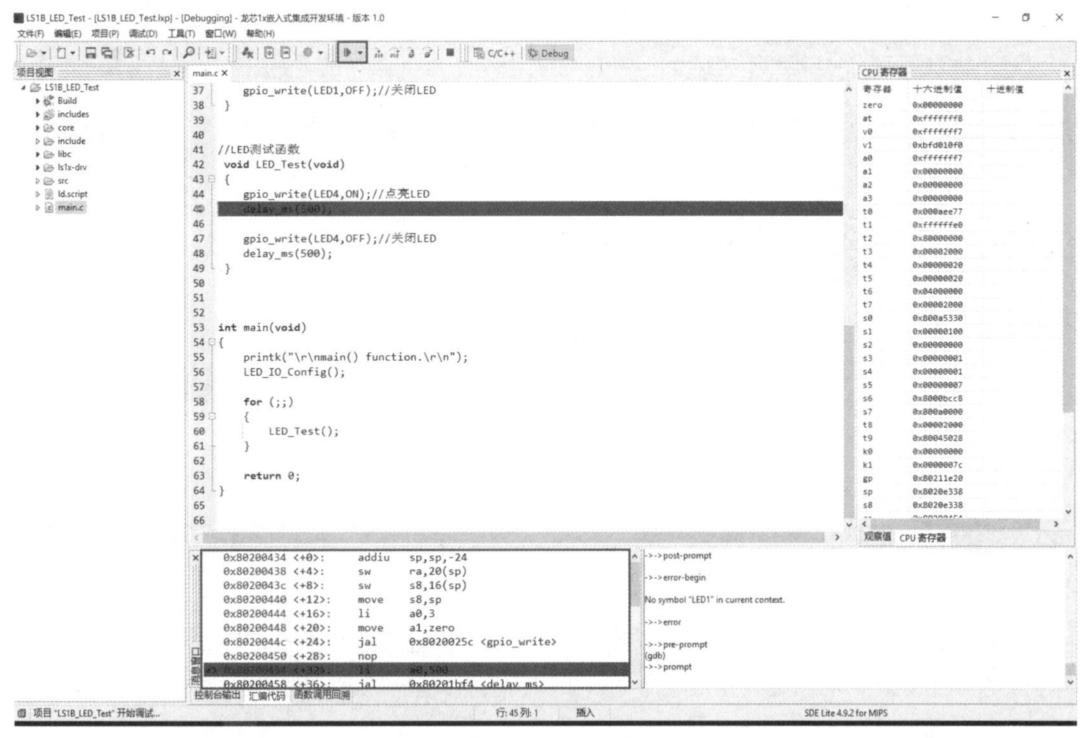

图 1-32　代码下载

代码下载到开发板后，运行效果如图 1-33 所示。

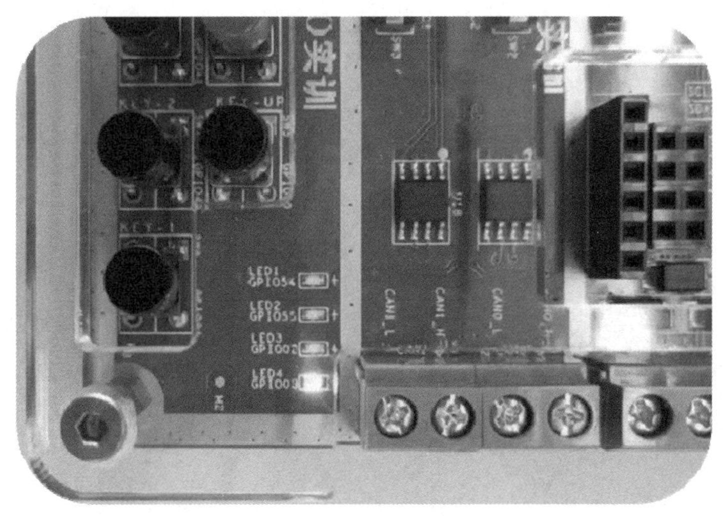

图 1-33　开发板运行效果

（4）在线调试。在线调试需要将用户构建的项目可执行文件下载到开发板中。在需要调试的代码处设置断点，使用鼠标左键单击代码行号处，可以设置断点，设置断点完成后再次单击工具栏绿色箭头图标，即可开启代码在线调试，如图 1-34 所示。

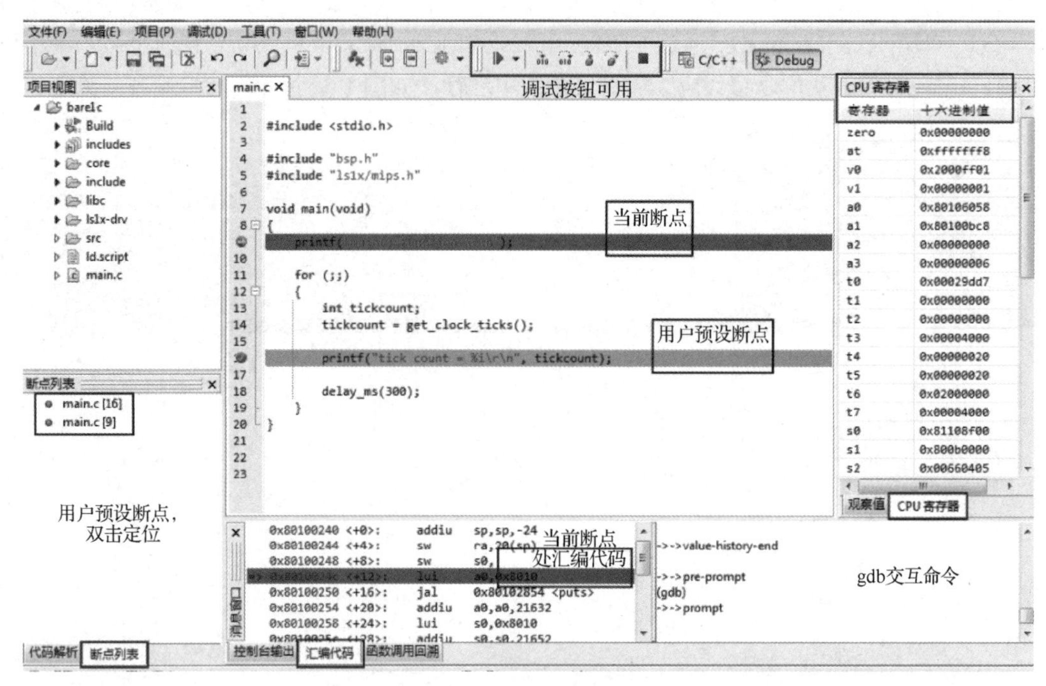

图 1-34　在线调试

调试过程中，代码运行到断点处会暂停，这时可以在需要观察的变量处单击鼠标右键，在弹出的选项中选择“增加观察变量”命令，添加完成后，就可以在右侧的观察变量窗口中看到变量实时更新的值，如图 1-35 所示。

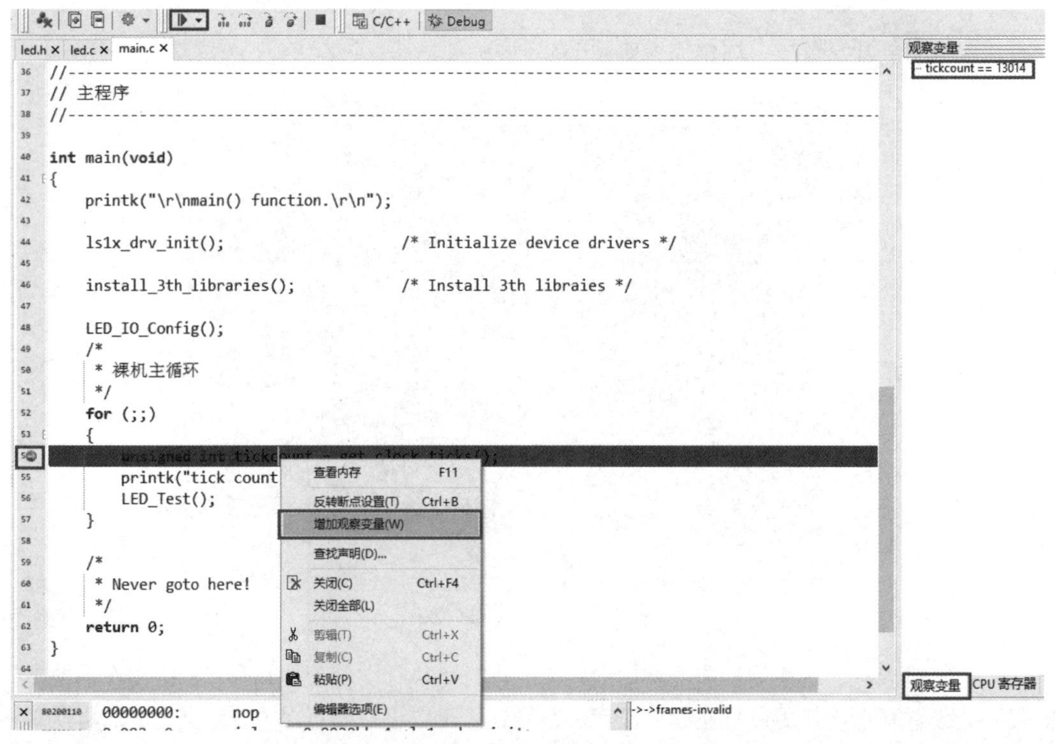

图 1-35　增加观察变量

（5）Nand Flash 程序固化。使用 EJTAG 下载程序是在动态内存中运行的，断电后会丢失，使用 LoongIDE Nand Flash 编程工具可以将程序下载到 NAND Flash 中，将程序固化。

程序固化用到了 PMON，PMON 是一个兼有 BIOS 和 bootloader 部分功能的开放源码软件，多用于嵌入式系统。基于龙芯处理器的系统采用 PMON 作为类 BIOS 兼 bootloader，并在其基础上做了很多完善工作，支持 BIOS 启动配置，内核加载，程序调试，内存寄存器显示、设置及内存反汇编等，运行界面如图 1-36 所示。

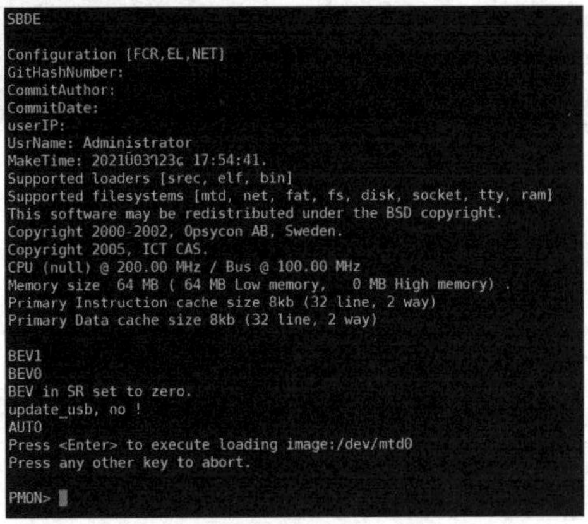

```
SBDE

Configuration [FCR,EL,NET]
GitHashNumber:
CommitAuthor:
CommitDate:
userIP:
UsrName: Administrator
MakeTime: 2021Û03123c 17:54:41.
Supported loaders [srec, elf, bin]
Supported filesystems [mtd, net, fat, fs, disk, socket, tty, ram]
This software may be redistributed under the BSD copyright.
Copyright 2000-2002, Opsycon AB, Sweden.
Copyright 2005, ICT CAS.
CPU (null) @ 200.00 MHz / Bus @ 100.00 MHz
Memory size  64 MB ( 64 MB Low memory,   0 MB High memory) .
Primary Instruction cache size 8kb (32 line, 2 way)
Primary Data cache size 8kb (32 line, 2 way)

BEV1
BEV0
BEV in SR set to zero.
update_usb, no !
AUTO
Press <Enter> to execute loading image:/dev/mtd0
Press any other key to abort.

PMON>
```

图 1-36　PMON 运行界面

PMON 通过串口来交互，需要使用串口终端软件进行连接，可以使用 Xshell、Putty 等软件进行连接。配置核心板 IP 地址的指令：

```
PMON>set ifconfig syn0:192.168.1.2
```

如果误配置 IP 地址，PMON 命令会报错，请忽略错误，再次输入以上命令，回车，然后输入 reboot 命令，重启开发板即可。

（6）配置本机地址。配置本地计算机的 IP 地址，如图 1-37 所示，使得计算机与开发板处于同一网段。

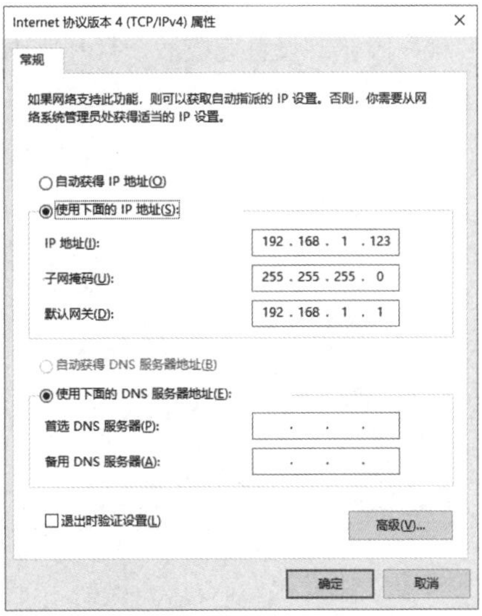

Internet 协议版本 4 (TCP/IPv4) 属性

常规

如果网络支持此功能，则可以获取自动指派的 IP 设置。否则，你需要从网络系统管理员处获得适当的 IP 设置。

○自动获得 IP 地址(O)
◉使用下面的 IP 地址(S):
IP 地址(I): 192 . 168 . 1 . 123
子网掩码(U): 255 . 255 . 255 . 0
默认网关(D): 192 . 168 . 1 . 1

○自动获得 DNS 服务器地址(B)
◉使用下面的 DNS 服务器地址(E):
首选 DNS 服务器(P):
备用 DNS 服务器(A):

☐退出时验证设置(L)　高级(V)...

确定　取消

图 1-37　配置本机 IP 地址

（7）主机与开发板 ping 测试。设置完开发板 IP 和计算机 IP 以后，使用网线将开发板与计算机连接，使开发板运行在 PMON 模式，在主机 CMD 命令行使用 ping 命令进行测试，如图 1-38 所示。

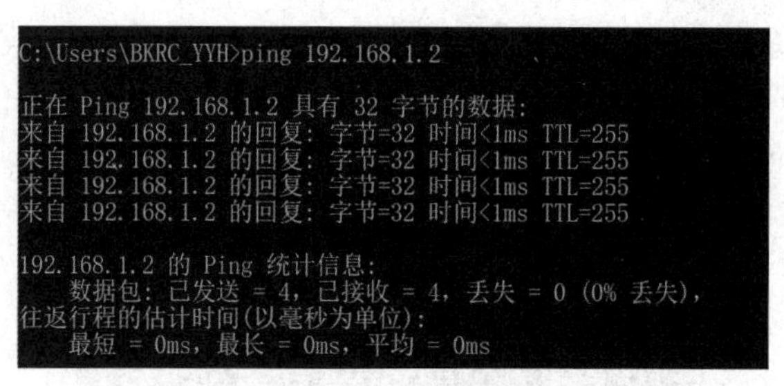

图 1-38　主机与开发板 ping 测试

（8）LoongIDE 软件配置。打开 loongIDE 的调试选项，配置开发板的 IP 地址，配置目标板 IP 地址为“192.168.1.2”，如图 1-39 所示。

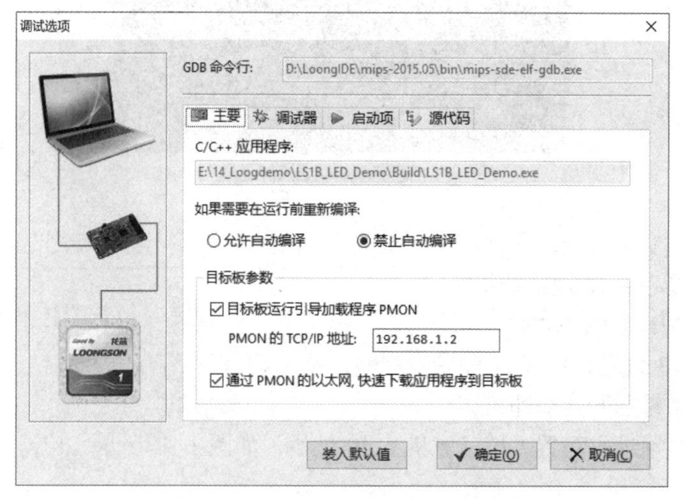

图 1-39 配置目标板 IP 地址

（9）龙芯 1B NAND Flash 程序固化。设置完成后，打开菜单“工具”→“NAND Flash 编程”，如图 1-40 所示，在弹出的窗口中单击“确定”按钮，如图 1-41 所示。编程成功如图 1-42 所示。

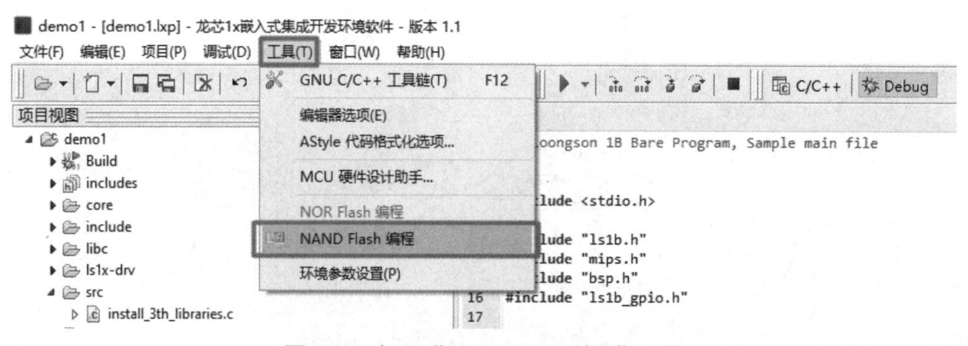

图 1-40　打开“NAND Flash 编程”工具

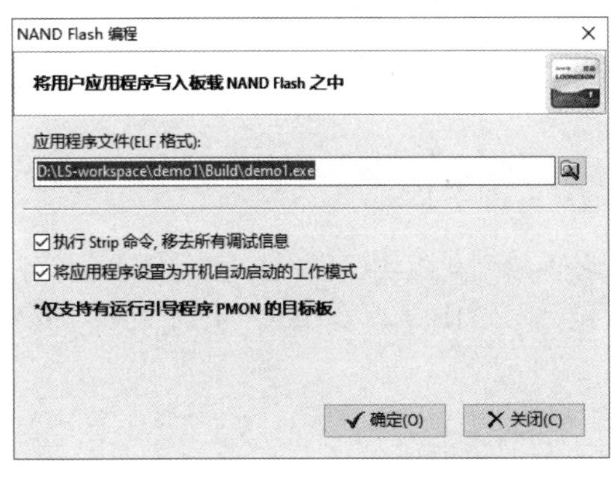

图 1-41　NAND Flash 编程

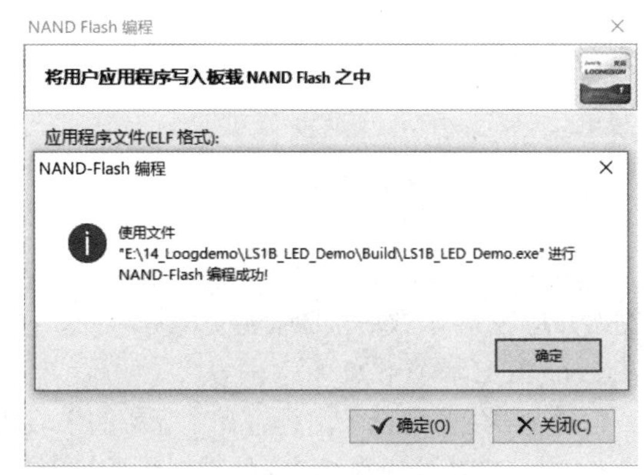

图 1-42　NAND Flash 编程成功

如果需要清除固化程序，打开 NAND Flash 编程工具，如图 1-43 所示。按住 Ctrl 键，单击“确定”按钮，在弹出的窗口中单击“是”按钮，如图 1-44 所示。

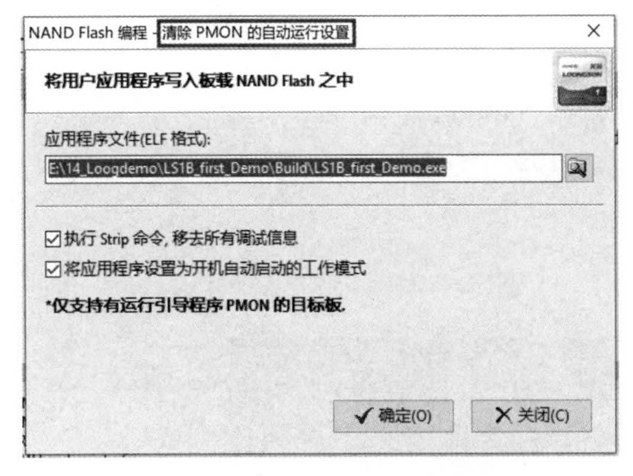

图 1-43　清除固化程序

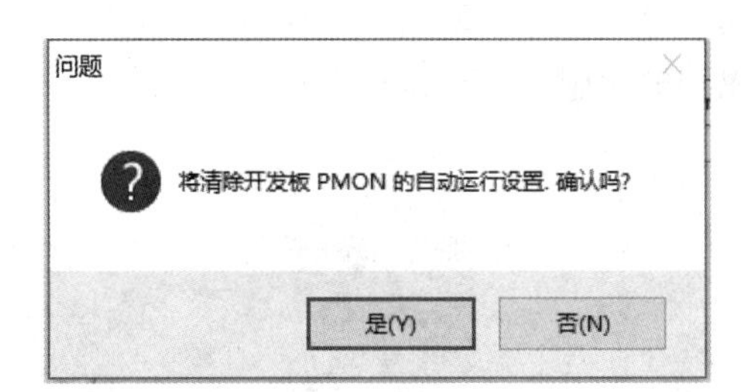

图 1-44　确定清除开发板 PMON 自动运行设置

任务拓展

练习总结：打开 LoongIDE 项目的方法有哪些？

____

____

____

任务 1.2　SOS 求救信号器开发实现

任务分析

SOS 是国际通用的求救信号。在使用信号灯进行求救时，通过三短三长三短(· · · − − − · · ·)的摩尔斯电码格式进行发送，如图 1-45 所示。SOS 求救信号器可通过控制信号灯闪烁间隔，实现 SOS 信号的发送。

S　O　S

■ ■ ■ ━ ━ ━ ■ ■ ■

图 1-45　SOS 求救信号摩尔斯电码格式

本任务要求实现一款 SOS 求救信号器，使用龙芯 1B 处理器实现该功能。要完成这个任务，需要知道 SOS 求救信号器信号灯闪烁时间如何设定、龙芯 1B 处理器 GPIO 的输出功能，以及在 LoongIDE 环境下如何编写程序。

建议学生带着以下问题进行本任务的学习和实践。

- 龙芯 1B 处理器 GPIO 外围电路是怎样的？
- 龙芯 1B 处理器 GPIO 输出功能如何使用？
- LoongIDE 环境下程序如何设计？

1.2.1　龙芯 1B GPIO 结构

龙芯 1B 共有 62 个用户 GPIO，如图 1-46 所示，GPIO 可以用作复用功能。作为输出时，高电平为 3.3V，低电平为 0V。作为输入时，外部高电平为 3.3～5V，低电平为 0V。GPIO 对应的所有 PAD 都是推拉方式。

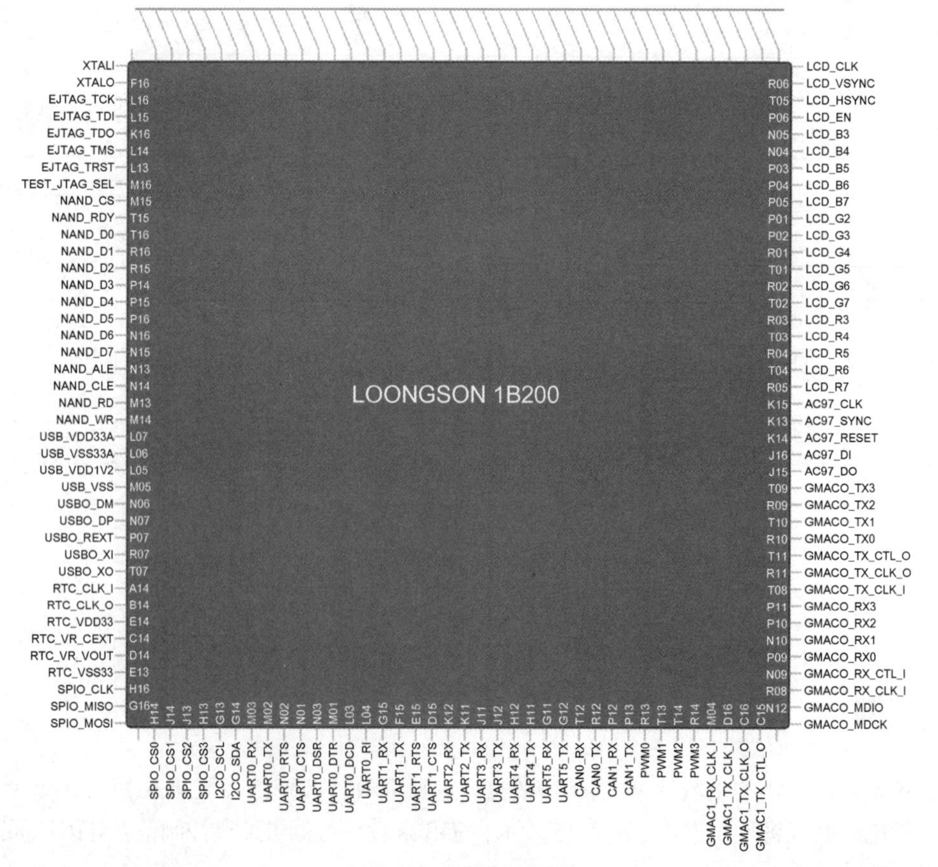

图 1-46　龙芯 1B GPIO

1.2.2　龙芯 1B GPIO 寄存器

龙芯 1B 有配置寄存器、输入使能寄存器、输入寄存器及配置输出寄存器四种功能的 GPIO 寄存器，每种功能寄存器有 0 号、1 号两个，分别对应 GPIO31:GPIO0、GPIO61:GPIO32，如表 1-3 所示。

表 1-3　龙芯 1B GPIO 寄存器

偏移地址	位	寄存器	描　述	读　写	描　述
0xbfd010C0	32	GPIOCFG0	配置寄存器 0	R/W	GPIOCFG0[31:0]分别对应 GPIO31:GPIO0 1：对应 PAD 为 GPIO 功能 0：对应 PAD 为普通功能 复位值：32'hf0ffffff
0xbfd010C4	32	GPIOCFG1	配置寄存器 1	R/W	GPIOCFG1[29:0]分别对应 GPIO61:GPIO32 1：对应 PAD 为 GPIO 功能 0：对应 PAD 为普通功能 复位值：32'hffffffff
0xbfd010D0	32	GPIOOE0	输入使能寄存器 0	R/W	GPIOOE0[31:0]分别对应 GPIO31:GPIO0 1：对应 GPIO 被控制为输入 0：对应 GPIO 被控制为输出 复位值：32'hf0ffffff
0xbfd010D4	32	GPIOOE1	输入使能寄存器 1	R/W	GPIOOE1[29:0]分别对应 GPIO61:GPIO32 1：对应 GPIO 被控制为输入 0：对应 GPIO 被控制为输出 复位值：32'hffffffff
0xbfd010E0	32	GPIOIN0	输入寄存器 0	R	GPIOIN0[31:0]分别对应 GPIO31:GPIO0 1：GPIO 输入值 1；PAD 驱动输入为 3.3V 0：GPIO 输入值 0；PAD 驱动输入为 0V
0xbfd010E4	32	GPIOIN1	输入寄存器 1	R	GPIOIN1[29:0]分别对应 GPIO61:GPIO32 1：GPIO 输入值 1；PAD 驱动输入为 3.3V 0：GPIO 输入值 0；PAD 驱动输入为 0V
0xbfd010F0	32	GPIOOUT0	配置输出寄存器 0	R/W	GPIOOUT0[31:0]分别对应 GPIO31:GPIO0 1：GPIO 输出值 1；PAD 驱动输出 3.3V 0：GPIO 输出值 0；PAD 驱动输出 0V
0xbfd010F4	32	GPIOOUT1	配置输出寄存器 1	R/W	GPIOOUT1[29:0]分别对应 GPIO61:GPIO32 1：GPIO 输出为 1；PAD 驱动输出 3.3V 0：GPIO 输出为 0；PAD 驱动输出 0V

1. 数值的常见不同进制的表示方法

基础整数指令操作的数据类型有五种：比特（bit，简记 b）、字节（Byte，简记 B，长度 8b）、半字（Halfword，简记 H，长度 16b）、字（Word，简记 W，长度 32b）。本书中，数值的常见不同进制的表示方法约定如下。

- 没有前缀或采用“'d”或者“##'d”前缀表示十进制数，其中“##'d”中的前缀表示这个十进制数的位宽是##比特。

- 采用“'b”或者“##'b”前缀表示二进制数，其中“##'b”中的前缀表示这个二进制数的位宽是##比特。
- 采用“'h”或者“##'h”前缀表示十六进制数，其中“##'h”中的前缀表示这个十六进制数的位宽是##比特。

2. 寄存器读写属性

本书中，关于寄存器域定义说明中会有各个域“读写”属性的定义。该“读写”属性主要从软件访问的视角进行定义，具体分为四种类型。

- R/W——软件可读、可写。通常情况下，软件对这些域进行先写后读的操作，读出的应该是写入的值。
- R——软件只读。软件写这些域不会更新其内容，且不产生其他任何副作用。
- R0——软件读取这些域永远返回 0。
- W1——软件写 1 有效。软件对这些域写 0 不会将其清零，且不产生其他任何副作用。

1.2.3 龙芯 1B GPIO 相关库函数解析

在表 1-3 中，配置 GPIO 为输出功能的寄存器是配置寄存器 GPIOCFGx、输入使能寄存器 GPIOOEx，配置 GPIO 输出值的寄存器是配置输出寄存器 GPIOOUTx。

举例，若配置 GPIO03 输出 1，则需要如下操作：

- 配置 GPIOCFG0[3]为 1，即配置 GPIO03 为 GPIO 功能；
- 配置 GPIOOE0[3]为 0，即配置 GPIO03 被控制为输出；
- 配置 GPIOOUT0[3]为 1，即配置 GPIO03 输出值 1。

在实际编程时，目前一般很少直接通过配置上述寄存器对 GPIO 口进行编程，而是采用基于龙芯 1B GPIO 库函数的方法进行程序代码的编写。在本项目任务 1 中，LED4（GPIO3）闪烁功能就是通过调用龙芯 1B GPIO 相关功能函数来实现的。

1. void gpio_enable(int ioNum, int dir)函数

该函数的功能是初始化 IO，设置 IO 方向。在任务 1.1 的代码中，将鼠标光标放置于调用该函数的语句中，单击鼠标右键，选择“查找声明”命令，如图 1-47 所示，追踪 gpio_enable()函数。

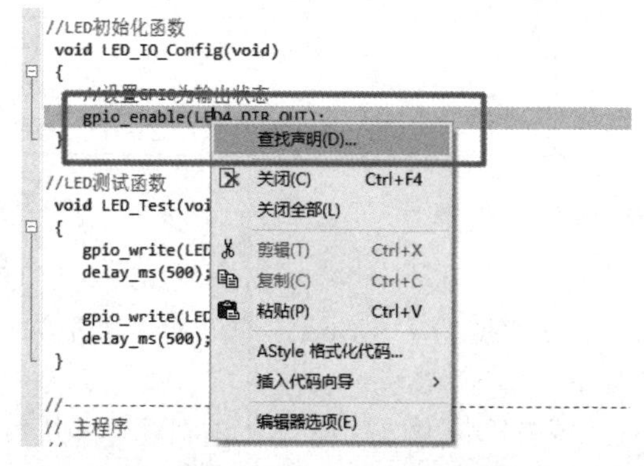

图 1-47 追踪 gpio_enable()函数

跳转并打开 ls1b_gpio.h 头文件，会看到该函数的具体定义，如图 1-48 所示。

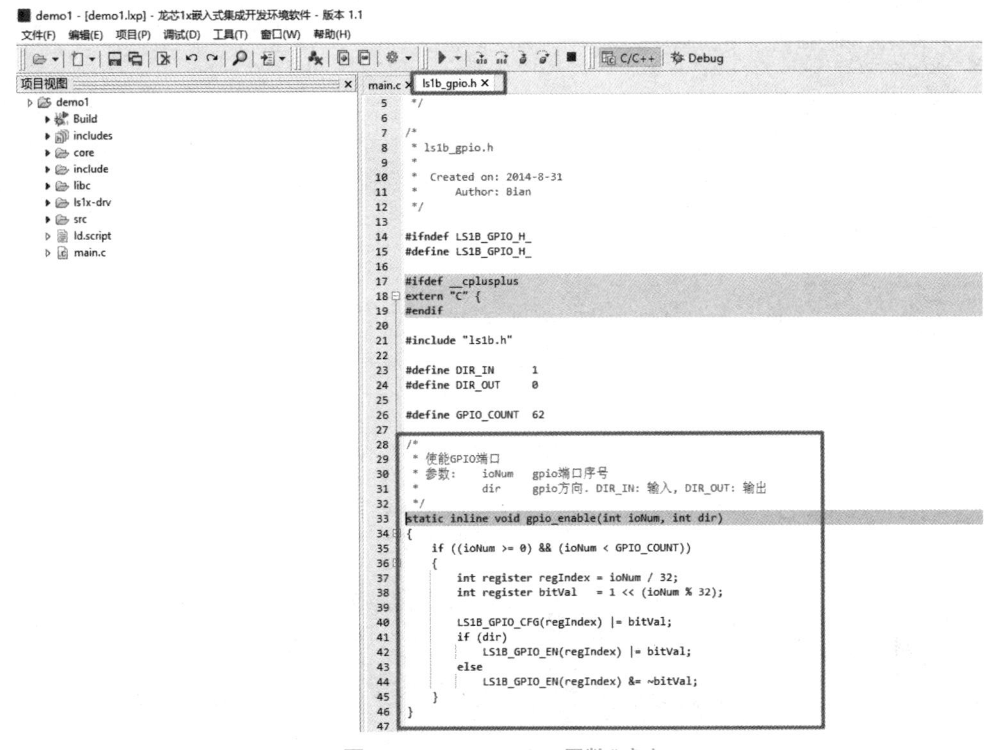

图 1-48　gpio_enable 函数()定义

void gpio_enable(int ioNum, int dir)函数有两个参数，第一个 ioNum 是 gpio 端口序号，取值范围 0～61；第二个 dir 是 gpio 方向，取值为 1 表示输入，取值为 0 表示输出。还是以配置 GPIO03 输出为例，则 ioNum 值为 3，dir 值为 0。在此函数中，regIndex 值为 0、bitVal 值为(1<<3)。追踪关键语句 LS1B_GPIO_CFG，如图 1-49 所示。

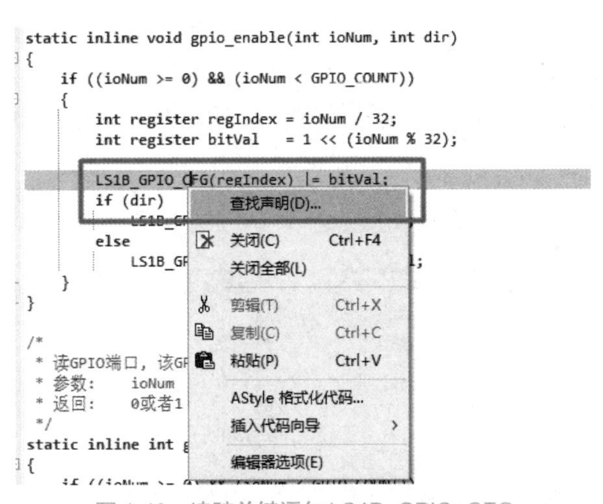

图 1-49　追踪关键语句 LS1B_GPIO_CFG

选择“查找声明”命令后，跳转并打开 ls1b.h 头文件，如图 1-50 所示，找到如下宏定义：

```
1.  #define LS1B_GPIO_CFG_BASE 0xBFD010C0 /* 1:对应 PAD 为 GPIO 功能; 0:对应 PAD 为普通功能  */
2.  ......
3.  #define LS1B_GPIO_CFG(i) (*(volatile unsigned int *)(LS1B_GPIO_CFG_BASE + i * 4))
```

0xBFD010C0 是配置寄存器 GPIOCFG0 的偏移地址，“LS1B_GPIO_CFG(regIndex) |= bitVal;”语句的功能就是对配置寄存器 GPIOCFG0 进行操作，将 GPIOCFG0[3]配置为 1，即配置 GPIO03 为 GPIO 功能。

```
200         ((LS1B_CLK_PLL_DIV & PLL_DDR_DIV_MASK) >> PLL_DDR_DIV_SHIFT)))
201
202 #define LS1B_DC_FREQUENCY(xtal_freq)                        \
203         (!((LS1B_CLK_PLL_DIV & PLL_DC_EN) &&                \
204           !(LS1B_CLK_PLL_DIV & PLL_DC_BYPASS) &&            \
205            (LS1B_CLK_PLL_DIV & PLL_DC_DIV_MASK))            \
206         ? xtal_freq : (LS1B_PLL_FREQUENCY(xtal_freq) /  \
207         ((LS1B_CLK_PLL_DIV & PLL_DC_DIV_MASK) >> PLL_DC_DIV_SHIFT)) / 4)
208
209 #define LS1B_BUS_FREQUENCY(xtal_freq)  (LS1B_DDR_FREQUENCY(xtal_freq) >> 1)
210
211 #define LS1x_CPU_FREQUENCY(xtal_freq)   LS1B_CPU_FREQUENCY(xtal_freq)
212 #define LS1x_DDR_FREQUENCY(xtal_freq)   LS1B_DDR_FREQUENCY(xtal_freq)
213 #define LS1x_BUS_FREQUENCY(xtal_freq)   LS1B_BUS_FREQUENCY(xtal_freq)
214
215 /*
216  *  GPIO registers
217  */
218 #define LS1B_GPIO_CFG_BASE      0xBFD010C0      /* 1:对应PAD为GPIO功能; 0:对应PAD为普通功能 */
219 #define LS1B_GPIO_EN_BASE       0xBFD010D0      /* 1:对应GPIO被控制为输入; 0:对应GPIO被控制为输出 */
220 #define LS1B_GPIO_IN_BASE       0xBFD010E0      /* 1: GPIO输入值1,PAD驱动输入为3.3V; 0: GPIO输入值0,PAD驱动输入为0V */
221 #define LS1B_GPIO_OUT_BASE      0xBFD010F0      /* 1: GPIO输出值1,PAD驱动输出3.3V; 0: GPIO输出值0,PAD驱动输出0V */
222
223 /* i=0: GPIO30:GPIO0; i=1: GPIO61:GPIO32
224  */
225 #define LS1B_GPIO_CFG(i)        (*(volatile unsigned int*)(LS1B_GPIO_CFG_BASE+i*4))
226 #define LS1B_GPIO_EN(i)         (*(volatile unsigned int*)(LS1B_GPIO_EN_BASE+i*4))
227 #define LS1B_GPIO_IN(i)         (*(volatile unsigned int*)(LS1B_GPIO_IN_BASE+i*4))
228 #define LS1B_GPIO_OUT(i)        (*(volatile unsigned int*)(LS1B_GPIO_OUT_BASE+i*4))
229
230 /*
231  *  DMA register
232  */
```

图 1-50　ls1b.h 头文件

同样追踪 LS1B_GPIO_EN，“LS1B_GPIO_EN(regIndex) &= ~bitVal;”语句的功能就是将 GPIOOE0[3] 配置为 0，即配置 GPIO03 被控制为输出。

2. void gpio_write(int ioNum, bool val)函数

该函数的功能是控制 GPIO 输出电平。在任务 1.1 代码中，将鼠标光标放置于调用该函数的语句中，单击鼠标右键，选择“查找实现”命令，如图 1-51 所示，追踪 gpio_write()函数。

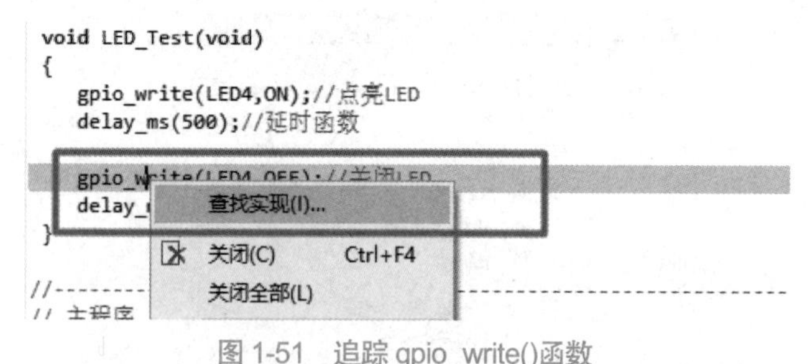

图 1-51　追踪 gpio_write()函数

跳转到 ls1b_gpio.h 头文件，查看该函数的具体定义，如图 1-52 所示。

demo1 - [demo1.lxp] - 龙芯1x嵌入式集成开发环境软件 - 版本 1.1

```
38          int register bitVal    = 1 << (ioNum % 32);
39
40          LS1B_GPIO_CFG(regIndex) |= bitVal;
41          if (dir)
42              LS1B_GPIO_EN(regIndex) |= bitVal;
43          else
44              LS1B_GPIO_EN(regIndex) &= ~bitVal;
45      }
46  }
47
48  /*
49   * 读GPIO端口，该GPIO被设置为输入模式
50   * 参数:    ioNum    gpio端口序号
51   * 返回:    0或者1
52   */
53  static inline int gpio_read(int ioNum)
54  {
55      if ((ioNum >= 0) && (ioNum < GPIO_COUNT))
56          return ((LS1B_GPIO_IN(ioNum / 32) >> (ioNum % 32)) & 0x1);
57      else
58          return -1;
59  }
60
61  /*
62   * 写GPIO端口，该GPIO被设置为输出模式
63   * 参数:    ioNum    gpio端口序号
64   *          val      0或者1
65   */
66  static inline void gpio_write(int ioNum, int val)
67  {
68      if ((ioNum >= 0) && (ioNum < GPIO_COUNT))
69      {
70          int register regIndex = ioNum / 32;
71          int register bitVal    = 1 << (ioNum % 32);
72
73          if (val)
74              LS1B_GPIO_OUT(regIndex) |= bitVal;
75          else
76              LS1B_GPIO_OUT(regIndex) &= ~bitVal;
77      }
78  }
```

图 1-52　gpio_write()函数定义

void gpio_write(int ioNum,bool val)函数有两个参数，第一个 ioNum 是 gpio 端口序号，取值范围 0～61；第二个 val 是输出值，0 或者 1。追踪 LS1B_GPIO_OUT，跳转到如图 1-50 所示的 ls1b.h 头文件，查找文件相关定义，“LS1B_GPIO_OUT(regIndex) |= bitVal;” 语句的功能就是在对应端口输出 1，“LS1B_GPIO_OUT(regIndex) &= ~bitVal;” 语句的功能就是在对应端口输出 0。

任务实施

SOS 求救信号器应用开发

1. SOS 求救信号器设计与实现

利用龙芯 1B 开发板，设计并编程实现 SOS 求救功能。

（1）选择 GPIO 端口。龙芯 1B 开发板 LED 电路如图 1-53 所示，LED 一端连接到高电平 V_{CC}，另一端经过限流电阻连接到龙芯 1B GPIO，当 GPIO 输出低电平时，LED 将被点亮。

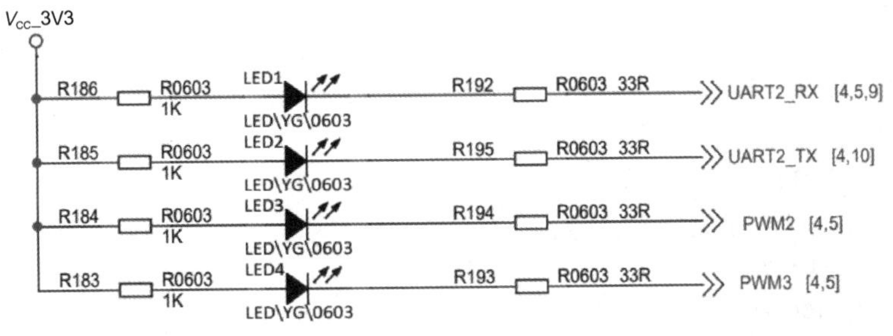

图 1-53　龙芯 1B 开发板 LED 电路

参考龙芯 1B GPIO 功能表，LED1～LED4 分别连接到 GPIO54、GPIO55、GPIO02、GPIO03，使用引脚的 GPIO 功能。这里选择 LED4 作为信号指示灯。

（2）LED 驱动电路分析与功能开发。根据 SOS 求救信号器原理，设置 GPIO 间隔输出高低电平，控制 LED 闪烁。主要分为以下几步：

① 设置 GPIO 为输出状态；

② GPIO 输出低电平；

③ 调用延时函数；

④ GPIO 输出高电平。

（3）编写函数。

① 编写 GPIO 初始化函数。

a．选择 GPIO 端口，进行相关宏定义：

```
1.  #define LED4 3
2.  #define ON   0
3.  #define OFF 1
```

b．编写 GPIO 初始化函数，调用 gpio_enable(LED,DIR_OUT)函数将 LED4 所使用的 GPIO 设置为输出状态。

```
1.  //LED 初始化函数
2.  void LED_IO_Config(void)
3.  {
4.      //设置 GPIO 为输出状态
5.      gpio_enable(LED4, DIR_OUT);
6.  }
```

② 编写 LED 灯闪烁函数。

a．通过 for 循环控制 LED 闪烁三次，短闪烁时调用 gpio_write(LED4,ON)输出低电平点亮 LED，再调用 delay_ms(100)；延时 100ms 后再调用 gpio_write(LED4,OFF）输出高电平熄灭 LED；最后再延时 100ms。长闪烁时将输出高电平点亮后的延时设置为 300ms，为短闪烁的 3 倍。延时时间可根据现象自行调整。

```
1.  void LED_S(void)   //短闪烁
2.  {
3.      int i;
4.      for (i = 0; i < 3; i++)
5.      {
6.          //GPIO 输出低电平点亮 LED
7.          gpio_write(LED4, ON);
8.          //延时 100ms
9.          delay_ms(100);
10.         //GPIO 输出高电平熄灭 LED
```

```
11.             gpio_write(LED4, OFF);
12.             //延时 100ms
13.             delay_ms(100);
14.         }
15. }
16. void LED_O(void)  //长闪烁
17. {
18.         int i;
19.         for (i = 0; i < 3; i++)
20.         {
21.             //GPIO 输出低电平点亮 LED
22.             gpio_write(LED4, ON);
23.             //延时 300ms
24.             delay_ms(300);
25.             //GPIO 输出高电平熄灭 LED
26.             gpio_write(LED4, OFF);
27.             //延时 100ms
28.             delay_ms(100);
29.         }
30. }
```

b．编写 SOS 输出函数，调用短闪烁、长闪烁函数，实现“S”“O”“S”求救信号器功能。

```
1.  void LED_Test(void)    //SOS 输出
2.  {
3.          LED_S();
4.          LED_O();
5.          LED_S();
6.  }
```

c．编写主函数。在主函数中调用初始化函数和 SOS 输出函数。

```
1.  //主程序
2.  int main(void)
3.  {
4.          LED_IO_Config();
5.          for (;;)
6.          {
7.              LED_Test();
8.          }
9.          return 0;
10. }
```

（4）编译下载。代码编译无误后，下载至龙芯 1B 开发板查看现象。

任务拓展

SOS 求救信号器（演示）

1. 选择 LED3 作为信号指示灯，查看电路图，写出其宏定义：

____

2. 编写程序，将 LED3 所使用的 GPIO 设置为输出状态，写出关键语句：

____

3. 编写程序，将 LED3 所使用的 GPIO 输出高电平，写出关键语句：

____

4. 选择 LED3 作为信号指示灯，编写完整程序，编译、烧写至龙芯 1B 开发板查看现象。

____

总结与思考

1. 项目总结

龙芯 1B 是一款面向嵌入式专用应用领域的轻量级的 32 位 SoC 芯片。片内集成了 16/32 位 DDR2、高清显示、NAND、SPI、62 路 GPIO、USB、CAN、UART 等接口，能够满足超低价位云终端、数据采集、网络设备等领域需求。本项目学习了龙芯 1B 开发板的基本应用，利用其 GPIO 的输出功能实现 SOS 求救信号发生器开发。

根据任务 1.1 和任务 1.2 的完成情况填写项目任务单和项目评分表，分别如表 1-4 和表 1-5 所示。

表 1-4　项目任务单

任 务 单

班级：__________　学号：__________　姓名：__________

任务要求	1. 搭建龙芯 1B 处理器开发环境； 2. SOS 求救信号器开发实现。
任务实施	
任务完成情况记录	
已掌握的知识与技能	

续表

遇到的问题及解决方法	
得分	

表 1-5　项目评分表

评 分 表

班级：________　学号：________　姓名：________

考 核 内 容		自　评	互　评	教 师 评	得　分
素质考核（25%）	出勤率（10%）				
	学习态度（30%）				
	语言表达能力（10%）				
	职业行为能力（20%）				
	团队合作精神（20%）				
	个人创新能力（10%）				
任务考核（75%）	方案确定（15%）				
	程序开发（40%）				
	软硬件调试（30%）				
	总结（15%）				
总分					

2. 思考进阶

编写程序，实现龙芯 1B 开发板 4 个 LED 循环点亮。

课后习题

1．龙芯处理器有哪些系列？各有什么特点？
2．LoongIDE 有什么特点？
3．龙芯 GPIO 是怎样编号的？

项目 2　计数器应用开发

计数器在日常生活中应用十分广泛，比如商场里统计人流数、车站里统计客流数，以及手机里用来记录步数的“计步器”、医疗用的“心跳计”等，它给人们的生活带来了很大的便利，大大提高了日常生活中的生产和生活效率。

本项目根据实际应用，利用龙芯 1B 处理器开发实现计数器功能。通过本项目学习，读者可掌握龙芯 1B 处理器 GPIO 的输入功能并进一步熟悉其应用开发流程。本项目有两个任务，通过任务 1 手动按键计数器开发实现学习按键的工作原理及使用方法；通过任务 2 流水线零件自动计数器开发实现学习龙芯 1B 处理器的外部中断功能及基本应用方法。

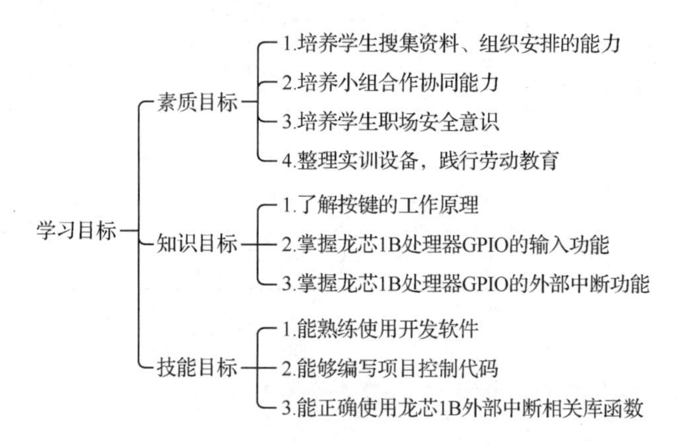
学习目标
素质目标
1.培养学生搜集资料、组织安排的能力
2.培养小组合作协同能力
3.培养学生职场安全意识
4.整理实训设备，践行劳动教育
知识目标
1.了解按键的工作原理
2.掌握龙芯1B处理器GPIO的输入功能
3.掌握龙芯1B处理器GPIO的外部中断功能
技能目标
1.能熟练使用开发软件
2.能够编写项目控制代码
3.能正确使用龙芯1B外部中断相关库函数

任务 2.1　手动按键计数器开发实现

任务分析

图 2-1　手动计数器

乘坐飞机时，在登机口的空姐手里有一个小小的设备，每当有乘客登机入机舱，都会按一下，飞机抵达目的地，乘客下机的时候也会按，如图 2-1 所示，这就是一个普通的手动计数器，为的是确认登机人数和购票人数是否一致，以确保航班准时和安全。如果人数不够，可能还需要核对，看看是谁没有登机，或者多了乘客，都要了解原因，以确保航班安全。

本任务要求实现一款手动计数器，使用龙芯 1B 处理器实现该功能。完成这个任务，需要知道手动计数器所用的按键的结构、工作原理、龙芯 1B 处理器 GPIO 的输入功能，以及在 LoongIDE 环境下按键程序的设计方法。

建议学生带着以下问题进行本任务的学习和实践。

- 如何使用按键？
- 龙芯 1B 处理器 GPIO 输入功能如何使用？
- LoongIDE 环境里按键程序如何设计？

2.1.1 按键消抖原理

按键本质上就是一个开关，“开关”的下部有一个用于复位的弹簧/弹片，如图 2-2 所示。按下按键时可以导通 A 端与 B 端；松开后弹簧又将按键弹开保持电路开路状态。

按键开关为机械弹性开关，当开关断开、闭合时，由于机械触点的弹性作用，按键开关在闭合时不会马上稳定地接通，在断开时也不会瞬间断开。因此，在断开和闭合的瞬间均会伴随连续的电平抖动，如图 2-3 所示，抖动时间的长短由按键的机械特性决定，一般为 5～10ms。

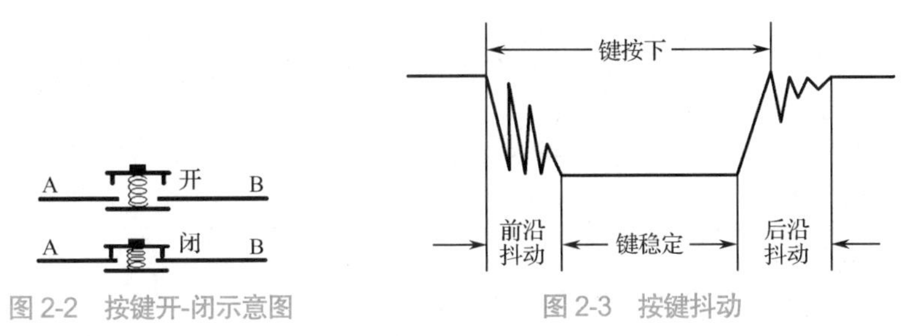

图 2-2 按键开-闭示意图　　图 2-3 按键抖动

为使一次按键仅被处理一次，必须消除按键抖动。消除按键抖动可以采用软件消抖或硬件消抖。软件消抖指在检测到有按键闭合时，延时一小段时间之后再次检测，如果仍然检测到按键闭合，则认为按键已经稳定闭合。硬件消抖可选方案比较多，常用 RS 触发器或者采用滤波电容，利用电容具有的充放电延时特性实现消抖。如果按键代码比较简单，实时性要求不高，选用软件延时消抖可以节省系统成本，比较有利。如果系统对实时性要求较高，并且按键代码比较复杂，则宜采用硬件消抖。

2.1.2 龙芯 1B GPIO 读函数解析

在表 1-3 中，配置 GPIO 为输入功能的寄存器是配置寄存器 GPIOCFGx、输入使能寄存器 GPIOOEx，获取 GPIO 输入值的寄存器是输入寄存器 GPIOINx，该寄存器为只读寄存器。

举例，若配置 GPIO00 为输入，则需要进行如下操作：

- 配置 GPIOCFG0[0]为 1，即配置 GPIO00 为 GPIO 功能；
- 配置 GPIOOE0[0]为 1，即配置 GPIO00 被控制为输入；

其输入值 0 或 1 由端口外接电路决定，存放于 GPIOIN0[0]，通过读取输入寄存器 GPIOIN0 获得。

在实际编程时，寄存器配置通过调用龙芯 1B GPIO 相关功能函数来实现。

1. void gpio_enable(int ioNum, int dir)函数

该函数的功能是初始化 IO，设置 IO 方向，已在任务 1.2 中解析。

2. int gpio_read(int ioNum)函数

该函数的功能是读取 GPIO 某端口电平，在 ls1b_gpio.h 头文件中定义，如图 2-4 所示。

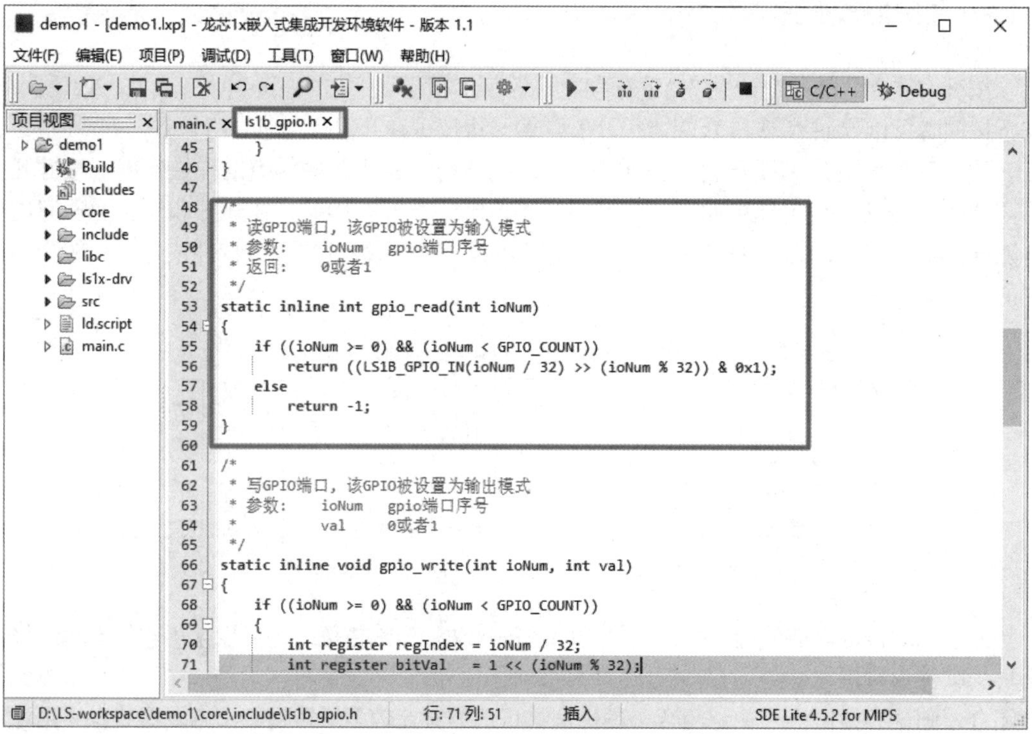

```
45        }
46    }
47
48    /*
49     * 读GPIO端口，该GPIO被设置为输入模式
50     * 参数:    ioNum   gpio端口序号
51     * 返回:    0或者1
52     */
53    static inline int gpio_read(int ioNum)
54    {
55        if ((ioNum >= 0) && (ioNum < GPIO_COUNT))
56            return ((LS1B_GPIO_IN(ioNum / 32) >> (ioNum % 32)) & 0x1);
57        else
58            return -1;
59    }
60
61    /*
62     * 写GPIO端口，该GPIO被设置为输出模式
63     * 参数:    ioNum   gpio端口序号
64     *          val     0或者1
65     */
66    static inline void gpio_write(int ioNum, int val)
67    {
68        if ((ioNum >= 0) && (ioNum < GPIO_COUNT))
69        {
70            int register regIndex = ioNum / 32;
71            int register bitVal   = 1 << (ioNum % 32);
```

图 2-4　int gpio_read(int ioNum)函数定义

int gpio_read(int ioNum)函数有一个参数 ioNum，是 gpio 端口序号，取值范围为 0～61。追踪 LS1B_GPIO_IN，跳转到如图 1-50 所示的 ls1b.h 头文件，查找文件相关定义，“return ((LS1B_GPIO_IN(ioNum / 32) >> (ioNum % 32)) & 0x1);”语句的功能就是读取存放在输入寄存器中的对应端口输入值并返回，值为 0 或 1。

任务实施

2.1.3　手动按键计数器设计与实现

1. 选择 GPIO 端口

龙芯 1B 开发板有四个独立按键，其电路原理图如图 2-5 所示。参考龙芯 1B GPIO 功能表，按键 SW5 连接到 GPIO00；按键 SW8 连接到 GPIO01；按键 SW7 连接到 GPIO40；按键 SW8 连接到 GPIO41，使用引脚的 GPIO 功能。这四个 GPIO 口均内部上拉，复位输入。

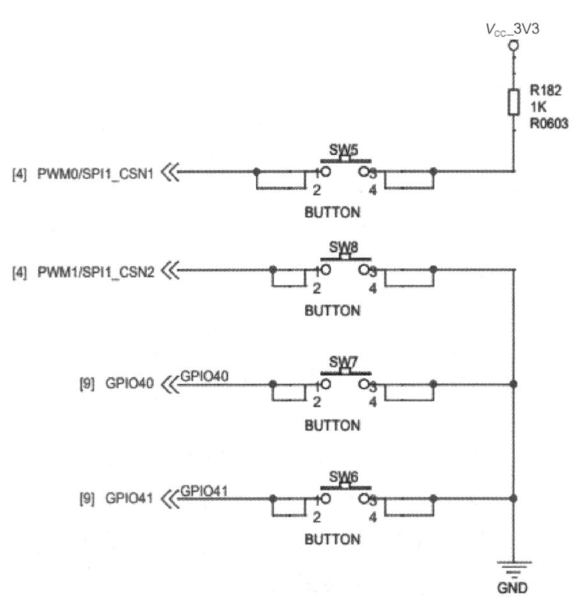

图 2-5 龙芯 1B 开发板按键电路原理图

SW5 一端接 V_{CC}_3V3，当按下 SW5 时，输入的是高电平 1；另外一端接 PWM0/SPI1_CSN1，在开发板中，PWM0/SPI1_CSN1 是百兆通信接口引脚，被网口芯片设置成下拉，松开 SW5 时，输入的是低电平 0。SW6、SW7 和 SW8 一端接 GND，当按下时，输入低电平 0；另外一端接的 GPIO 内部有上拉电阻，当松开时，输入高电平 1。这里选择 SW8 作为输入按键。

2. 按键检测电路分析与功能开发

根据按键检测原理，在检测到按键电平的变化时，统计按键次数，并用 LED 的亮、灭（亮 1、灭 0）组成的二进制数来显示。

- 配置按键 GPIO 为输入模式，LED 灯 GPIO 为输出模式；
- 扫描按键，统计按键次数；
- 根据按键次数，切换对应 LED 灯状态。

3. 编写函数

（1）编写 GPIO 初始化函数。选择 GPIO 端口，进行相关宏定义并定义统计按键次数变量。

```
1.  #define LED3 2
2.  #define LED4 3          //选择 LED3、LED4 为指示灯，指示按键次数 0～3
3.  #define KEY_1  1        //原理图中的 SW8 键，这里用 KEY_1
4.
5.  #define ON  0
6.  #define OFF 1
7.
8.  int counter = 0;
```

编写 GPIO 初始化函数，调用 gpio_enable 函数将 LED3、LED4 所使用的 GPIO 设置为输出状态，将 KEY_1 所使用的 GPIO 设置为输入状态。

```
1.  //GPIO 初始化函数
2.  void GPIO_IO_Config(void)
3.  {
4.      //设置 GPIO 状态
5.      gpio_enable(LED4, DIR_OUT);
6.      gpio_enable(LED3, DIR_OUT);
7.      gpio_enable(KEY_1, DIR_IN);
8.  }
```

（2）编写按键扫描函数。使用 if 语句判断按键按下的状态，当检测到按键按下的时候，延时 10ms，来避免按键抖动，再次检测按键是否为低电平，检测到低电平说明按键已经经过抖动期间被按下。下面使用 while 语句检测，当检测到按键输入不为 0 的时候，说明按键被松开，统计按键次数变量 counter 加 1，完成整个按键检测过程。

```
1.  //按键扫描函数
2.  void KEY_Scan()
3.  {
4.      if (gpio_read(KEY_1) == 0)
5.      {
6.          /*延长很小一段时间*/
7.          delay_ms(10);
8.          /*表示的确被按下了（消抖）*/
9.          if (gpio_read(KEY_1) == 0)
10.         {
11.             /*等待抖动完成*/
12.             while (gpio_read(KEY_1) == 0);
13.             counter++;
14.         }
15.     }
16. }
```

（3）编写 LED 指示函数，根据统计的按键次数，进行 LED 灯的开/关控制。

```
1.  //LED 指示函数
2.  void LED_Test(void)
3.  {
4.      switch (counter)
5.      {
6.      case 0:
7.          gpio_write(LED3, OFF);
8.          gpio_write(LED4, OFF);
```

```
9.            break;
10.       case 1:
11.            gpio_write(LED3, OFF);
12.            gpio_write(LED4, ON);
13.            break;
14.       case 2:
15.            gpio_write(LED3, ON);
16.            gpio_write(LED4, OFF);
17.            break;
18.       case 3:
19.            gpio_write(LED3, ON);
20.            gpio_write(LED4, ON);
21.            break;
22.         case 4:
23.                counter=0;
24.            break;
25.       }
26.  }
```

（4）编写主函数。在主函数中调用初始化函数、按键扫描函数和 LED 指示函数。

```
1.  //主程序
2.  int main(void)
3.  {
4.      GPIO_IO_Config();
5.
6.      for (;;)
7.      {
8.          KEY_Scan();
9.          LED_Test();
10.     }
11.
12.     return 0;
13. }
```

4. 编译下载

代码编译无误后，下载至龙芯 1B 开发板查看现象。

任务拓展

1．选择 SW5 作为输入按键，查看电路图，写出其宏定义：

2．编写程序，将 SW5 所使用的 GPIO 设置为输入状态，写出关键语句：

____

3．选择 SW5 作为输入按键，选择 LED2、LED3 作为按键次数指示灯，编写完整程序，编译、烧写至龙芯 1B 开发板查看现象。

____

任务 2.2　流水线零件自动计数器开发实现

任务分析

随着行业电算化要求的不断提升，流水线零件自动计数器已经成为流水线不可或缺的一部分，给工厂端的数据统计及分析带来了极大的便利，可以节省劳动力，更加高效地完成任务。流水线零件自动计数器一般都采用红外对射的方式处理，当有物体从红外线之间穿过时，红外线中断，产生一个计数信号，如图 2-6 所示。

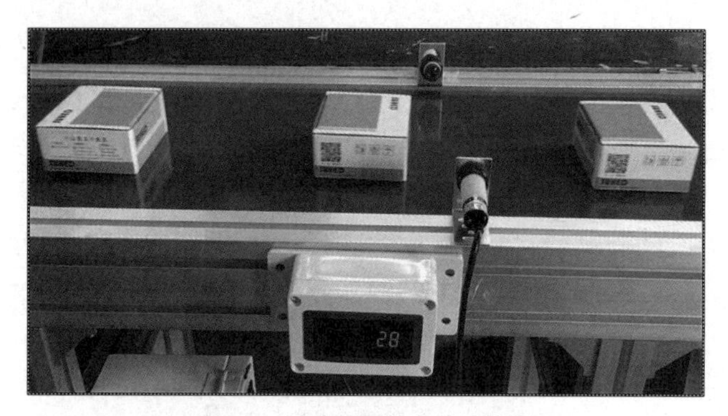

图 2-6　流水线零件自动计数器

本任务要求实现一款流水线零件自动计数器，使用龙芯 1B 处理器实现该功能。完成这个任务，需要知道什么是中断、龙芯 1B 处理器 GPIO 的外部中断功能，以及在 LoongIDE 环境下外部中断程序的设计方法。

建议学生带着以下问题进行本任务的学习和实践。

- 什么是中断？
- 龙芯 1B 处理器中断功能有哪些？
- 龙芯 1B 处理器中断处理流程是怎样的？
- 如何使用龙芯 1B 处理器的外部中断功能？

2.2.1　龙芯 1B 中断结构

当 CPU 在执行某一程序过程中，在突发事件的请求下，CPU 暂停当前正在执行的程序，自动转去执行为处理该事件而预先编写的服务程序，当服务程序执行完后，CPU 继续执行原来的程序，这一过程称为中断。

龙芯 1B 处理器有例外（Exception）和中断（Interrupt）两种打断当前正在执行的应用程序的方式，将程序执行流切换到例外/中断处理程序的入口处开始执行。其中例外由指令在执行过程中发生的异常情况引发，而中断则由外部事件（如中断输入信号）引发。

1. 中断类型

龙芯架构 32 位精简版下的中断采用线中断形式。每个处理器核内部可记录 12 个线中断，分别是：1 个核间中断（IPI），1 个定时器中断（TI），8 个硬中断（HWI0～HWI7），2 个软中断（SWI0～SWI1）。所有的线中断都是电平中断，而且都是高电平有效。

核间中断的中断输入来自于核外的中断控制器，其被处理器核采样记录在 CSR.ESTAT.IS[12]位。

定时器中断的中断源来自于核内的恒定频率定时器。当恒定频率定时器倒计时至全 0 值时，该中断被置起，置起后的定时器中断被处理器核采样记录在 CSR.ESTAT.IS [11]位。清除定时器中断需要通过软件向 CSR.TICLR 寄存器的 TI 位写 1 来完成。

硬中断的中断源来自于处理器核外部，其直接来源通常是核外的中断控制器。8 个硬中断 HWI[7:0] 处理器核采样记录在 CSR.ESTAT.IS [9:2]位。

软中断的中断源来自于处理器核内部，软件通过 CSR 指令对 CSR.ESTAT.IS [1:0]写 1 则置起软中断，写 0 则清除软中断。

中断在 CSR.ESTAT.IS 域中记录的位置的索引值也被称为中断号（Int Number）。SWI0 的中断号为 0，SWI1 的中断号为 1，……，IPI 的中断号为 12。

例外状态（ESTAT）寄存器记录例外的状态信息，包括所触发例外的一二级编码，以及各中断的状态，其定义如表 2-1 所示。

表 2-1　例外状态（ESTAT）寄存器定义

位	名　字	读　写	描　述
1:0	IS[1:0]	R/W	两个软中断的状态位。比特 0 和 1 分别对应 SWI0 和 SWI1。 软件写 1 则置起软中断，写 0 则清除软中断
9:2	IS[9:2]	R	8 个硬中断（HWI0～HWI7）的中断状态位，高电平有效。在线中断模式下，硬件仅是逐拍采样各个中断源并记录其状态于此。此时对于所有中断须为电平中断的要求，是由中断源负责保证的，并不在此维护
10	0	R0	保留域。读返回 0，且软件不允许改变其值
11	IS[11]	R	定时器中断（TI）的中断状态位，高电平有效。在线中断模式下，硬件仅是逐拍采样各个中断源并记录其状态于此。此时对于所有中断须为电平中断的要求，是由中断源负责保证的，并不在此维护
12	IS[12]	R	核间中断（IPI）的中断状态位，高电平有效。在线中断模式下，硬件仅是逐拍采样各个中断源并记录其状态于此。此时对于所有中断须为电平中断的要求，是由中断源负责保证的，并不在此维护
15:13	0	R0	保留域。读返回 0，且软件不允许改变其值
21:16	Ecode	R	例外类型一级编码。触发例外时，硬件会根据例外类型表中定义的数值写入该域
30:22	EsubCode	R	例外类型二级编码。触发例外时，硬件会根据例外类型表中定义的数值写入该域
31	0	R0	保留域。读返回 0，且软件不允许改变其值

2. 中断优先级

同一时刻多个中断的响应采用固定优先级仲裁基址，中断号越大优先级越高。因此 IPI 的优先级最高，TI 次之，……，SWI0 的优先级最低。

3. 中断入口

中断被处理器硬件标记到指令上以后就被当作一种例外进行处理，因此中断入口的计算遵循普通例外入口的计算规则。龙芯 1B IP 支持中断及异常向量地址如表 2-2 所示。

表 2-2 异常向量地址

异常类型	状态寄存器 BEV 位	状态寄存器 EXL 位	中断原因 IV 位	EJTAG 调试使能	异常向量地址
Reset, Soft reset, NMI	×	×	×	×	0xBFC0 0000
EJTAG Debug	×	×	×	0	0xBFC0 0480
EJTAG Debug	×	×	×	1	0xFF20 0200
TLB Refill	0	0	×	×	0x8000 0000
TLB Refill	0	1	×	×	0x8000 0180
TLB Refill	1	0	×	×	0xBFC0 0200
TLB Refill	1	1	×	×	0xBFC0 0380
Cache error	0	×	×	×	0xA000 0100
Cache error	1	×	×	×	0BFC0 0300
Interrupt	0	0	0	×	0x8000 0180
Interrupt	0	0	1	×	0x8000 0200
Interrupt	1	0	0	×	0xBFC0 0380
Interrupt	1	0	1	×	0xBFC0 0400
All others	0	×	×	×	0x8000 0180

4. 处理器硬件响应中断的处理过程

各中断源发来的中断信号被处理器采样至 CSR.ESTAT.IS 域中，这些信息与软件配置在 CSR.ECFG.LIE 域中的局部中断使能信息按位与，得到一个多位中断向量 int_vec。例外控制（ECFG）寄存器用于控制各中断的局部使能位，其定义如表 2-3 所示。当 CSR.CRMD.IE=1 且 int_vec 不全为 0 时，处理器认为有需要响应的中断，于是从执行的指令流挑选出一条指令，将其标记上一种特殊的例外——中断例外。当触发例外时，处理器硬件会进行如下操作：

- 将 CSR.CRMD 的 PLV、IE 分别存到 CSR.PRMD 的 PPLV、PIE 中，然后将 CSR.CRMD 的 PLV 置为 0，IE 置为 0；
- 将触发例外指令的 PC 值记录到 CSR.ERA 中；
- 跳转到例外入口处取指。

当前模式信息（CRMD）寄存器中的信息用于决定处理器核当前所处的特权等级、全局中断使能和地址翻译模式，其定义如表 2-4 所示。

例外前模式信息（PRMD）寄存器的定义如表 2-5 所示。当触发例外时，硬件会将此时处理器核的特权等级和全局中断使能位保存在此寄存器中，用于例外返回时恢复处理器核的现场。

当软件执行 ERTN 指令从例外执行返回时，处理器硬件会完成如下操作：

- 将 CSR.PRMD 的 PPLV、PIE 值恢复到 CSR.CRMD 的 PLV、IE 中；
- 跳转到 CSR.ERA 所记录的地址处取指。

例外返回地址（ERA）寄存器的定义如表 2-6 所示。

针对上述硬件实现，软件在例外处理过程中如果需要开启中断，需要保存 CSR.PRMD 的 PPLV、PIE 等信息，并在例外返回前，将所保存的信息恢复到 CSR.PRMD 中。

表 2-3　例外控制（ECFG）寄存器定义

位	名　字	读　写	描　述
1:0	IS[1:0]	R/W	两个软中断的状态位。比特 0 和 1 分别对应 SWI0 和 SWI1。 软件写 1 则置起软中断，写 0 清除软中断
9:2	IS[9:2]	R	8 个硬中断（HWI0～HWI7）的中断状态位，高电平有效。在线中断模式下，硬件仅是逐拍采样各个中断源并记录其状态于此。此时对于所有中断须为电平中断的要求，是由中断源负责保证的，并不在此维护

表 2-4　当前模式信息（CRMD）寄存器定义

位	名　字	读　写	描　述
1:0	PLV	R/W	当前特权等级。合法取值范围 0 和 3，0 表示最高特权等级，3 表示最低特权等级。 当触发例外时，硬件将该域的值置为 0，以确保陷入后处于最高特权等级。 当执行 ERTN 指令从例外处理程序返回时，硬件将 CSR.PRMD 的 PPLV 域的值恢复到这里
2	IE	R/W	当前全局中断使能，高电平有效。 当触发例外时，硬件将该域的值置为 0，以确保陷入后屏蔽中断。例外处理程序决定重新开启中断响应时，需显式地将该位置为 1。 当执行 ERTN 指令从例外处理程序返回时，硬件将 CSR.PRMD 的 PIE 域的值恢复到这里
3	DA	R/W	直接地址翻译模式的使能，高电平有效。 当触发 TLB 重填例外时，硬件将该域的值置为 1。当执行 ERTN 指令从例外处理程序返回时，如果 CSR.ESTAT.Ecode=0x3F，则硬件将该域置为 0。 DA 位和 PG 位的合法组合情况为 0、1 或 1、0，当软件配置成其他组合情况时结果不确定
4	PG	R/W	映射地址翻译模式的使能，高电平有效。 当触发 TLB 重填例外时，硬件将该域的值置为 0。当执行 ERTN 指令从例外处理程序返回时，如果 CSR.ESTAT.Ecode=0x3F，则硬件将该域置为 1。 PG 位和 DA 位的合法组合情况为 0、1 或 1、0，当软件配置成其他组合情况时结果不确定
6:5	DATF	R/W	直接地址翻译模式时，取指操作的存储访问类型。 当软件将 PG 置为 1 时，需同时将 DATF 域置为 0b01，即一致可缓存类型
8:7	DATM	R/W	直接地址翻译模式时，load 和 store 操作的存储访问类型。 当软件将 PG 置为 1 时，需同时将 DATM 域置为 0b01，即一致可缓存类型
31:9	0	R0	保留域。读返回 0，且软件不允许改变其值

表 2-5 例外前模式信息（PRMD）寄存器定义

位	名 字	读 写	描 述
1:0	PPLV	R/W	当触发例外时，硬件会将 CSR.CRMD 中 PLV 域的旧值记录在这个域。 当执行 ERTN 指令从例外处理程序返回时，硬件将这个域的值恢复到 CSR.CRMD 的 PLV 域
2	PIE	R/W	当触发例外时，硬件会将 CSR.CRMD 中 IE 域的旧值记录在这个域。 当执行 ERTN 指令从例外处理程序返回时，硬件将这个域的值恢复到 CSR.CRMD 的 IE 域
31:3	0	R0	保留域。读返回 0，且软件不允许改变其值

表 2-6 例外返回地址（ERA）寄存器定义

位	名 字	读 写	描 述
1:0	PPLV	R/W	当触发例外时，硬件会将 CSR.CRMD 中 PLV 域的旧值记录在这个域。 当执行 ERTN 指令从例外处理程序返回时，硬件将这个域的值恢复到 CSR.CRMD 的 PLV 域

2.2.2 龙芯 1B 中断控制器

1B 芯片内置简单、灵活的中断控制器。1B 芯片的中断控制器除管理 GPIO 输入的中断信号外，还处理内部事件引起的中断。所有的中断寄存器的位域安排相同，一个中断源对应其中一位。中断控制器共有 4 个中断输出连接 CPU 模块，分别对应 INT0、INT1、INT2、INT3。芯片支持 64 个内部中断和 64 个 GPIO 的中断，其中 INT0 和 INT1 分别对应 64 个内部中断的前后 32 位，INT2 和 INT3 对应 64 个外部 GPIO 中断，如表 2-7 所示。

表 2-7 龙芯 1B 中断控制器中断信号

位	INT0	INT1	INT2	INT3
31	保留	保留	保留	保留
30	UART5	保留	GPIO30	保留
29	UART4	保留	GPIO29	GPIO61
28	TOY_TICK	保留	GPIO28	GPIO60
27	RTC_TICK	保留	GPIO27	GPIO59
26	TOY_INT2	保留	GPIO26	GPIO58
25	TOY_INT1	保留	GPIO25	GPIO57
24	TOY_INT0	保留	GPIO24	GPIO56
23	RTC_INT2	保留	GPIO23	GPIO55
22	RTC_INT1	保留	GPIO22	GPIO54
21	RTC_INT0	保留	GPIO21	GPIO53
20	PWM3	保留	GPIO20	GPIO52
19	PWM2	保留	GPIO19	GPIO51
18	PWM1	保留	GPIO18	GPIO50

续表

位	INT0	INT1	INT2	INT3
17	PWM0	保留	GPIO17	GPIO49
16	保留	保留	GPIO16	GPIO48
15	DMA2	保留	GPIO15	GPIO47
14	DMA1	保留	GPIO14	GPIO46
13	DMA0	保留	GPIO13	GPIO45
12	保留	保留	GPIO12	GPIO44
11	保留	保留	GPIO11	GPIO43
10	AC97	保留	GPIO10	GPIO42
9	SPI1	保留	GPIO09	GPIO41
8	SPI0	保留	GPIO08	GPIO40
7	CAN1	保留	GPIO07	GPIO39
6	CAN0	保留	GPIO06	GPIO38
5	UART3	保留	GPIO05	GPIO37
4	UART2	保留	GPIO04	GPIO36
3	UART1	Gmac1	GPIO03	GPIO35
2	URAT0	Gmac0	GPIO02	GPIO34
1	保留	Ohci	GPIO01	GPIO33
0	保留	Ehci	GPIO00	GPIO32

2.2.3　龙芯 1B 外部中断控制器寄存器

使用中断时，首先要设置中断使能寄存器中相应的位来使能该中断，系统复位时默认不使能中断；然后设置中断触发类型寄存器、中断极性控制寄存器和中断输出控制寄存器相应的属性；最后当发生中断时，通过中断状态寄存器查看相应的中断源。龙芯 1B 外部中断控制器寄存器的定义如表 2-8 所示，外部中断控制器寄存器分成 4 组 0～3，与 4 个中断输出连接 CPU 模块 INT0～INT3 对应。

表 2-8　龙芯 1B 外部中断控制器寄存器定义

偏移地址	位	寄 存 器	描　述	读 写 特 性
0xbfd01040	32	INTISR0	中断控制状态寄存器 0	R0
0xbfd01044	32	INTIEN0	中断控制使能寄存器 0	R/W
0xbfd01048	32	INTSET0	中断置位寄存器 0	R/W
0xbfd0104c	32	INTCLR0	中断清空寄存器 0	R/W
0xbfd01050	32	INTPOL0	高电平触发中断使能寄存器 0	R/W
0xbfd01054	32	INTEDGE0	边沿触发中断使能寄存器 0	R/W
0xbfd01058	32	INTISR1	中断控制状态寄存器 1	R0
0xbfd0105c	32	INTIEN1	中断控制使能寄存器 1	R/W

续表

偏移地址	位	寄 存 器	描 述	读 写 特 性
0xbfd01060	32	INTSET1	中断置位寄存器 1	R/W
0xbfd01064	32	INTCLR1	中断清空寄存器 1	R/W
0xbfd01068	32	INTPOL1	高电平触发中断使能寄存器 1	R/W
0xbfd0106c	32	INTEDGE1	边沿触发中断使能寄存器 1	R/W
0xbfd01070	32	INTISR2	中断控制状态寄存器 2	R0
0xbfd01074	32	INTIEN2	中断控制使能寄存器 2	R/W
0xbfd01078	32	INTSET2	中断置位寄存器 2	R/W
0xbfd0107c	32	INTCLR2	中断清空寄存器 2	R/W
0xbfd01080	32	INTPOL2	高电平触发中断使能寄存器 2	R/W
0xbfd01084	32	INTEDGE2	边沿触发中断使能寄存器 2	R/W
0xbfd01088	32	INTISR3	中断控制状态寄存器 3	R0
0xbfd0108c	32	INTIEN3	中断控制使能寄存器 3	R/W
0xbfd01090	32	INTSET3	中断置位寄存器 3	R/W
0xbfd01094	32	INTCLR3	中断清空寄存器 3	R/W
0xbfd01098	32	INTPOL3	高电平触发中断使能寄存器 3	R/W
0xbfd0109c	32	INTEDGE3	边沿触发中断使能寄存器 3	R/W

中断触发方式分为电平触发与边沿触发两种，电平触发方式时，中断控制器内部不寄存外部中断，此时对中断处理的响应完成后只需要清除对应设备上的中断就可以清除对 CPU 的相应中断。例如，上行网口向 CPU 发出接收包中断，网络驱动处理中断后，只要清除上行网口内部的中断寄存器中的中断状态，就可以清除 CPU 中断控制器的中断状态，而不需要通过对应的 INT_CLR 对 CPU 进行清中断。但是在边沿触发的方式下，中断控制器会寄存外部中断，此时软件处理中断时，需要通过写对应的 INT_CLR，清除 CPU 中断控制器内部的对应中断状态。另外，在边沿触发的情况下，可以通过写 INT_SET 位强制中断控制器的对应中断状态。

2.2.4 龙芯 1B 外部中断相关库函数解析

举例，若配置 GPIO00 为外部中断信号输入引脚，则需要进行如下操作：

- 根据引脚号查表 2-7 确定中断输出连接 CPU 模块 INT2，查表 2-8 确定所用到的是第 2 组中断控制寄存器；
- 设置中断使能寄存器中相应的位来使能该中断，配置 INTIEN2[0]为 1；
- 设置中断触发类型，若设置高电平触发，则配置 INTPOL2[0]为 1、INTEDGE2[0]为 0；若设置低电平触发，则配置 INTPOL2[0]为 0、INTEDGE2[0]为 0；若设置上升沿触发，则配置 INTEDGE2[0]为 1、INTPOL2[0]为 1；若设置下降沿触发，则配置 INTEDGE2[0]为 1、INTPOL2[0]为 0；
- 触发中断后，处理器自动将中断控制状态寄存器对应位配置为 1，即 INTISR2[0]为 1；
- 编写中断服务函数，实现中断功能；

- 中断响应完成后，清除中断控制状态寄存器中断状态位，配置 INTCLR2[0]为 1。

在实际编程时，寄存器配置通过调用龙芯 1B GPIO 相关功能函数来实现。

1. int ls1x_enable_gpio_interrupt(int gpio)函数

该函数的功能为开启 GPIO 中断，形参 gpio 为所使用的引脚，在 ls1x_gpio.c 文件中定义：

```
1.  int ls1x_enable_gpio_interrupt(int gpio)
2.  {
3.      unsigned int intc_base, intc_bit;
4.  
5.      intc_base = ls1x_gpio_intcbase(gpio);
6.      intc_bit = ls1x_gpio_intcbit(gpio);
7.  
8.      if ((intc_base > 0) && (intc_bit > 0))
9.      {
10.         LS1x_INTC_CLR(intc_base) = intc_bit;
11.         LS1x_INTC_IEN(intc_base) |= intc_bit;
12.         return 0;
13.     }
14. 
15.     return -1;
16. }
```

追踪 ls1x_gpio_intcbase，同样在 ls1x_gpio.c 文件中，定义如下：

```
1.  static unsigned int ls1x_gpio_intcbase(int gpio)
2.  {
3.  #if defined(LS1B)
4.      if ((gpio >= 0) && (gpio <= 30))
5.          return LS1B_INTC2_BASE;
6.      else if ((gpio >= 32) && (gpio <= 61))
7.          return LS1B_INTC3_BASE;
8.  #elif defined(LS1C)
9.      if ((gpio >= 0) && (gpio <= 31))
10.         return LS1C_INTC2_BASE;
11.     else if ((gpio >= 32) && (gpio <= 63))
12.         return LS1C_INTC3_BASE;
13.     else if ((gpio >= 64) && (gpio <= 95))
14.         return LS1C_INTC4_BASE;
15.     else if ((gpio >= 96) && (gpio <= 105))
16.         return LS1C_INTC1_BASE;
17. #endif
18.     else
```

```
19.         return 0;
20. }
```

选择的是龙芯 1B 处理器 GPIO00，返回值为 LS1B_INTC2_BASE。追踪 LS1B_INTC2_BASE，在 ls1b.h 文件中找到其宏定义：

```
1.  #define LS1B_INTC2_BASE 0xBFD01070
```

即 intc_base 值为 0xBFD01070。在表 2-8 中，0xBFD01070 为第 2 组寄存器的起始地址。

追踪 ls1x_gpio_intcbit，同样在 ls1x_gpio.c 文件中，定义如下：

```
1.  static unsigned int ls1x_gpio_intcbit(int gpio)
2.  {
3.  #if defined(LS1B)
4.      if ((gpio >= 0) && (gpio <= 30))
5.          return (1 << gpio);
6.      else if ((gpio >= 32) && (gpio <= 61))
7.          return (1 << (gpio - 32));
8.  #elif defined(LS1C)
9.      if ((gpio >= 0) && (gpio <= 31))
10.         return (1 << gpio);
11.     else if ((gpio >= 32) && (gpio <= 63))
12.         return (1 << (gpio - 32));
13.     else if ((gpio >= 64) && (gpio <= 95))
14.         return (1 << (gpio - 64));
15.     else if ((gpio >= 96) && (gpio <= 105))
16.         return (1 << (gpio - 96 + 22));
17. #endif
18.     else
19.         return 0;
20. }
```

选择的是龙芯 1B 处理器 GPIO00，返回值为 1，即 intc_bit 值为 1。

在 int ls1x_enable_gpio_interrupt(int gpio)函数中继续追踪 LS1x_INTC_CLR，在 ls1b.h 文件中找到相关宏定义：

```
1.  #define LS1B_INTC_CLR(base) (*(volatile unsigned int *)(base + 0x0C)) /*  中断清空寄存器  */
2.  #define LS1x_INTC_CLR(base) LS1B_INTC_CLR(base)
```

在选择龙芯 1B 处理器 GPIO00 作为外部中断信号输入引脚的情况下，语句“LS1x_INTC_CLR(intc_base) = intc_bit;”的功能就是将 INTCLR2[0]配置为 1，清除 CPU 中断控制器内部的对应中断状态。

在 int ls1x_enable_gpio_interrupt(int gpio)函数中继续追踪 LS1x_INTC_IEN，在 ls1b.h 文件中找到相关宏定义：

```
1. #define LS1B_INTC_IEN(base) (*(volatile unsigned int *)(base + 0x04)) /*  中断控制使能寄存器  */
2.    #define LS1x_INTC_IEN(base) LS1B_INTC_IEN(base)
```

在选择龙芯 1B 处理器 GPIO00 作为外部中断信号输入引脚的情况下，语句“LS1x_INTC_IEN(intc_base) |= intc_bit;”的功能就是将 INTIEN2[0]配置为 1，使能 GPIO00 中断。

2. int ls1x_install_gpio_isr(int gpio, int trigger_mode, void (*isr)(int, void *), void *arg)函数

该函数为 GPIO 设置中断触发模式与中断服务函数。形参 gpio 为使用的引脚；trigger_mode 为触发模式；void (*isr)(int, void *)是一个函数指针，用于传入中断服务函数的地址，进而设置中断服务函数；*arg 为形参，不需要时写 NULL 即可。该函数在 ls1x_gpio.c 文件中定义：

```
1.    int ls1x_install_gpio_isr(int gpio, int trigger_mode, void (*isr)(int, void *), void *arg)
2.    {
3.        unsigned int intc_base, intc_bit, irq_num;
4.
5.        intc_base = ls1x_gpio_intcbase(gpio);
6.        intc_bit = ls1x_gpio_intcbit(gpio);
7.        irq_num = ls1x_gpio_irqnum(gpio);
8.
9.        if ((intc_base > 0) && (intc_bit > 0) && (irq_num > 0))
10.       {
11.           /* set as gpio in */
12.           gpio_enable(gpio, DIR_IN);
13.
14.           /* disable interrupt first */
15.           LS1x_INTC_IEN(intc_base) &= ~intc_bit;
16.           LS1x_INTC_CLR(intc_base) = intc_bit;
17.
18.           /* set interrupt trigger mode */
19.           switch (trigger_mode)
20.           {
21.           case INT_TRIG_LEVEL_LOW:
22.               LS1x_INTC_EDGE(intc_base) &= ~intc_bit; //level
23.               LS1x_INTC_POL(intc_base) &= ~intc_bit;   //low
24.               break;
25.
26.           case INT_TRIG_LEVEL_HIGH:
27.               LS1x_INTC_EDGE(intc_base) &= ~intc_bit; //level
28.               LS1x_INTC_POL(intc_base) |= intc_bit;     //high
29.               break;
30.
```

```
31.         case INT_TRIG_EDGE_DOWN:
32.             LS1x_INTC_EDGE(intc_base) |= intc_bit; //edge
33.             LS1x_INTC_POL(intc_base) &= ~intc_bit; //down
34.             break;
35.
36.         case INT_TRIG_EDGE_UP:
37.         default:
38.             LS1x_INTC_EDGE(intc_base) |= intc_bit; //edge
39.             LS1x_INTC_POL(intc_base) |= intc_bit;  //up
40.             break;
41.         }
42.
43.         /*
44.          * install the isr
45.          */
46.         ls1x_install_irq_handler(irq_num, isr, arg);
47.
48.         /* enable interrupt finally */
49.         LS1x_INTC_CLR(intc_base) = intc_bit;
50.         LS1x_INTC_IEN(intc_base) |= intc_bit;
51.
52.         return 0;
53.     }
54.
55.     return -1;
56. }
```

语句“irq_num = ls1x_gpio_irqnum(gpio);”的功能为根据 GPIO 端口号来确定具体的中断服务函数入口地址。ls1x_gpio_irqnum 在 ls1x_gpio.c 文件中定义：

```
1.  static unsigned int ls1x_gpio_irqnum(int gpio)
2.  {
3.  #if defined(LS1B)
4.      if ((gpio >= 0) && (gpio <= 30))
5.          return LS1B_IRQ2_BASE + gpio;
6.      else if ((gpio >= 32) && (gpio <= 61))
7.          return LS1B_IRQ3_BASE + gpio - 32;
8.  #elif defined(LS1C)
9.      if ((gpio >= 0) && (gpio <= 31))
10.         return LS1C_IRQ2_BASE + gpio;
11.     else if ((gpio >= 32) && (gpio <= 63))
12.         return LS1C_IRQ3_BASE + gpio - 32;
13.     else if ((gpio >= 64) && (gpio <= 95))
14.         return LS1C_IRQ4_BASE + gpio - 64;
15.     else if ((gpio >= 96) && (gpio <= 105))
```

```
16.         return LS1C_IRQ1_BASE + gpio - 96 + 22;
17. #endif
18.     else
19.         return 0;
20. }
```

trigger_mode 的值有 4 种选择，对应触发中断的 4 种方式，在 ls1b_gpio.h 文件中定义：

```
1.  #define INT_TRIG_EDGE_UP 0x01        /*  上升沿触发 gpio 中断  */
2.  #define INT_TRIG_EDGE_DOWN 0x02   /*  下降沿触发 gpio 中断  */
3.  #define INT_TRIG_LEVEL_HIGH 0x04    /*  高电平触发 gpio 中断  */
4.  #define INT_TRIG_LEVEL_LOW 0x08     /*  低电平触发 gpio 中断  */
```

语句“ls1x_install_irq_handler(irq_num, isr, arg);”将中断服务函数地址传入 GPIO 端口对应的中断向量，执行中断服务函数。ls1x_install_irq_handler 在 ls1b_gpio.h 文件中定义：

```
1.  #define LS1X_SR_IPMASK 0x7F00 //IPMASK 0:6 (but counter/compare)
2.  void ls1x_install_irq_handler(int vector, void (*isr)(int, void *), void *arg)
3.  {
4.      if ((vector >= 0) && (vector < BSP_INTERRUPT_VECTOR_MAX))
5.      {
6.          mips_interrupt_disable();
7.          isr_table[vector].handler = isr;
8.          isr_table[vector].arg = (unsigned int)arg;
9.          mips_interrupt_enable();
10.     }
11. }
```

任务实施

流水线零件自动计数器应用开发

1. 流水线零件自动计数器设计与实现

（1）功能分析。根据流水线零件计数器原理，使用信号发生器输入脉冲计数信号或使用按键输入模拟计数信号，这里选择图 2-5 中的 SW5 键作为模拟计数信号输入。

- 将 IO 口配置为输入模式；
- 配置 IO 口的中断模式，触发条件；
- 编写中断处理函数；
- 在中断处理函数中进行计数。

（2）编写关键函数。

① 使能按键的中断。调用“int ls1x_enable_gpio_interrupt(int gpio)”函数实现：

```
1.  #define KEY_UP 0
```

```
2. ls1x_enable_gpio_interrupt(KEY_UP);
```

② 中断服务函数。在外部中断服务函数中编写一个变量自增的函数，每次外部中断触发，变量就会加 1，实现流水线零件计数器的功能。

```
1.  //外部中断服务函数
2.  int num = 0, on = 0;
3.  static void gpio_interrupt_isr(int vector, void * param)
4.  {
5.      gpio_write(LED4, on);
6.      num++;
7.      on = !on;
8.      printk("num = %d\n", num);
9.      return;
10. }
```

③ 设置中断触发方式并响应中断。设置中断触发方式为下降沿触发，调用“int ls1x_install_gpio_isr(int gpio, int trigger_mode, void (*isr)(int, void *), void *arg)”函数实现：

```
1.  ls1x_install_gpio_isr(KEY_UP, INT_TRIG_EDGE_DOWN, gpio_interrupt_isr, 0); /* 下降沿触发 */
```

（3）整理程序结构。对于功能复杂的程序，若将自己编写的代码全部写在工程 main.c 文件里，不便于阅读、交流与后期的修订，这里采用在工程里将代码按功能新建文件的方法来整理程序结构。

① 新建源代码文件。当项目打开时，在项目视图面板的文件夹处单击鼠标右键，选择右键快捷菜单中的“新建源代码文件”命令，如图 2-7 所示。

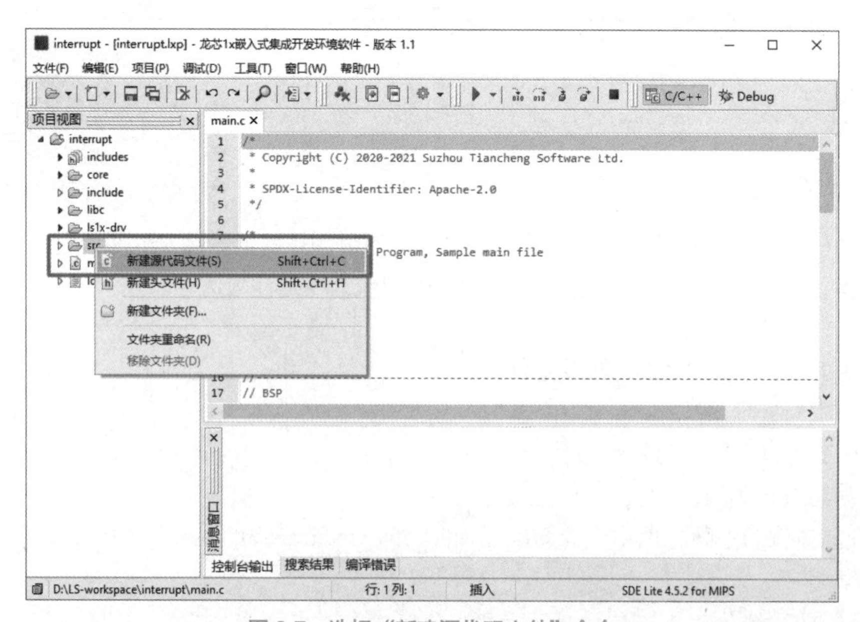

图 2-7　选择“新建源代码文件”命令

在弹出的窗口中输入新建的源文件名，如图 2-8 所示。单击“确定”按钮，完成 interrupt.c 文件的创建，如图 2-9 所示。

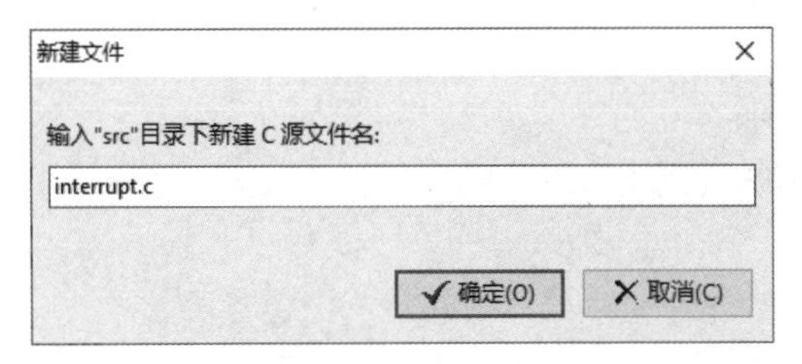

图 2-8　输入新建源文件名

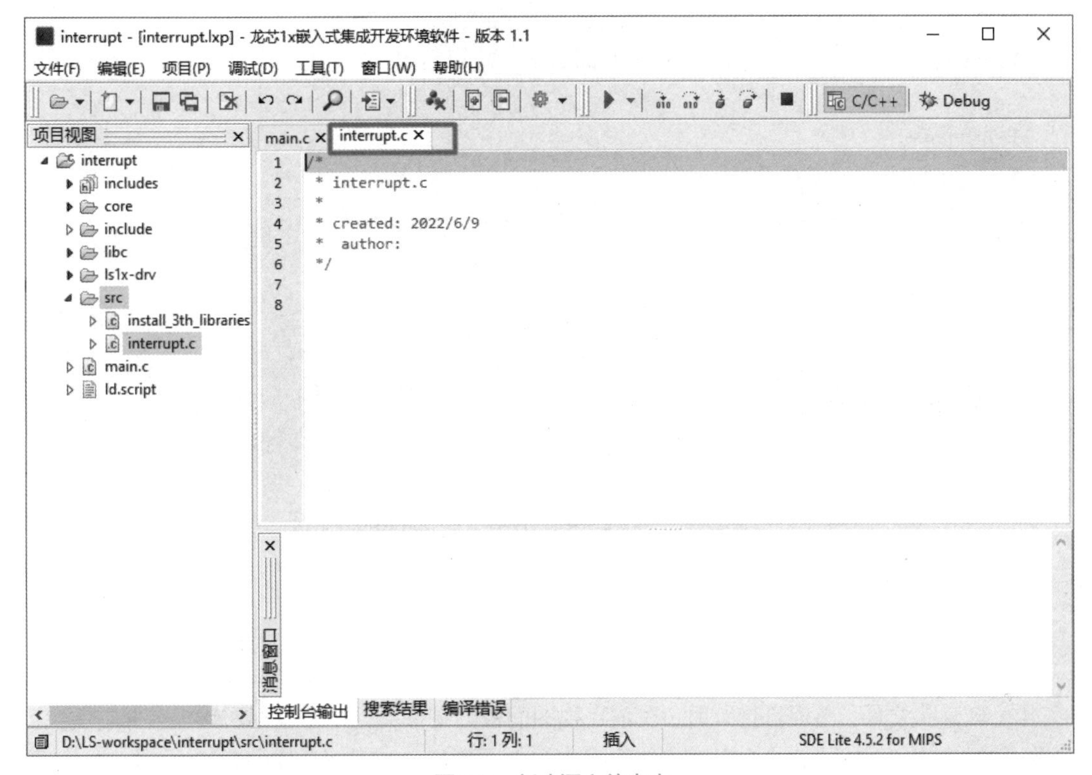

图 2-9　新建源文件内容

在 interrupt.c 文件中添加以下代码：

```
1.  #include "ls1b_gpio.h"
2.  #include "ls1b_irq.h"
3.  #include "interrupt.h"
4.
5.  //LED 初始化与关闭 LED
6.  void Led_All_Off(void)
7.  {
8.      gpio_enable(LED1, DIR_OUT);
9.      gpio_enable(LED2, DIR_OUT);
```

```
10.      gpio_enable(LED3, DIR_OUT);
11.      gpio_enable(LED4, DIR_OUT);
12.      gpio_write(LED1, OFF);
13.      gpio_write(LED2, OFF);
14.      gpio_write(LED3, OFF);
15.      gpio_write(LED4, OFF);
16.      return;
17. }
18.
19. //外部中断服务函数
20. int on = 0, num = 0;
21. static void gpio_interrupt_isr(int vector, void *param)
22. {
23.      num++;
24.      printk("num = %d\n", num);
25.      gpio_write(LED4, on);
26.      on = !on;
27.      return;
28. }
29.
30. //外部中断初始化
31. void Gpio_Interrupt_Init(void)
32. {
33.      ls1x_install_gpio_isr(KEY_UP, INT_TRIG_EDGE_DOWN, gpio_interrupt_isr, 0);
34.      ls1x_enable_gpio_interrupt(KEY_UP);    //使能按键的中断
35.      return;
36. }
```

② 新建头文件。当项目打开时，在项目视图面板的文件夹处单击鼠标右键，选择右键快捷菜单中的“新建头文件”命令，在弹出的窗口中输入新建 C 头文件名，如图 2-10 所示，单击“确定”按钮完成，显示新建的头文件内容如图 2-11 所示。

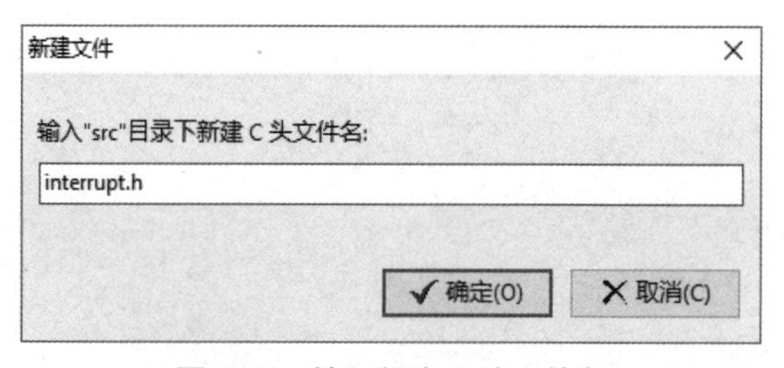

图 2-10　输入新建 C 头文件名

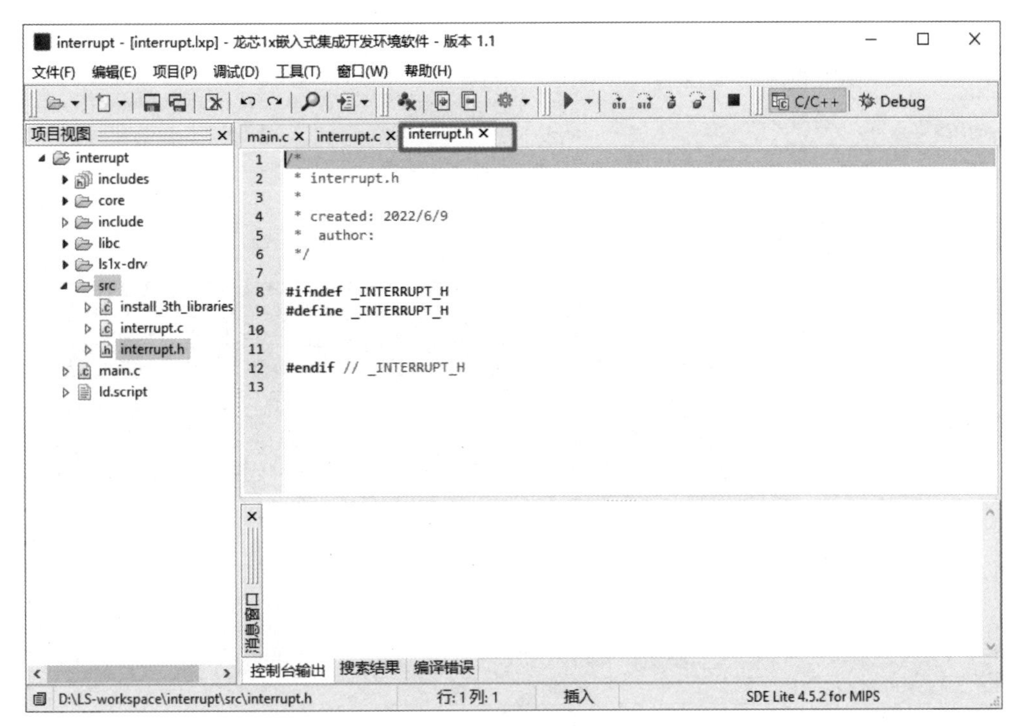

图 2-11　新建头文件内容

在 interrupt.h 文件中添加相关宏定义与函数声明语句：

```
1.  #ifndef _INTERRUPT_H
2.  #define _INTERRUPT_H
3.
4.  #define KEY_UP 0 //默认低电平，按下按键为高电平
5.  #define LED1 54
6.  #define LED2 55
7.  #define LED3 2
8.  #define LED4 3
9.
10. #define ON 0
11. #define OFF 1
12.
13. void Gpio_Interrupt_Init(void);
14. void Led_All_Off(void);
15.
16. #endif //_INTERRUPT_H
```

③ 添加头文件路径。在添加完自己的头文件和源文件之后，需要添加头文件的包含路径，否则编译时会提示文件找不到的错误。选中项目名称，选择“项目”→“编译选项”命令，如图 2-12 所示。

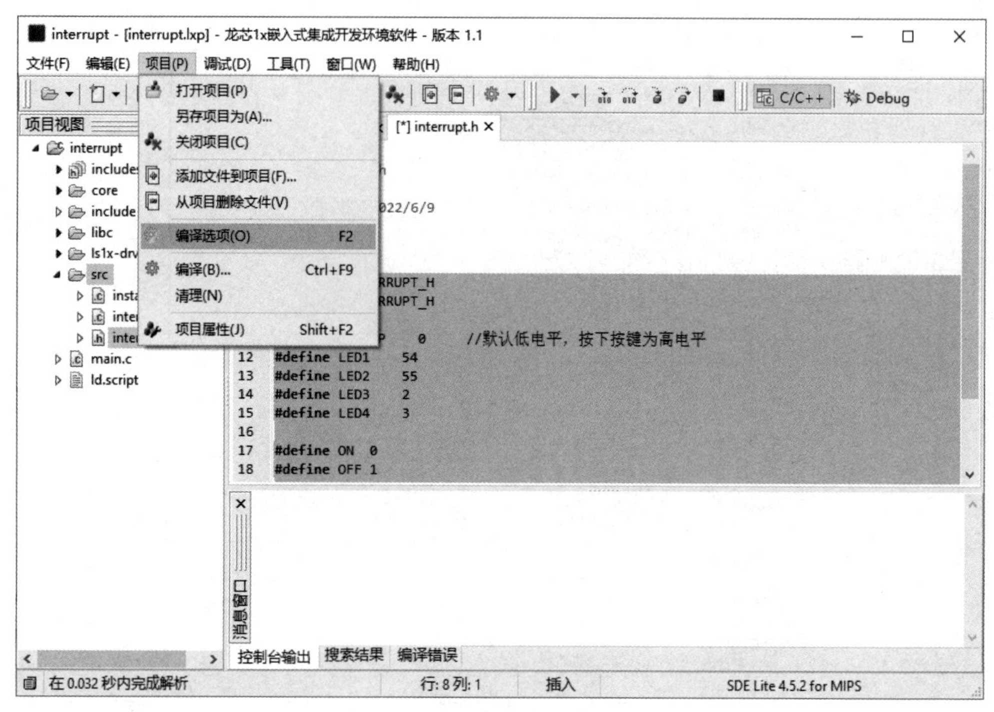

图 2-12　打开编译选项

在打开的编译选项中选择“SDELite C Compiler”下面的“Preprocessor”选项，单击绿色加号图标，在打开的窗口中添加头文件的路径。这里选择填写相对路径“./src”，单击“确定”按钮。这样当移动工程路径时，程序依然可以找到对应的头文件，如图 2-13 所示。

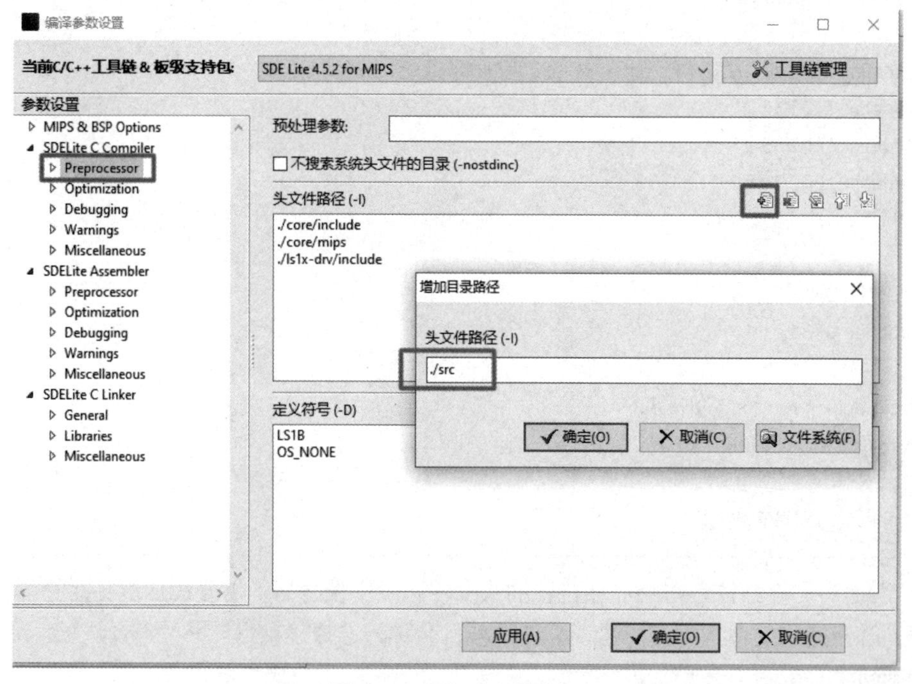

图 2-13　添加头文件路径

④ 完善 main.c 文件。在 main.c 文件中添加相关宏定义并编写 main()函数：

```
1.  #include "bsp.h"
2.  #include "ls1b_gpio.h"
3.  #include "interrupt.h"
4.
5.  int main(void)
6.  {
7.      printk("\r\nmain() function.\r\n");
8.
9.      Led_All_Off();            //LED 初始化
10.     Gpio_Interrupt_Init();    //GPIO 外部中断
11.
12.     while (1)
13.     {
14.         gpio_write(LED1, ON);
15.         delay_ms(500);
16.         gpio_write(LED1, OFF);
17.         delay_ms(500);
18.     }
19.
20.     return 0;
21. }
```

（4）编译下载。代码编译无误后，下载至龙芯 1B 开发板查看现象。将上位机 USB 接口与龙芯 1B 开发板 RJ45 调试串口相连，在上位机利用串口调试工具查看外部中断（按键）的次数，如图 2-14 所示。

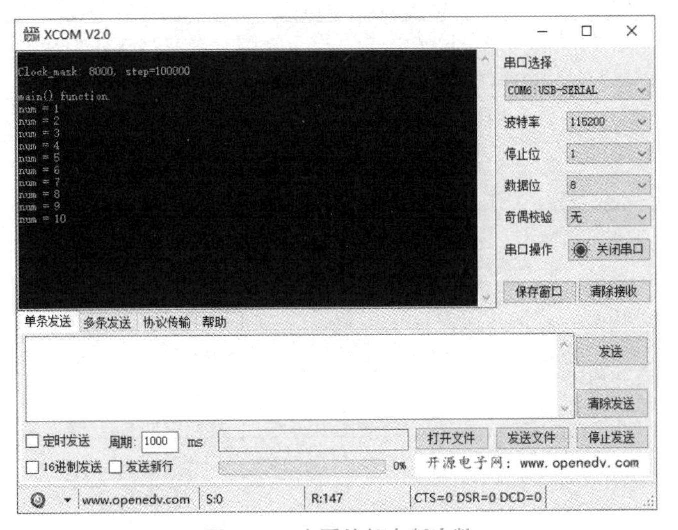

图 2-14　查看外部中断次数

流水线零件自动计数器（演示）

任务拓展

1．选择 SW6 键作为模拟计数信号输入，写出其使能中断语句：

2．将 SW6 外部中断配置为上升沿触发，写出关键语句：

3．编写完整程序，编译、烧写至龙芯 1B 开发板查看现象。

总结与思考

1．项目总结

龙芯 1B 处理器内置简单、灵活的中断控制器。1B 芯片的中断控制器除了管理 GPIO 输入的中断信号，还处理内部事件引起的中断。中断控制器共有 4 个中断输出连接 CPU 模块，分别对应 INT0、INT1、INT2、INT3。芯片支持 64 个内部中断和 64 个 GPIO 的中断，其中 INT0 和 INT1 分别对应于 64 个内部中断的前后 32 位，INT2 和 INT3 对应于 64 个外部 GPIO 中断。本项目利用龙芯 1B 处理器 GPIO 的输入功能实现了手动按键计数器，利用龙芯 1B 处理器 GPIO 的外部中断功能实现了自动计数器。

根据任务 2.1 和任务 2.2 的完成情况填写项目任务单和项目评分表，分别如表 2-9 和表 2-10 所示。

表 2-9　项目任务单

任 务 单

班级：________　学号：________　姓名：________

任务要求	1．手动按键计数器开发实现； 2．流水线零件自动计数器开发实现。
任务实施	
任务完成情况记录	
已掌握的知识与技能	
遇到的问题及解决方法	
得分	

表 2-10 项目评分表

评 分 表

班级：__________ 学号：__________ 姓名：__________

考核内容		自 评	互 评	教师评	得 分
素质考核（25%）	出勤率（10%）				
	学习态度（30%）				
	语言表达能力（10%）				
	职业行为能力（20%）				
	团队合作精神（20%）				
	个人创新能力（10%）				
任务考核（75%）	方案确定（15%）				
	程序开发（40%）				
	软硬件调试（30%）				
	总结（15%）				
总分					

2. 思考进阶

（1）编写程序：用按键扫描方式，实现龙芯 1B 开发板四个按键分别控制 LED 亮、灭。

（2）编写程序：用外部中断方式，实现龙芯 1B 开发板四个按键分别控制 LED 亮、灭。

课后习题

1. 为什么要进行按键的消抖处理？
2. 查阅资料，按键的消抖处理有哪些方法？
3. 总结龙芯 1B 中断处理的过程。

项目 3　手机呼吸灯应用开发

本项目是利用龙芯 1B 处理器开发设计一款手机呼吸灯应用。通过本项目的学习，读者可掌握龙芯 1B 处理器 4 路脉冲宽度调节工作过程、PWM 输出配置流程程序的设计。本项目有两个任务，通过任务 1 PWM 基础应用开发，学习龙芯 1B 处理器的 PWM 基本知识、PWM 库函数、PWM 参数配置结构体、PWM 输出配置流程；通过任务 2 手机呼吸灯开发实现，应用龙芯 1B 处理器的 PWM 输出功能实现呼吸灯功能的开发。

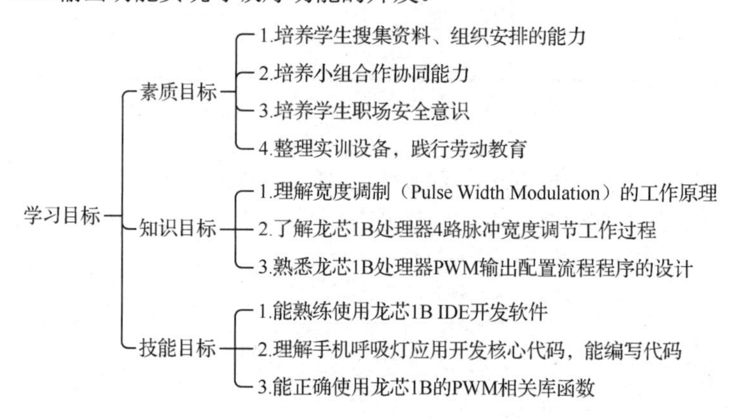

学习目标
素质目标
1.培养学生搜集资料、组织安排的能力
2.培养小组合作协同能力
3.培养学生职场安全意识
4.整理实训设备，践行劳动教育
知识目标
1.理解宽度调制（Pulse Width Modulation）的工作原理
2.了解龙芯1B处理器4路脉冲宽度调节工作过程
3.熟悉龙芯1B处理器PWM输出配置流程程序的设计
技能目标
1.能熟练使用龙芯1B IDE开发软件
2.理解手机呼吸灯应用开发核心代码，能编写代码
3.能正确使用龙芯1B的PWM相关库函数

任务 3.1　PWM 基础应用开发

任务分析

PWM 是利用微处理器的数字输出来对模拟电路进行控制的一种非常有效的技术，具有控制简单、灵活和动态响应好等优点，本任务要求：使用 LoongIDE 开发环境建立一个工程项目，编写龙芯 1B 处理器的 PWM 输出配置流程代码，编译程序生成 hex 文件烧写至开发板运行，完成 PWM 基础应用开发。

要完成这个任务，需要知道 LoongIDE 开发环境的使用，龙芯 1B 处理器的 4 路可配置 PWM 输出基本知识、PWM 库函数、PWM 参数配置结构体、PWM 输出配置流程。

建议学生带着以下问题进行本项目任务的学习和实践。

- 什么是龙芯 1B 处理器的 PWM？
- 怎样使用 PWM 库函数？
- 如何配置 PWM 参数结构体？
- PWM 输出配置流程是什么？

相关知识

3.1.1　脉冲宽度调制

脉冲宽度调制（Pulse Width Modulation）是一种模拟控制方式，简称脉宽调制，其根据相应载荷的变化来调制晶体管基极或 MOS 管栅极的偏置，来实现晶体管或 MOS 管导通时间的改变，从而实现开关稳压电源输出的改变。这种方式能使电源的输出电压在工作条件变化时保持恒定，是利用微处理器的数字信号对模拟电路进行控制的一种非常有效的技术，已成为电力电子技术最广泛应用的控制方式，被广泛应用于通信、测量、功率控制与变换、电动机控制、伺服控制、灯光亮度调节、开关电源等领域，甚至某些音频放大器中，因此学习 PWM 具有十分重要的现实意义。

脉宽调制基本原理是对逆变电路开关器件的通断进行控制，在输出端得到一系列幅值相等的脉冲，并用来代替正弦波或所需要的波形。由于在输出波形的半个周期内产生多个脉冲，使得各脉冲的等值电压为正弦波形，输出平滑且低次谐波出现得很少。按一定的规则对各脉冲的宽度进行调制，不仅可改变逆变电路输出电压的大小，也可改变输出频率。各脉冲宽度是按正弦规律变化的。根据冲量相等效果相同的原理，PWM 波形和正弦半波是等效的。对于正弦的负半周，也可以用同样的方法得到 PWM 波形。

在 PWM 波形中，各脉冲的幅值是相等的，要改变等效输出正弦波的幅值时，只要按同一比例系数改变各脉冲的宽度即可，因此在交-直-交变频器中，整流电路采用不可控的二极管电路，PWM 逆变电路输出的脉冲电压就是直流侧电压的幅值。

根据上述原理，在给出了正弦波频率、幅值和半个周期内的脉冲数后，PWM 波形各脉冲的宽度和间隔就可以准确计算出来。按照计算结果控制电路中各开关器件的通断，就可以得到所需要的 PWM 波形。PWM 产生过程如图 3-1 所示。

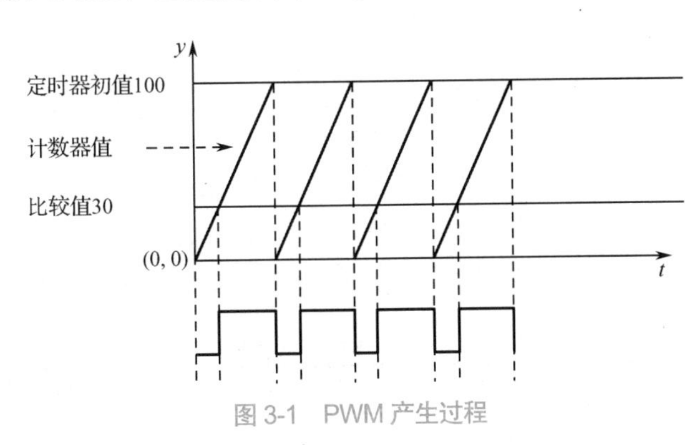

图 3-1　PWM 产生过程

PWM 信号有两个基本参数，分别是周期（Period）和占空比（Duty）。周期是一个完整 PWM 波形所持续的时间，占空比是高电平持续时间（T_{on}）与周期时间（Period）的比值，如图 3-2 所示。占空比计算公式：

$$\text{Duty} = (T_{on}/\text{Period}) \times 100\%$$

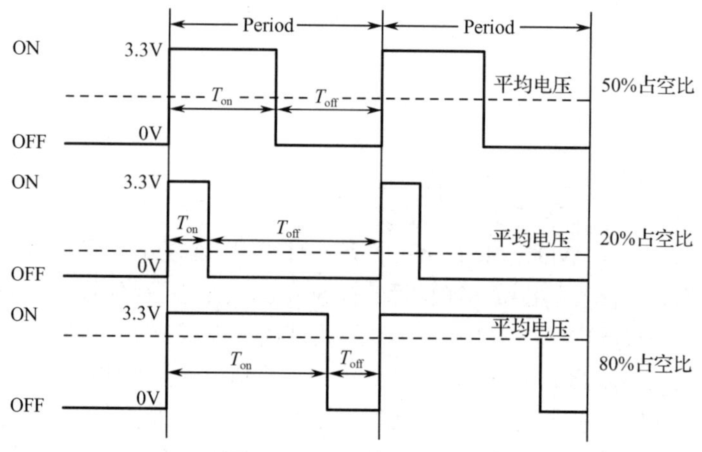

图 3-2　PWM 信号占空比

如今几乎所有市售的微处理器都有 PWM 模块功能，若没有也可以利用定时器和 GPIO 口来实现。一般的 PWM 模块控制流程如下。

（1）使能相关的模块（PWM 模块和对应引脚的 GPIO 模块）。

（2）配置 PWM 模块的功能，具体有：设置 PWM 定时器周期，该参数决定 PWM 波形的频率；设置 PWM 定时器比较值，该参数决定 PWM 波形的占空比。为避免桥臂的直通，需要设置死区（deadband），一般较高档的微处理器都有该功能。设置故障处理情况，一般为故障时封锁输出，防止过流损坏功率管，故障一般由比较器、ADC 或 GPIO 进行检测。设定同步功能，该功能在多桥臂，即多 PWM 模块协调工作时尤为重要。

（3）设置相应的中断，一般用于电压电流采样、计算下一个周期的占空比、更改占空比，这部分也会有 PI 控制的功能。

（4）使能 PWM 波形发生。

3.1.2　龙芯 1B 处理器 PWM

龙芯 1B 处理器里实现了 4 路脉冲宽度调节/计数控制器，以下简称 PWM。每路 PWM 工作和控制方式完全相同，每路 PWM 有一路脉冲宽度输出信号，系统时钟高达 100MHz，计数寄存器和参考寄存器均为 24 位数据宽度，使得芯片非常适用于高档电机的控制。每路控制器有 4 个寄存器，分别是：主计数器（CNTR）、高脉冲定时参考寄存器（HRC）、低脉冲定时参考寄存器（LRC）和控制寄存器（CTRL），具体硬件结构及特性如表 3-1 至表 3-3 所示。

表 3-1　PWM 引脚定义

序　号	信号名称	方　向	上下拉	电压域
1	PWM0	0	PWM0 波形输出	core
2	PWM1	0	PWM1 波形输出	core
3	PWM2	0	PWM2 波形输出	core
4	PWM3	0	PWM3 波形输出	core

表 3-2　4 路 PWM 控制器系统的基地址

名　　称	基地址（Base）	中　断　号
PWM0	0XBFE5:C000	18
PWM1	0XBFE5:C010	19
PWM2	0XBFE5:C020	20
PWM3	0XBFE5:C030	21

表 3-3　PWM 每路控制寄存器定义

名　　称	地　　址	位宽/位	访　　问	说　　明
CNTR	Base + 0x0	24	R/W	主计数器
HRC	Base + 0x4	24	R/W	高脉冲定时参考寄存器
LRC	Base + 0x8	24	R/W	低脉冲定时参考寄存器
CTRL	Base + 0xC	8	R/W	控制寄存器

PWM 寄存器说明如下。

（1）实现脉冲宽度功能。CNTR 寄存器可以由系统编程写入获得初始值，系统编程写入完毕后，CNTR 寄存器在系统时钟驱动下不断自加，当到达 LRC 寄存器的值后清零，然后重新开始不断自加，控制器就产生连续不断的脉冲宽度输出，如表 3-4 所示。

表 3-4　主计数器设置

位　　域	访　　问	复　位　值	说　　明
23：0	R/W	0x0	主计数器

HRC 寄存器由系统写入，当 CNTR 寄存器的值等于 HRC 寄存器的值的时候，控制器产生高脉冲电平，如表 3-5 所示。

表 3-5　高脉冲计数器设置

位　　域	访　　问	复　位　值	说　　明
23：0	R/W	0x0	高脉冲计数器

LRC 寄存器由系统写入，当 CNTR 寄存器的值等于 LRC 寄存器的值的时候，控制器产生低脉冲电平，如表 3-6 所示。

表 3-6　低脉冲计数器设置

位　　域	访　　问	复　位　值	说　　明
23：0	R/W	0x0	低脉冲计数器

例：如果要产生宽度为系统时钟周期 50 倍的高脉宽和 90 倍的低脉宽，在 HRC 寄存器中应该配置初始值为(90−1)=89，在 LRC 寄存器中配置初始值为(50+90−1)=139。

（2）当工作在定时器模式下，CNTR 寄存器记录内部系统时钟，HRC 和 LRC 寄存器的初始值由系统编程写入，当 CNTR 寄存器的值等于 HRC 或 LRC 寄存器的值的时候，芯片会产生一个中断，这样就实现了定时器功能。

（3）CTRL 控制寄存器在 PWM 和定时器模式下，控制寄存器的功能不变，根据功能需求选择不同的配置，如表 3-7 所示。

表 3-7　控制寄存器配置

位　域	访　问	复 位 值	说　明
0	R/W	0	EN，主计数器使能位 置 1 时：CNTR 用来计数 置 0 时：CNTR 停止计数
2：1	Reserved	2’b0	预留
3	R/W	0	OE，脉冲输出使能控制位，低有效 置 0 时：脉冲输出使能 置 1 时：脉冲输出屏蔽
4	R/W	0	SINGLE，单脉冲控制位 置 1 时：脉冲仅产生一次 置 0 时：脉冲持续产生
5	R/W	0	INTE，中断使能位 置 1 时：当 CNTR 计数到 LRC 和 CNTR 后送中断 置 0 时：不产生中断
6	R/W	0	INT，中断位 读操作：1 表示有中断产生，0 表示没有中断 写入 1：清中断
7	R/W	0	CNTR_RST，使得 CNTR 计数器清零 置 1 时：CNTR 计数器清零 置 0 时：CNTR 计数器正常工作

任务实施

1. PWM 输出控制

（1）选择 PWM 端口。龙芯 1B 实现了 4 路脉冲宽度调节/计数控制器，选择 PWM2 端口，如图 3-3 所示，通过改变 PWM2 信号的占空比实现对 LED3 亮度的控制。

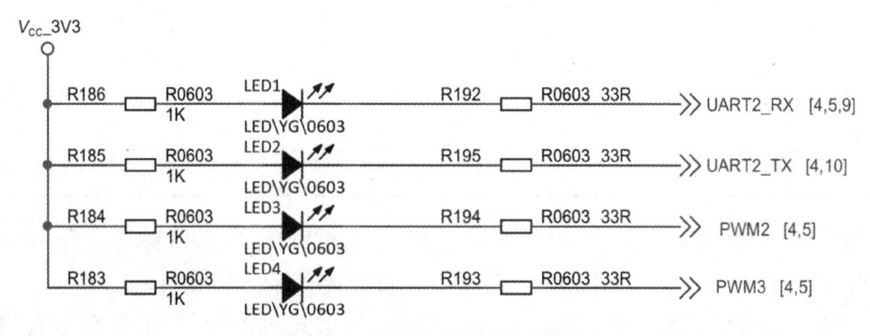

图 3-3　龙芯 PWM 硬件原理图

（2）龙芯 1B 处理器 PWM 输出配置流程。

- 设置 PWM 工作模式；

- 创建 PWM 参数结构体；
- 设置 PWM 高/低电平时间；
- 设置 PWM 周期；
- 关闭 PWM 输出（可选）；
- 开启 PWM 输出。

（3）编写函数。

① 新建 PWM，配置结构体。选择 PWM2 端口，配置结构体。

```
1.  typedef struct pwm_cfg
2.  {
3.      unsigned int hi_ns;          /* high level nano seconds，定时器模式仅用 hi_ns */
4.      unsigned int lo_ns;          /* low  level nano seconds， 定时器模式没用 lo_ns */
5.      int mode;                    /* pulse or timer, see above，定时器工作模式 */
6.      irq_handler_t isr;           /* User defined interrupt handler */
7.      pwmtimer_callback_t cb;      /* called by interrupt handler */
8.  #if BSP_USE_OS
9.      void *event; /* RTOS event created by user */
10. #endif
11. } pwm_cfg_t;
```

② PWM 输出配置。设置 PWM 工作模式，设置 PWM 高/低电平时间，设置 PWM 周期。

```
1.  PWM_Config_Init()
2.  {
3.      cfg.isr = NULL;
4.      cfg.mode = PWM_CONTINUE_PULSE;       //0x04 continue pulse
5.      cfg.cb = NULL;                       //发送数据
6.      unsigned int period = 5000;          //周期为 5000ns
7.      cfg.hi_ns = period - 3000;           //PWM 高/低电平时间
8.      cfg.lo_ns = 3000;
9.  }
```

③ 编写 PWM 功能测试。编写 PWM 功能测试函数，实现对 PWM 信号占空比的改变。

```
1.  PWM_Test()
2.  {
3.      ls1x_pwm_pulse_start(devPWM2, &cfg);
4.      delay_ms(20);
5.      ls1x_pwm_pulse_stop(devPWM2);
6.  }
```

④ 编写主函数。在主函数中调用 PWM 初始化函数、PWM 功能测试函数。

```
1.  //主程序
2.  int main(void)
3.  {
4.      PWM_Config_Init();
5.      for (;;)
6.      {
7.          PWM_Test();
8.      }
9.      return 0;
10. }
```

（4）编译下载。代码编译无误后，下载至龙芯 1B 开发板，观察龙芯 1B 开发板 LED 灯的变化。

任务拓展

1．选择端口 PWM3，查看原理图，写出初始化 IO 口的关键语句：

____

2．选择端口 PWM3，编写 PWM 程序：

____

3．选择端口 PWM2，设定周期为 5000ns，低脉冲宽度时长从 100ns 依次以 100ns 往上递增到 4900ns，然后又从 4900ns 递减到 100ns，实现 LED3 的亮度也从亮到暗，然后又从暗到亮。编写完整程序，编译、烧写至龙芯 1B 开发板查看现象。

____

任务 3.2　手机呼吸灯开发实现

任务分析

手机呼吸灯，顾名思义就是灯的亮度像人的呼吸一样有节奏的由暗到亮，再又亮到暗，其在现代手机中被广泛的应用，如图 3-4 所示。本任务要求采用龙芯 1B 处理器的 PWM 功能，设定 PWM 周期，调整 PWM 信号的占空比，编写代码实现 LED 灯的亮度从亮到暗，再从暗到亮，编译程序生成 hex 文件烧写至开发板运行，模拟手机呼吸灯。

完成这个任务，需要知道 LoongIDE 开发环境的使用、龙芯 1B 处理器的 4 路可配置 PWM 基本原理、持续调整 PWM 信号的占空比的方法。

建议学生带着以下问题进行本项目任务的学习和实践。

- PWM 有哪些参数配置结构体？

- PWM 输出配置流程如何？
- 持续调整 PWM 信号占空比的方法是什么？程序算法如何实现？

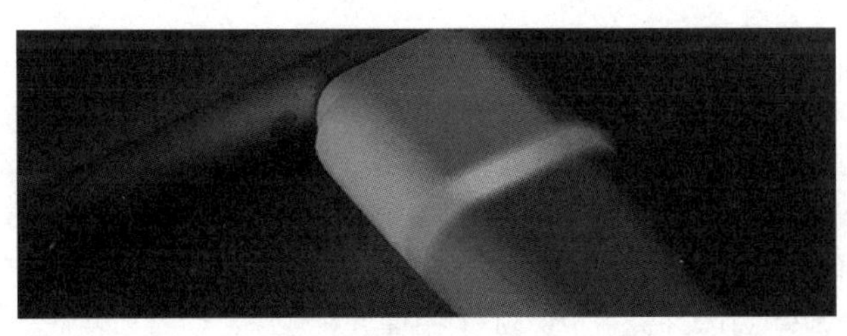

图 3-4　手机呼吸灯效果

3.2.1　手机呼吸灯系统硬件设计

（1）传统办法对 LED 的光度调节。假定这样的场景，有 5V 的电源，控制一台灯的亮度，传统办法就是串联一个可调电阻，改变电阻，灯的亮度就会改变，需旋转滑动变阻器或可调电阻器来实现。

（2）PWM 对 LED 的光度调节。不用串联电阻，而是串联一个开关。假设在 1 秒内，有 0.5 秒的时间开关是打开的，0.5 秒是关闭的，那么灯就亮 0.5 秒，灭 0.5 秒。这样持续下去，灯就会闪烁。如果把频率调高一点，比如 10 毫秒内，5 毫秒开，5 毫秒灭，那么灯的闪烁频率就很高。闪烁频率超过一定值，人眼就会感觉不到，人眼看不到灯的闪烁，只看到灯的亮度只有原来的一半。

（3）脉宽调光的优点。不会产生任何色谱偏移，因为 LED 始终工作在满幅度电流和 0 之间；可以有极高的调光精确度，因为脉冲波形完全可以控制到很高的精度；可以和数字控制技术相结合来进行控制，任何数字都可以很容易得变换成一个 PWM 信号；即使在很大的范围内调光，也不会发生闪烁现象，因为不会改变恒流源的工作条件，不可能发生过热等问题。

（4）脉宽调光要注意的问题。由于 LED 处于快速开关状态，假如脉冲工作频率很低，人眼就会感到闪烁，达到人眼的视觉残留现象，因此工作频率应当高于 100Hz。要消除调光引起的啸声，虽然工作频率在 200Hz 以上时人眼无法察觉，可是 200Hz 到 20kHz 却都是人耳听觉的范围，有可能会听到丝丝的声音。解决这个问题有两种方法，一种方法是把开关频率提高到 20kHz 以上，跳出人耳听觉的范围，但这会降低调光的精确度。另一种方法是找出发声的器件并加以处理。实际上，主要的发声器件是输出端的陶瓷电容，可采用钽电容来代替，但高耐压的钽电容很难得到且价钱昂贵，会增加一些成本。

3.2.2　手机呼吸灯系统软件设计

根据手机呼吸灯系统控制原理，使用龙芯 1B PWM 功能，实现 PWM 信号占空比的调整，设定周期为 5000ns，低脉冲宽度时长从 100ns 依次以每次 100ns 向上递增到 4900ns，然后又从 4900ns 递减到 100ns，实现 LED 的亮度从亮到暗，又从暗到亮。

任务实施

1. 手机呼吸灯系统开发

（1）功能分析。根据手机呼吸灯系统控制原理，选择 PWM2，使用递减方式调整 PWM2 信号占空比，到达设定的临界占空比时，再使用递增方式调整 PWM2 信号占空比，循环调整，实现 LED 的亮度变化。配置流程如下。

- 创建 PWM 参数结构体，设置 PWM 工作模式；
- 设置 PWM 周期；
- 设定 PWM 临界占空比；
- 开启 PWM 输出；
- 关闭 PWM 输出。

（2）编写关键函数。

① 新建 PWM，配置结构体。选择 PWM2 端口，配置结构体。

```
1.  typedef struct pwm_cfg
2.  {
3.      unsigned int hi_ns;            /* high level nano seconds，定时器模式仅用 hi_ns */
4.      unsigned int lo_ns;            /* low  level nano seconds，定时器模式没用 lo_ns */
5.      int mode;                      /* pulse or timer, see above，定时器工作模式 */
6.
7.      irq_handler_t isr;             /* User defined interrupt handler */
8.      pwmtimer_callback_t cb;        /* called by interrupt handler */
9.  #if BSP_USE_OS
10.     void *event; /* RTOS event created by user */
11. #endif
12. } pwm_cfg_t;
```

② PWM 输出配置。设置 PWM 工作模式，设置 PWM 高/低电平时间，设置 PWM 周期。

```
1.  PWM_Config_Init()
2.  {
3.      cfg.isr = NULL;
4.      cfg.mode = PWM_CONTINUE_PULSE;        // 0x04 continue pulse
5.      cfg.cb = NULL;                        //发送数据
6.      unsigned int period = 5000;           //周期为 5000ns
7.  }
```

③ 编写主函数。在主函数中调用 UART 串口通信初始化函数、通信函数。

```
1.  //主程序
```

```
2.  int main(void)
3.  {
4.      printk("\r\nmain() function.\r\n");
5.      gpio_enable(54, DIR_OUT);
6.      gpio_enable(3, DIR_OUT);
7.      gpio_write(54, 1);
8.      gpio_write(3, 1);
9.      gpio_disable(2);
10.     unsigned int hrc = 1, dir = 1;
11.     PWM_Config_Init();
12.     for (;;)
13.     {
14.         if (dir)
15.             hrc++;
16.         else
17.             hrc--;
18.         printk("hrc=%d\n", hrc);
19.         cfg.hi_ns = 5000 - hrc * 100;
20.         cfg.lo_ns = hrc * 100;
21.         ls1x_pwm_pulse_start(devPWM2, &cfg);
22.         delay_ms(20);
23.         ls1x_pwm_pulse_stop(devPWM2);
24.         if (hrc == 49)
25.             dir = 0;
26.         if (hrc == 1)
27.             dir = 1;
28.     }
29.     return 0;
30. }
```

（4）编译下载。代码编译无误后，下载至龙芯 1B 开发板，观察龙芯 1B 开发板 LED 灯的变化。

手机呼吸灯（演示）

任务拓展

电扇是常用的家用电器，通过对使用国产龙芯 1B 开发板 PWM 功能控制 LED 灯的学习，大家可以尝试使用国产龙芯 1B 开发板 PWM 功能控制电扇的转速，完善智能家居的功能。

总结与思考

1. 项目总结

采用 PWM 技术实现手机呼吸灯开发目前已经非常普遍，国产龙芯 1B 开发板在这方面具备强大的功能，填补了国产自主可控芯片的空白，为中国集成电路战略性产业发展奠定了基础。产品质量要能经受市场的考验，脉宽调光相对传统的调光优势明显，但也面临脉冲频率问题，既要达到人眼的视觉残留现象，又要消除调光引起的啸声，消除人耳听觉可能会听到丝丝声的问题，这些将是智能电子产品开发和设计爱好者的研究方向。

根据任务 3.1 和任务 3.2 的完成情况填写项目任务单和项目评分表，分别如表 3-8 和表 3-9 所示。

表 3-8　项目任务单

任 务 单

班级：________　学号：________　姓名：________

任务要求	1. 完成 PWM 基础应用开发； 2. 完成手机呼吸灯开发
任务实施	
任务完成情况记录	
已掌握的知识与技能	
遇到的问题及解决方法	
得分	

表 3-9　项目评分表

评 分 表

班级：________　学号：________　姓名：________

考核内容		自　评	互　评	教 师 评	得　分
素质考核（25%）	出勤率（10%）				
	学习态度（30%）				
	语言表达能力（10%）				
	职业行为能力（20%）				
	团队合作精神（20%）				
	个人创新能力（10%）				
任务考核（75%）	方案确定（15%）				
	程序开发（40%）				
	软硬件调试（30%）				
	总结（15%）				
总分					

2. 思考进阶

空调是常用的家用电器，通过对使用国产龙芯 1B 开发板 PWM 功能控制 LED 灯的学习，大家可以进一步思考使用国产龙芯 1B 开发板 PWM 功能控制空调等，设计自己心目中的智能家居系统，完善智能家居的功能，让在家的感觉更舒适，让生活更美好。

课后习题

1. 龙芯 1B 处理器中有几路 PWM 控制器？哪些定时器具备 PWM 功能？
2. 查阅资料，分析龙芯 1B 处理器是如何采用 PWM 功能实现对电机的控制的。

项目 4　智能家居灯光控制系统应用开发

随着现代科技的发展，人们开始追求更加舒适惬意的生活，家居趋向于智能化。智能家居灯光控制系统是指对灯光照明进行智能化控制。本项目根据实际应用，利用龙芯 1B 处理器的多种通信方式控制灯光的“开”和“关”，调节灯光的亮度，实现各种灯光情景的变换。通过本项目学习，读者可掌握龙芯 1B 处理器串口通信功能并进一步熟悉其应用开发流程。本项目有两个任务，通过任务 1 串口基础应用开发学习龙芯 1B 串口通信的工作原理及使用方法；通过任务 2 智能家居灯光控制系统应用开发实现学习龙芯 1B 串口收发功能及基本应用方法。

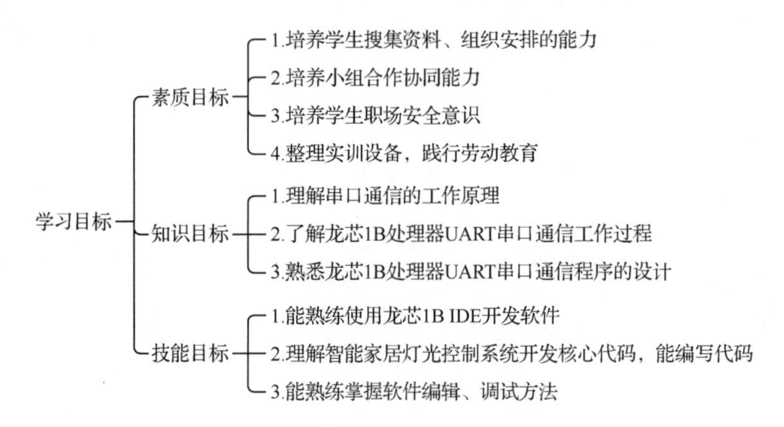

学习目标
素质目标
1.培养学生搜集资料、组织安排的能力
2.培养小组合作协同能力
3.培养学生职场安全意识
4.整理实训设备，践行劳动教育
知识目标
1.理解串口通信的工作原理
2.了解龙芯1B处理器UART串口通信工作过程
3.熟悉龙芯1B处理器UART串口通信程序的设计
技能目标
1.能熟练使用龙芯1B IDE开发软件
2.理解智能家居灯光控制系统开发核心代码，能编写代码
3.能熟练掌握软件编辑、调试方法

任务 4.1　串口基础应用开发

任务分析

串口通信在工业领域应用广泛，在设备与设备之间、设备与计算机上位机软件之间，以及目前非常火热的物联网中，串口通信随处可见。

本任务要求实现串口通信，使用龙芯 1B 处理器实现该功能。完成这个任务，需要知道串口通信工作原理、龙芯 1B 处理器 UART 通信标准、串口参数初始化、串口数据接收和发送功能，以及在 LoongIDE 环境下串口基础应用程序的设计方法。

建议学生带着以下问题进行本任务的学习和实践。

- 串口通信工作原理如何？
- 龙芯 1B 处理器 UART 通信标准为何？串口数据接收和发送功能如何使用？
- 在 LoongIDE 环境下串口基础应用程序如何设计？

4.1.1　串口通信工作原理

处理器与外部设备通信有两种方式：并行通信、串口通信。

并行通信是指多个比特数据同时通过并行线进行传输，这样数据传输速率大大提高，但并行传输的线路长度受到限制。因为长度增加，占用引脚资源多，干扰就会增加，数据也就容易出错。

串口通信技术是指通信双方按位进行，遵守时序的一种通信方式。在串口通信中，数据按位依次传输，每位数据占据固定的时间长度，即使用少数几条通信线路就可以完成系统间的信息交换，特别适用于计算机与计算机、计算机与外设之间的远距离通信，占用引脚资源少，但传输速率相对较慢。

两种通信方式的区别如下。

- 发送数据数量不同。串口通信用一根线在不同的时刻发送 8 位数据，并行通信在同一时刻发送多位数据。
- 优点不同。串口通信优点是传输距离远、占用资源少，并行通信优点是传输速率快。
- 缺点不同。串口通信缺点是传输速率慢，并行通信缺点是传输距离短、占用资源多。

串口通信技术按照数据传输方向分为以下几种。

- 单工：数据传输只支持数据在一个方向上传输。
- 半双工：允许数据在两个方向上传输，但在某一时刻，只允许数据在一个方向上传输，它实际上是一种切换方向的单工通信。
- 全双工：允许数据同时在两个方向上传输，因此，全双工通信是两个单工通信方式的结合，它要求发送设备和接收设备都有独立的接收和发送能力。

串口通信常用的一种通信技术为 UART，全称为 Universal Asynchronous Receiver/Transmitter，即通用异步收发器，常被应用于单片机和计算机之间，以及单片机和单片机之间的板级通信。串口有三根线，TXD：发送；RXD：接收；GND：接地。端口能够在一根线上发送数据的同时，在另一根线上接收数据。串口通信最重要的参数是波特率、数据位、停止位和奇偶校验。对于两个要进行通信的端口，这些参数必须匹配。

串口配置基本属性如下。

（1）波特率 bps（bit percent second）表示每秒钟传输的比特的个数，这是衡量通信速度的参数，也称 b/s，如 9600bps 表示每秒钟发送 9600 比特。串口的波特率有 1200、2400、4800、9600、14400、19200、28800、38400、57600、115200、128000、256000、460800、921600、1382400bps。串口速率越高，其传输的距离和稳定性就越会下降，因此一般常用的为 9600bps 和 115200bps。

（2）数据位是通信中有效数据位的参数。当计算机发送一个信息包时，其中需指定有效数据位，一般有 5、6、7 和 8 位，常规使用一般定义为 8 位。如何设置取决于要传输的实际数据信息，如标准的 ASCII 码是 0～127（7 位），扩展的 ASCII 码是 0～255（8 位）。

（3）停止位是单包数据的最后一位，典型的值为 1、1.5 和 2 位。由于数据是在传输线上定时的，并且每个设备有其自己的时钟，在传输中可能存在不同步的情况，因此停止位不仅是表示传输的结束，同时也是校正时钟同步的机会。使用停止位的位数越多，不同时钟同步的容忍程度越高，数据传输速率同时也越慢。

（4）奇偶校验位是串口通信中一种简单的检错方式，有偶校验、奇校验，没有校验位也是可以的。对于偶和奇校验，串口会设置校验位（数据位后面的一位），用一个值来确保传输的数据有偶数个或奇数个逻辑高位。例如，如果数据是 011，那么对于偶校验，校验位为 0，保证逻辑高的位数是偶数个；如果是奇校验，校验位为 1，这样就有 3 个逻辑高位，保证逻辑高的位数为奇数个。通过这种校验机制使得接收设备能够知道一个位的状态，有机会判断是否有噪声干扰，通信的传输和接收数据是否同步。

4.1.2 龙芯 1B UART 通信基础

龙芯 1B 集成了 12 个 UART 核，通过 APB 总线与总线桥通信。UART 控制器提供与其他外部设备串口通信的功能，如与另外一台计算机以 RS232 为标准使用串行线路进行通信。UART 控制器有发送和接收模块（Transmitter and Receiver）、MODEM 模块、中断仲裁模块（Interrupt Arbitrator）、访问寄存器模块（Register Access Control），这些模块之间的关系如图 4-1 所示。

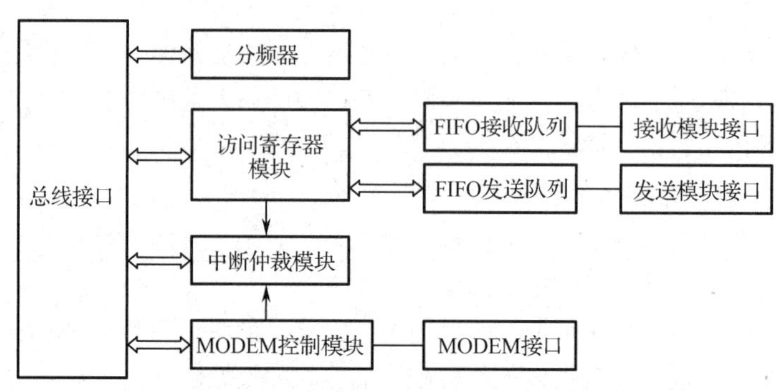

图 4-1　龙芯 1B UART 通信接口

（1）发送和接收模块：负责处理数据帧的发送和接收。发送模块将 FIFO 发送队列中的数据按照设定的格式把并行数据转换为串行数据帧，并通过发送模块接口送出去。接收模块则监视接收端信号，一旦出现有效开始位，就进行接收，并实现将接收到的异步串行数据帧转换为并行数据帧，存入 FIFO 接收队列中，同时检查数据帧格式是否有错。UART 帧结构是通过行控制寄存器（LCR）设置的，发送和接收器的状态被保存在行状态寄存器（LSR）中。

（2）MODEM 控制模块：MODEM 控制寄存器（MCR）控制输出信号 DTR 和 RTS 的状态。此模块还监视输入信号 DCD、CTS、DSR 和 RI 的线路状态，并将这些信号的状态记录在 MODEM 状态寄存器（MSR）的相应位中。

（3）中断仲裁模块：当任何一种中断条件被满足，并且中断使能寄存器（IER）中的相应位被置为 1 时，那么 UART 的中断请求信号 UAT_INT 被置为有效状态。为了减少与外部软件的交互，UART 把中断分为四个级别，并且在中断标识寄存器（IIR）中标识这些中断。这四个级别的中断按优先级级别由高到低的排列顺序为接收线路状态中断、接收数据就绪中断、发送寄存器空中断、MODEM 状态中断。

（4）访问寄存器模块：当 UART 模块被选中时，CPU 可通过读或写操作访问被地址线选中的寄存器。

龙芯 1B 串口库函数如表 4-1 所示。

表 4-1　龙芯 1B 串口库函数

函　　数	功　　能
ls1x_uart_init(uart, arg)	初始化
ls1x_uart_open(uart, arg)	打开串口
ls1x_uart_close(uart, arg)	关闭串口
ls1x_uart_read(uart, buf, size, arg)	读数据
ls1x_uart_write(uart, buf, size, arg)	写数据
ls1x_uart_ioctl(uart, cmd, arg)	发送控制命令

任务实施

1. 串口通信应用开发

（1）选择 UART 端口。龙芯 1B 串口通信电路使用的电平转换芯片是 UM3232EEUE，龙芯 1B 集成了 12 个 UART 核，本次使用的串口是 UART5，可通过 RJ1、J7 接口，进行下位机和上位机 PC 端的串口通信，其硬件原理图如图 4-2 所示。

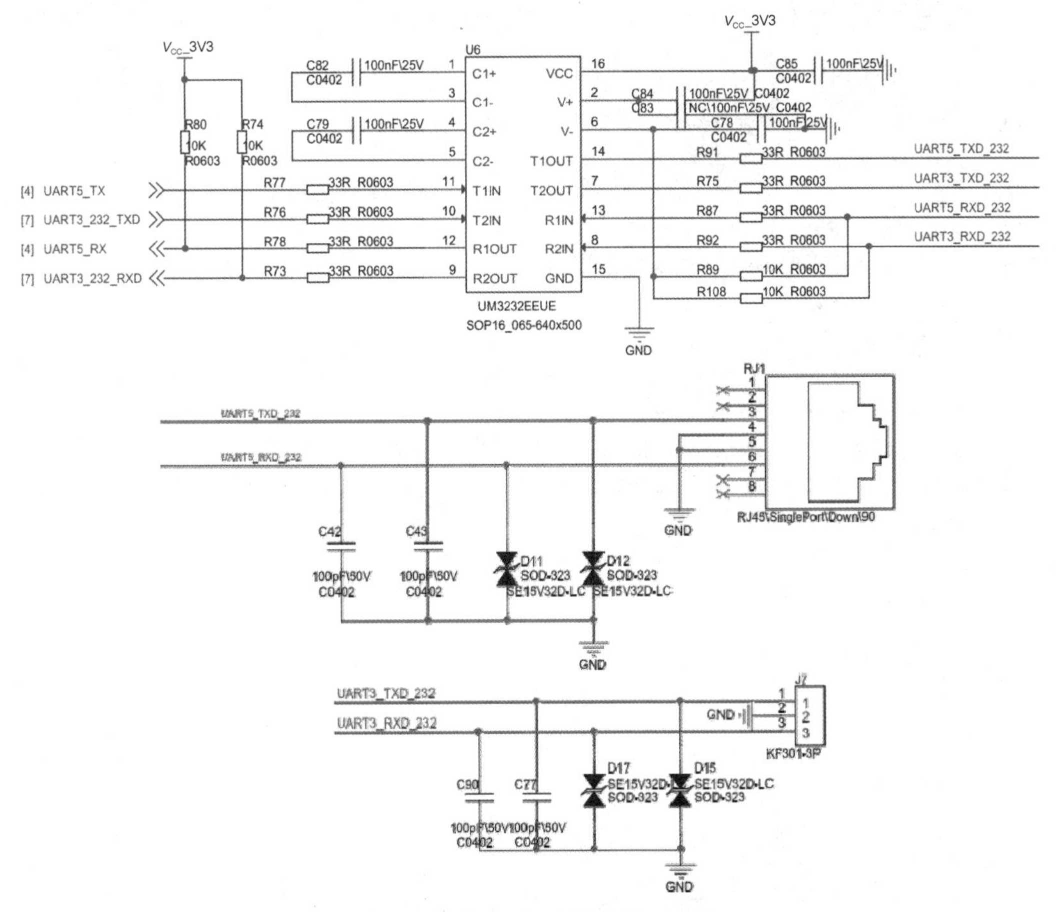

图 4-2　龙芯 1B 串口通信硬件原理图

（2）龙芯 1B 串口通信功能开发。根据 UART 通信原理，在检测到上位机发送信息时，龙芯 1B 用来接收上位机发送的数据；同时把接收的数据发回上位机以实现串口数据的环回。

- 配置 UART 串口通信参数；
- 接收数据和发送数据。

（3）编写函数。

① 编写 UART 初始化函数。选择 UART5 端口，初始化 UART 的 IO 口。

```
1.  void UART5_Config_Init(void)
2.  {
3.      unsigned int BaudRate = 9600;
4.      ls1x_uart_init(devUART5, (void *)BaudRate);      //初始化串口
5.      ls1x_uart_open(devUART5, NULL);                  //打开串口
6.  }
```

② 编写 UART 串口通信函数。接收上位机发送的数据，同时把接收的数据发回上位机以实现串口数据的环回。

```
1.  void UART5_Test(void)
2.  {
3.      //接收数据
4.      count = ls1x_uart_read(devUART5, buff, 256, NULL);
5.      if (count > 0)
6.      {
7.          //发送数据
8.          ls1x_uart_write(devUART5, buff, 8, NULL);
9.      }
10.     delay_ms(500);
11. }
```

③ 编写主函数。在主函数中调用 UART 串口通信初始化函数、通信函数。

```
1.  int main(void)
2.  {
3.      UART5_Config_Init();
4.      for (;;)
5.      {
6.          UART5_Test();
7.      }
8.      return 0;
9.  }
```

④ 编译下载。代码编译无误后，下载至龙芯 1B 开发板，打开串口助手，进行串口设置，发送数据和接收数据。龙芯 1B UART 通信如图 4-3 所示。

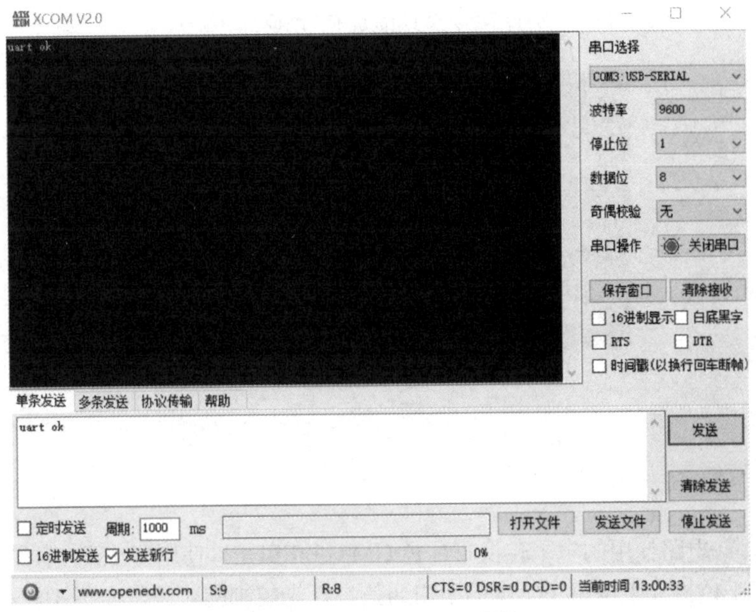

图 4-3　龙芯 1B UART 通信

任务拓展

1．选择串口 UART3，查看原理图，写出初始化 IO 口的关键语句。

2．选择串口 UART3，编写串口通信程序。

3．选择串口 UART5，通过上位机发送“打开”，尝试打开 LED1、LED2、LED3、LED4 指示灯，编写完整程序，编译、烧写至龙芯 1B 开发板查看现象。

任务 4.2　智能家居灯光控制系统开发实现

任务分析

在智能家居灯光控制系统中，通常使用串口进行数据的收发。在控制端接收到串口数据后，根据收到的指令，控制灯光状态，如图 4-4 所示。

本任务要求实现智能家居灯光控制系统，使用龙芯 1B 处理器实现该功能。完成这个任务，需要知道龙芯 1B 处理器串口数据接收和发送功能，以及在 LoongIDE 环境下灯光控制系统应用开发程序的设计方法。

建议学生带着以下问题进行本任务的学习和实践。

- 如何进行智能家居灯光控制系统硬件设计？

- 龙芯 1B 处理器串口数据接收和发送功能如何实现？

图 4-4　智能家居灯光控制

4.2.1　智能家居灯光控制系统硬件设计

龙芯 1B 串口电路使用的电平转换芯片是 UM3232EEUE，使用 UART5 串口，可通过 RJ1、J7 接口，进行下位机和上位机 PC 端的串口通信。灯光控制的对象是龙芯 1B 开发板 LED1～LED4，其硬件原理图如图 4-5 所示。

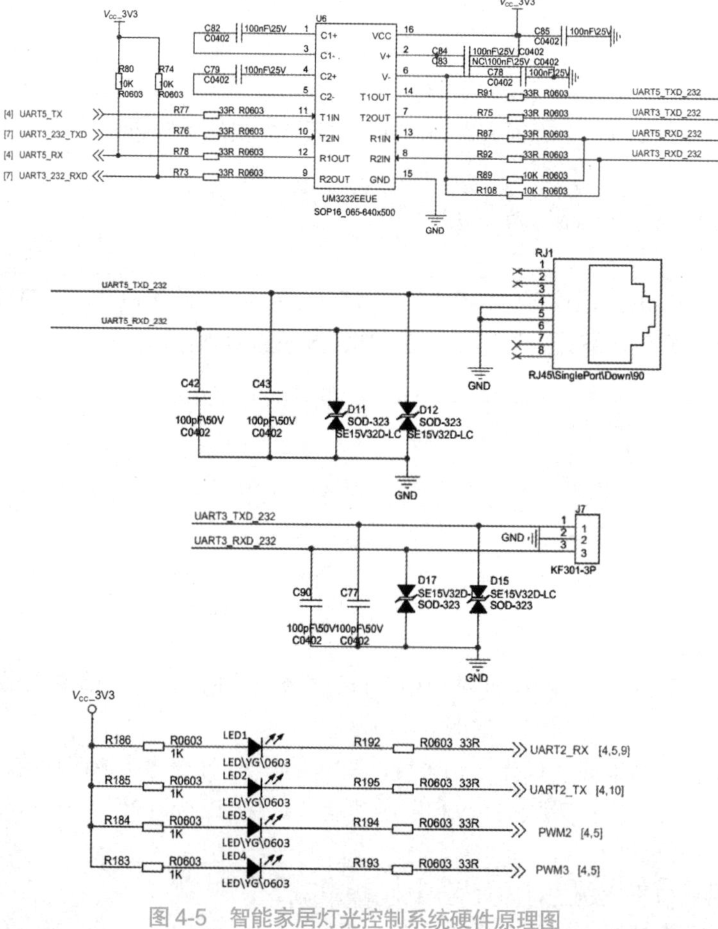

图 4-5　智能家居灯光控制系统硬件原理图

4.2.2　智能家居灯光控制系统软件设计

根据智能家居灯光控制原理，使用串口控制 LED 灯的打开或关闭、切换流水灯模式等。智能家居灯光控制系统软件设计主要包括串口参数初始化（波特率/数据位/停止位等）、打开串口、串口数据接收和发送、根据上位机串口数据，如串口发送信息打开 LED 灯指令，LED1～LED4 灯亮；发送关闭 LED 灯指令，LED1～LED4 熄灭；发送流水灯指令，实现 LED1～LED4 流水灯。

智能家居灯光控制系统应用开发

任务实施

（1）功能分析。根据智能家居灯光控制原理，上位机串口发送信息，“led_on”点亮 LED1～LED4，“led_off”熄灭 LED1～LED4，“led_demo”实现 LED1～LED4 流水灯。

- 配置 LED1～LED4 GPIO 口；
- 配置 UART 串口通信参数；
- 接收数据和发送数据；
- 根据上位机串口发送信息实现对 LED1～LED4 的灯光控制。

（2）编写关键函数。

① 编写 LED 显示效果函数。选择 LED1～LED4 端口，初始化 LED 的 IO 口，编写点亮所有 LED 灯、关闭所有 LED 灯和流水灯函数。

```
1.  #include "led.h"
2.  #include "ls1b_gpio.h"
3.  #include "ls1b.h"
4.  /*********************************************************************
5.   **函数名：LED_IO_Config
6.   **函数功能：初始化 LED 的 IO 口
7.   **形参：无
8.  **返回值：无
9.  **说明：
10.  *********************************************************************/
11. void LED_IO_Config_Init(void)
12. {
13.     //库开发
14.     gpio_enable(LED1, DIR_OUT);
15.     gpio_enable(LED2, DIR_OUT);
16.     gpio_enable(LED3, DIR_OUT);
17.     gpio_enable(LED4, DIR_OUT);
18. }
19. /*********************************************************************
20.  **函数名：LEDx_Status
```

```
21. **函数功能：设置单个 LED 灯的状态
22. **返回值：无
23. ********************************************************************/
24. void LEDx_Set_Status(u8 LEDx, u8 status)
25. {
26.     gpio_write(LEDx, status);
27. }
28. /********************************************************************
29. **函数名：LED_All_ON
30. **函数功能：点亮所有 LED 灯
31. **形参：无
32. **返回值：无
33. **说明：
34. ********************************************************************/
35. void LED_All_ON(void)
36. {
37.     gpio_write(LED1, ON);
38.     gpio_write(LED2, ON);
39.     gpio_write(LED3, ON);
40.     gpio_write(LED4, ON);
41. }
42. /********************************************************************
43. **函数名：LED_All_OFF
44. **函数功能：关闭所有 LED 灯
45. **形参：无
46. **返回值：无
47. **说明：
48. ********************************************************************/
49. void LED_All_OFF(void)
50. {
51.     gpio_write(LED1, OFF);
52.     gpio_write(LED2, OFF);
53.     gpio_write(LED3, OFF);
54.     gpio_write(LED4, OFF);
55. }
56. /********************************************************************
57. **函数名：LED_Waterfall
58. **函数功能：流水灯
59. **形参：无
60. **返回值：无
61. **说明：
62. ********************************************************************/
63. void LED_Waterfall(void)
64. {
65.     gpio_write(LED1, ON);
```

```
66.     gpio_write(LED2, OFF);
67.     gpio_write(LED3, OFF);
68.     gpio_write(LED4, OFF);
69.     delay_ms(500);
70.     gpio_write(LED1, OFF);
71.     gpio_write(LED2, ON);
72.     gpio_write(LED3, OFF);
73.     gpio_write(LED4, OFF);
74.     delay_ms(500);
75.     gpio_write(LED1, OFF);
76.     gpio_write(LED2, OFF);
77.     gpio_write(LED3, ON);
78.     gpio_write(LED4, OFF);
79.     delay_ms(500);
80.     gpio_write(LED1, OFF);
81.     gpio_write(LED2, OFF);
82.     gpio_write(LED3, OFF);
83.     gpio_write(LED4, ON);
84.     delay_ms(500);
85. }
```

② 编写 UART 初始化函数。选择 UART5 端口，初始化 UART 的 IO 口。

```
1.  void UART5_Config_Init(void)
2.  {
3.      unsigned int BaudRate = 9600;
4.      ls1x_uart_init(devUART5, (void *)BaudRate);     //初始化串口
5.      ls1x_uart_open(devUART5, NULL);                 //打开串口
6.  }
```

③ 编写 UART 串口通信函数。接收上位机发送的数据，根据上位机串口发送信息，“led_on”点亮 LED1～LED4，“led_off”熄灭 LED1～LED4，“led_demo”实现 LED1～LED4 流水灯。

```
1.  void UART5_Test(void)
2.  {
3.      //接收数据
4.      count = ls1x_uart_read(devUART5, buff, 256, NULL);
5.      if (count > 0)
6.      {
7.          //发送数据
8.          ls1x_uart_write(devUART5, buff, 8, NULL);
9.      }
10.     delay_ms(500);
11.     if (strncmp(buff, "led_on", 6) == 0) //比较前 n 个字节
12.     {
```

```
13.         LED_All_ON(); //开启 LED
14.     }
15.     if (strncmp(buff, "led_off", 6) == 0)
16.     {
17.         LED_All_OFF(); //关闭 LED
18.     }
19.     if (strncmp(buff, "led_demo", 6) == 0)
20.     {
21.         LED_Waterfall(); //流水灯
22.         LED_Waterfall();
23.     }
24. }
```

④ 编写主函数。在主函数中调用 UART 串口通信初始化函数、通信函数。

```
1.  //主程序
2.  int main(void)
3.  {
4.      LED_IO_Config_Init();
5.      UART5_Config_Init();
6.      for (;;)
7.      {
8.          UART5_Test();
9.      }
10.     return 0;
11. }
```

（3）编译下载。代码编译无误后，下载至龙芯 1B 开发板，打开串口助手，进行串口设置，发送数据和接收数据，观察龙芯 1B 开发板 LED1～LED4 的效果，如图 4-6～图 4-8 所示。

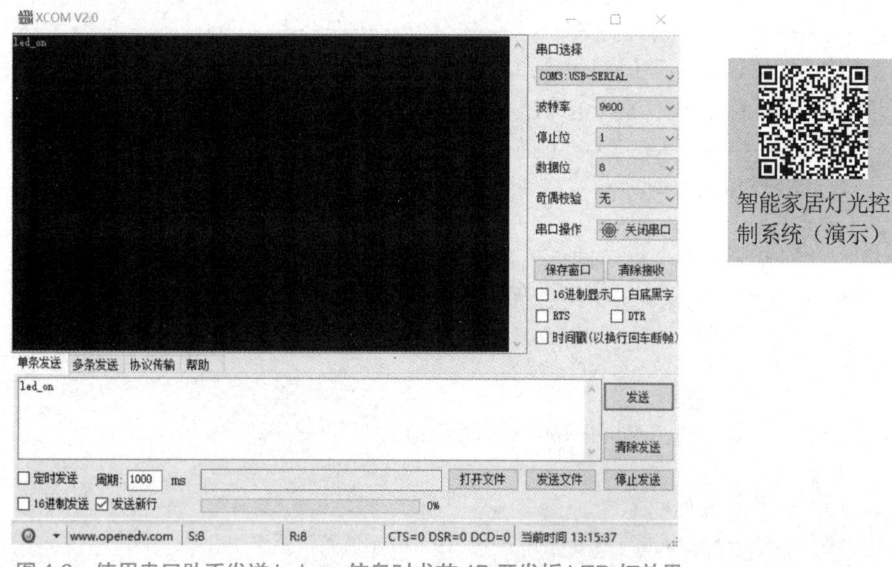

智能家居灯光控制系统（演示）

图 4-6　使用串口助手发送 led_on 信息时龙芯 1B 开发板 LED 灯效果

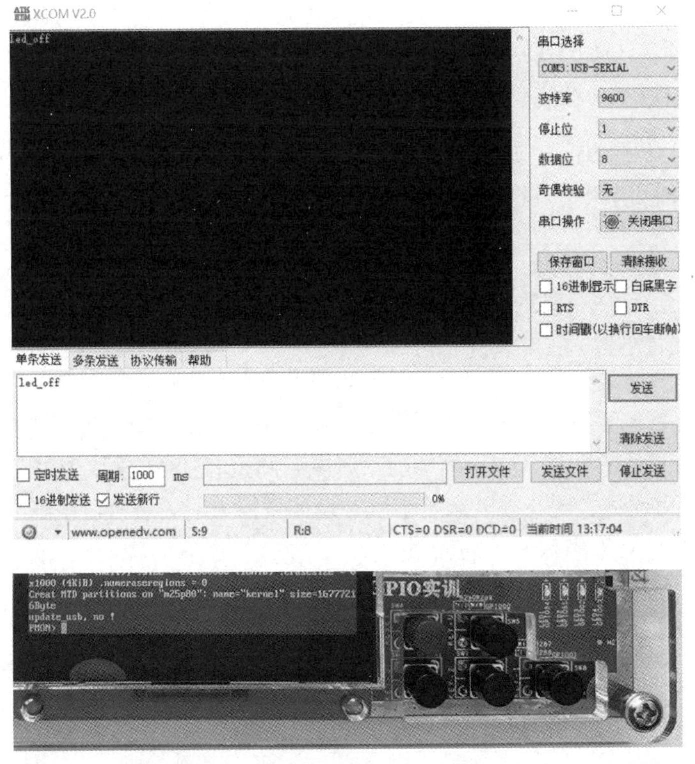

图 4-7　使用串口助手发送 led_off 信息时龙芯 1B 开发板 LED 灯效果

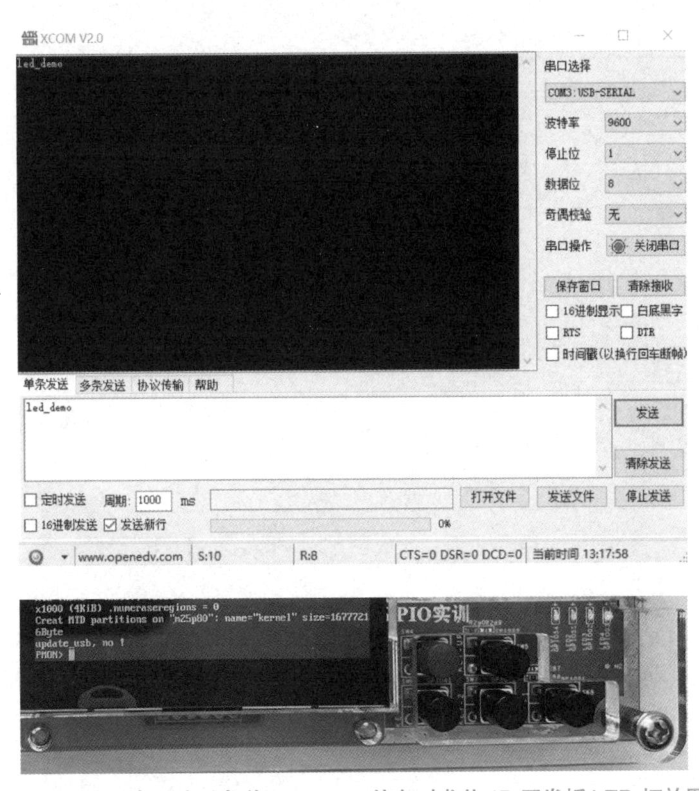

图 4-8　使用串口助手发送 led_demo 信息时龙芯 1B 开发板 LED 灯效果

任务拓展

结合智能家居灯光控制和项目 3 手机呼吸灯的开发，设计自己心目中的智能家居系统方案，采用龙芯 1B 开发板去实现，编写完整程序，编译、烧写至龙芯 1B 开发板查看现象。

总结与思考

1. 项目总结

智能家居灯光控制系统应用开发中采用了 UART 串口通信技术。在目前主流的智能家居系统中，UART 占有重要的地位，如华为智能家居生态鸿蒙 HI3861 模块中 WiFi IoT 智能家居套件就由 UART 串口通信实现。智能家居系统的设计值得大家去思考，中国航天的太空站、南/北极的科考站都有 UART 串口通信的应用。

根据任务 4.1 和任务 4.2 的完成情况填写项目任务单和项目评分表，分别如表 4-2 和表 4-3 所示。

表 4-2 项目任务单

任 务 单

班级：________ 学号：________ 姓名：________

任务要求	1. 串口基础应用开发； 2. 智能家居灯光控制系统应用开发
任务实施	
任务完成情况记录	
已掌握的知识与技能	
遇到的问题及解决方法	
得分	

表 4-3　项目评分表

评 分 表

班级：__________　学号：__________　姓名：__________

考核内容		自评	互评	教师评	得分
素质考核（25%）	出勤率（10%）				
	学习态度（30%）				
	语言表达能力（10%）				
	职业行为能力（20%）				
	团队合作精神（20%）				
	个人创新能力（10%）				
任务考核（75%）	方案确定（15%）				
	程序开发（40%）				
	软硬件调试（30%）				
	总结（15%）				
总分					

2. 思考进阶

常见总线有 UART（通用异步收发器）、CAN、SPI 和 I^2C，如表 4-4 所示。思考 CAN、SPI、I^2C 通信的实现。

表 4-4　常见总线通信介绍

通信标准	引脚说明	通信方式	通信方向
UART（通用异步收发器）	TXD：发送端 RXD：接收端 GND：公共地	异步通信	全双工
CAN	CANL：低电平 CAN 总线 CANH：高电平 CAN 总线	异步通信	半双工
SPI	SCK：同步时钟 MISO：主机输入，从机输出 MOSI：主机输出，从机输入	同步通信	全双工
I^2C	SCL：同步时钟 SDA：数据输入/输出端	同步通信	半双工

课后习题

1. 串口通信的工作原理如何？
2. 查阅资料，思考智能家居控制系统有哪些功能需要串口通信技术？
3. 总结龙芯 1B 处理器 UART 串口通信处理的过程。

项目 5　LCD 电子时钟应用开发

时钟是生活中常用的一种计时器，人们通过它来记录时间。LCD 电子时钟是一种利用数字电路来显示秒、分、时的计时装置，与传统的机械时钟相比，它具有走时准确、显示直观、无机械传动装置等优点，因而得到广泛应用。

本项目根据实际应用，利用龙芯 1B 处理器实现 LCD 电子时钟功能。通过本项目学习，读者可掌握龙芯 1B 处理器的 RTC 功能及 RGB LCD 的基本应用。本项目有两个任务，通过任务 1 学习 RGB LCD 的工作原理，以及 RGB LCD 显示字符、图形、图片的方法；通过任务 2 学习龙芯 1B 处理器的 RTC 功能及基本应用方法。

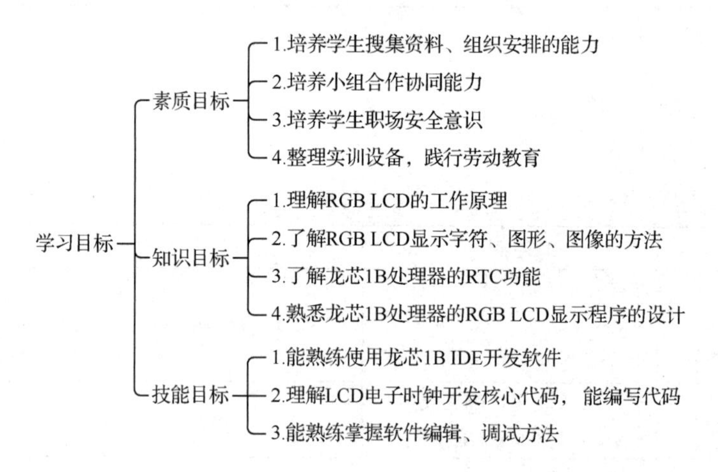
学习目标
素质目标
1.培养学生搜集资料、组织安排的能力
2.培养小组合作协同能力
3.培养学生职场安全意识
4.整理实训设备，践行劳动教育
知识目标
1.理解RGB LCD的工作原理
2.了解RGB LCD显示字符、图形、图像的方法
3.了解龙芯1B处理器的RTC功能
4.熟悉龙芯1B处理器的RGB LCD显示程序的设计
技能目标
1.能熟练使用龙芯1B IDE开发软件
2.理解LCD电子时钟开发核心代码，能编写代码
3.能熟练掌握软件编辑、调试方法

任务 5.1　LCD 显示

任务分析

在目前的全球显示材料中，LCD 绝对算得上是应用最广、销量最多的显示材料，各式家电，消费性、信息、通信及工业产品，许多需要显示的设备都优先选择使用 LCD 产品。常见的 LCD 显示屏如图 5-1 所示。

本任务要求实现 LCD 显示，使用龙芯 1B 开发板的 RGB LCD 显示字符。完成这个任务，需要了解 RGB LCD 的工作原理、龙芯 1B 处理器显示字符的函数，以及处理基本字符、图形、图片的函数应用方法。

图 5-1　LCD 显示屏

建议学生带着以下问题进行本任务的学习和实践：

- LCD 是如何工作的？
- 龙芯 1B LCD 如何显示字符？
- 龙芯 1B LCD 如何显示图形？
- 龙芯 1B LCD 如何显示图片？

LCD 广告屏（演示）

5.1.1　RGB LCD 显示器

LCD（液晶显示器）是 Liquid Crystal Display 的简称，LCD 的构造是在两片平行的玻璃基板当中放置液晶盒，下基板玻璃上设置 TFT（薄膜晶体管），上基板玻璃上设置彩色滤光片，如图 5-2 所示。通过 TFT 上的信号与电压改变来控制液晶分子的转动方向，从而达到控制每个像素点偏振光出射与否而达到显示目的。

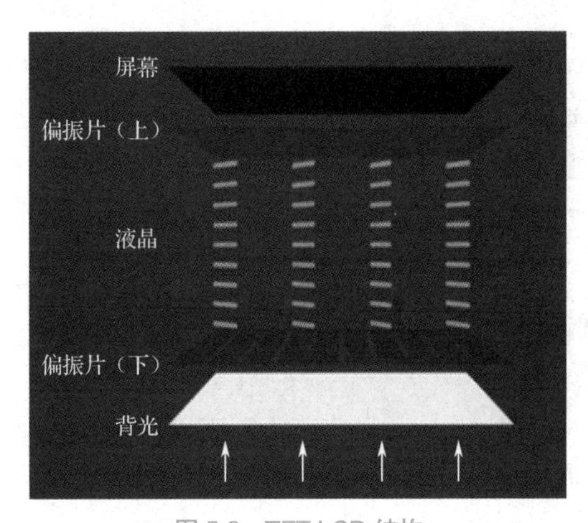

图 5-2　TFT-LCD 结构

使用 RGB 接口的 LCD 液晶显示屏幕功耗低，多用于小型 LCD 驱动，在小型电子产品使用较多，龙芯 1B 开发板 LCD 使用的就是 RGB 接口。除此以外，常见的接口还有用于计算机与显示器等设备的 VGA 接口、用于手机等移动设备的 MIPI 接口及用于大屏 LCD 设备的 LVDS 接口等。

1. RGB LCD 显示原理

RGB 是通过对红（R）、绿（G）、蓝（B）三个颜色通道的变化，以及它们相互之间的叠加来得到各式各样的颜色的。RGB LCD 显示原理如图 5-3 所示。

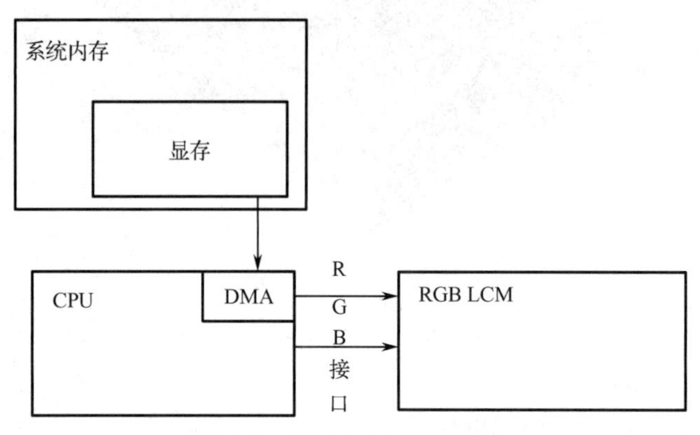

图 5-3　RGB LCD 显示原理

RGB LCD 的显存是由系统内存充当的，因此其大小只受限于系统内存的大小，这样 RGB LCD 可以做出较大尺寸。RGB LCD 只需显存组织好数据，启动显示后，LCD-DMA 会自动把显存中的数据通过 RGB 接口送到 LCM（液晶显示模组）。RGB LCD 数据不写入 DDRAM，直接写屏，读写速度快。

对于 RGB 接口的 LCM，主机输出的是每个像素的 RGB 数据，不需要进行变换（GAMMA 校正等除外）。对于这种接口，需要在主机部分有个 LCD 控制器，以产生 RGB 数据和点、行、帧同步信号。

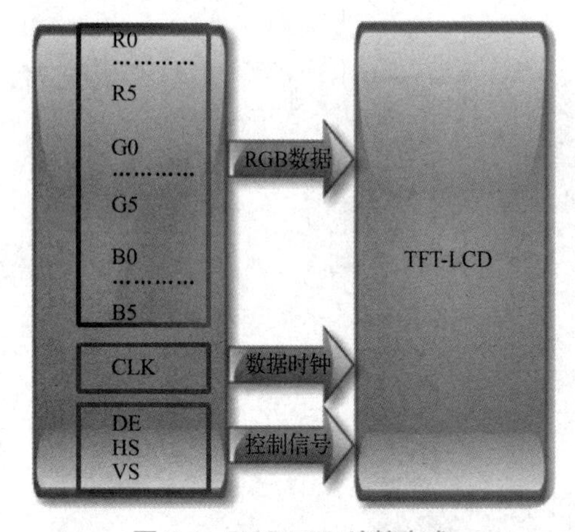

图 5-4　RGB LCD 连接方式

2. RGB LCD 连接方式

TTL 信号是 TFT-LCD 能识别的标准信号，TTL 即晶体管-晶体管逻辑，TTL 电平信号由 TTL 器件产生。TTL 接口属于并行方式传输数据的接口，采用这种接口时，不必在液晶显示器的驱动板端和液晶面板端使用专用的接口电路，而是由驱动板主控芯片输出的 RGB_TTL 数据信号经电缆线直接传送到液晶面板的输入接口，如图 5-4 所示。

RGB_TTL 信号可分为数据信号 RGB、行同步信号 HS、场同步信号 VS、时钟信号 CLK、使能信号 DE，信号线说明如表 5-1 所示。

表 5-1　RGB 数据信号线说明

信 号 线	说 明
R[0:7]	红色数据线，一般为 8 位
G[0:7]	绿色数据线，一般为 8 位
B[0:7]	蓝色数据线，一般为 8 位

续表

信　号　线	说　　明
DE	数据使能线
VS	场（垂直）同步信号线
HS	行（水平）同步信号线
CLK	像素时钟信号线

对于 8 位单路 RGB_TTL，输出接口共有 24 条 RGB 数据线，分别是 R0～R7 红基色数据 8 条、G0～G7 绿基色数据 8 条、BO～B7 蓝基色数据 8 条。由于基色 RGB 数据为 24 位，因此也称为 24 位 RGB_TTL 接口。三个颜色通道总共能组合出约 1678 万（256×256×256）种色彩，通常也被简称为 1600 万色，也称为 24 位色（2^{24}）。

时钟信号是指像素时钟信号，是传输数据和对数据信号进行读取的基准。在使用奇/偶像素双路方式传输 RGB 数据时，不同的输出接口使用像素时钟信号的方法有所不同。有的输出接口奇/偶像素双路数据共用一个像素时钟信号；有的输出接口奇/偶两路分别设置奇数像素数据时钟和偶数像素两个时钟信号，以适应不同液晶面板的需要。

3. LCD 显示流程

LCD 显示一张图片，其实是对每个像素点的填充，只是速度很快人眼没有察觉而已。如果将 LCD 的显示频率降低，就能明显感觉整个屏幕的闪烁现象。将 LCD 分为水平方向和垂直方向，如图 5-5 所示，一般行在水平方向，LCD 每行的像素点被逐一填充，填充完一行继续填充下一行，填充顺序可以为左→右 或者 右→左。

实现显示一帧的图像，像素填充过程如图 5-6 所示，从左到右，从上到下。每帧图像，就从第一行的第一个像素点一直填充到最后一行的最后一个像素点。

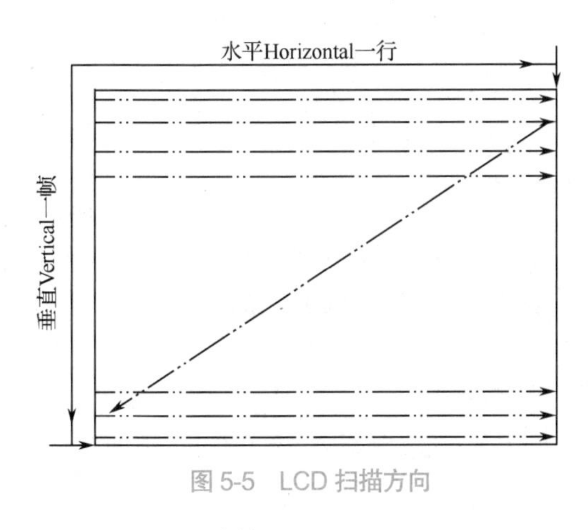

图 5-5　LCD 扫描方向

图 5-6　像素填充过程

4. LCD 时钟

无论是驱动板电路，还是液晶面板电路，在读取数字 RGB 信号时，都是在像素时钟信号的作用与控制下进行的，各电路只有在像素时钟信号的上升沿（或下降沿）到来时才对数字 RGB 数据进行读取，以确保读取数据的正确性。

当 HSYNC 水平同步时钟信号产生如图 5-7 所示的变化时，表示新的一行数据马上开始传送，当 DE 信号线为高电平期间传输的数据视为有效的像素数据。

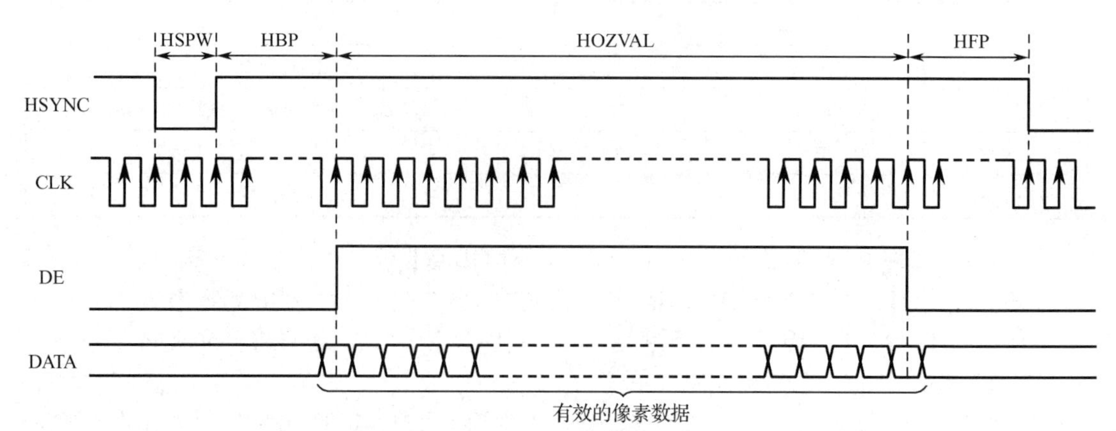

图 5-7　HSYNC 水平同步时钟信号

当 HSYNC 信号发出以后，需要等待 HSPW+HBP 个 CLK 时间才会接收到真正有效的像素数据；当显示完一行数据以后需要等待 HFP 个 CLK 时间才能发出下一个 HSYNC 信号，所以显示一行所需要的时间就是 HSPW+HBP+HOZVAL+HFP 个 CLK 时间。

当 VSYNC 垂直同步时钟信号产生如图 5-8 所示的变化时，表示新的一帧数据马上开始传送。

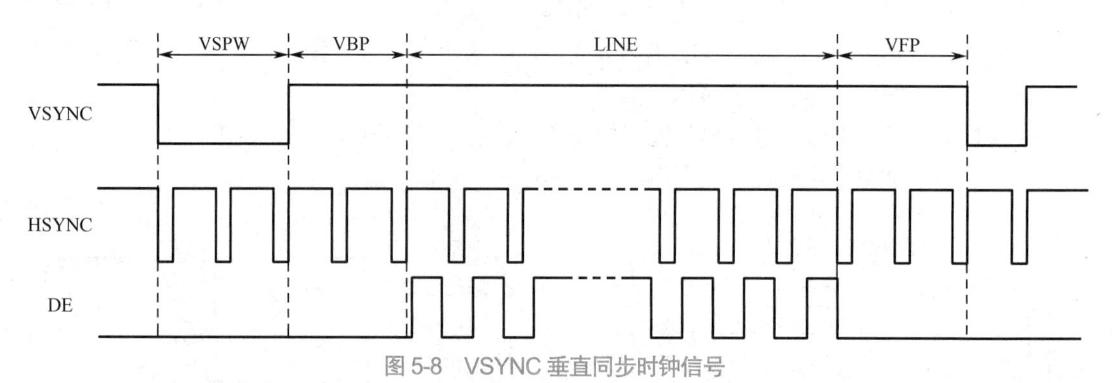

图 5-8　VSYNC 垂直同步时钟信号

从第一行到最后一行，整个 LCD 所有像素填充完毕，这一过程也就是写了一帧数据。如果要 LCD 能够实时显示画面，很显然一帧数据是不够的，所以要给 LCD 不断地提供新的帧数据，就是重复上述显示一帧的过程。

LCD 控制器为了能更好地显示有效的像素数据，一般都要进行一系列的调整，如图 5-9 所示。图中有效显示区域就是 RGB LCD 的显示范围（即分辨率），有效宽度×有效高度就是 LCD 分辨率。

RGB LCD 显示的过程如下：

- 产生垂直信号，表示一帧数据将要开始传送；
- 经过 VBP 个行后才开始有效的像素数据的第一行；
- 经过 HBP 个 CLK 时间后才开始传输每行的有效的像素数据；
- 每行有效的像素数据传输完毕，经过 HFP 个 CLK 时间后才开始下一行；
- 重复上述两个步骤一直到有效行显示完；

• 有效行显示完毕后，经过 VFP 个行后再开始下一帧数据。

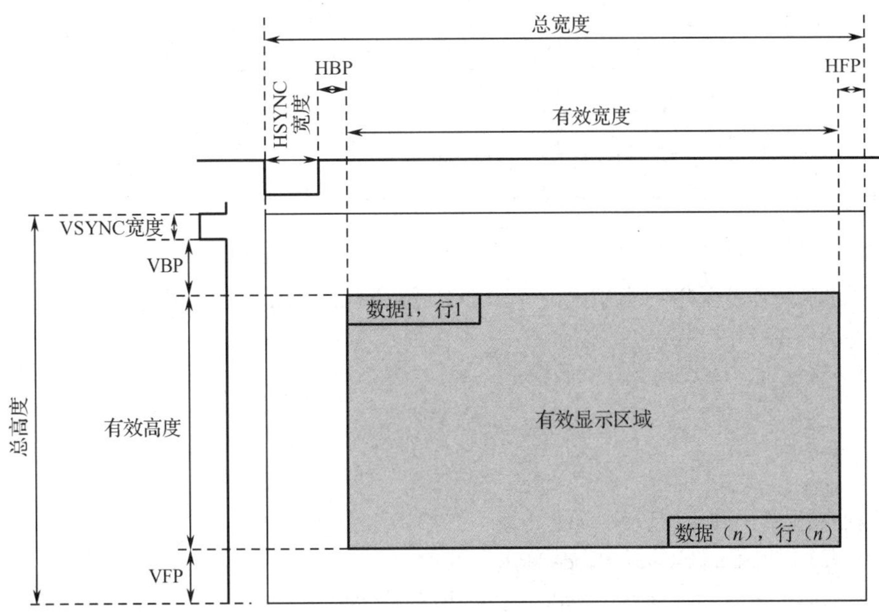

图 5-9　LCD 时序控制框图

LCD 时钟中重要的参数有 HSYNC 的宽度（HSPW）、VSYNC 的宽度（VSPW）、HBP、HFP、VBP 和 VFP 等，说明如表 5-2 所示。

表 5-2　LCD 时钟参数说明

参　　数	说　　明
HSPW（Horizontal Sync Pulse Width）	水平同步脉宽，单位为像素时钟（CLK）个数
VSPW（Vertical Sync Pulse width）	垂直同步脉宽，单位为行周期个数
HBP（Horizontal Back Porch）	水平后廊，表示水平同步信号开始到行有效的像素数据开始之间的像素时钟（CLK）个数
HFP（horizontal front porch）	水平前廊，表示行有效的像素数据结束到下一个水平同步信号开始之前的像素时钟（CLK）个数
VBP（vertical back porch）	垂直后廊，表示垂直同步信号后，无效行的个数
VFP（vertical front porch）	垂直前廊，表示一帧数据输出结束后，到下一个垂直同步信号开始之前的无效行数

5.1.2　龙芯 1B LCD 驱动库函数解析

龙芯 1B LCD 驱动库函数如表 5-3 所示。

表 5-3　龙芯 1B LCD 驱动库函数

函　　数	功　　能
void lwmem_initialize(unsigned int size)	分配堆内存空间
int fb_open(void)	初始化并打开 framebuffer 驱动

续表

函　数	功　能
void fb_set_bgcolor(unsigned coloridx, unsigned value)	设置屏幕输出使用的背景色
void fb_set_fgcolor(unsigned coloridx, unsigned value)	设置屏幕输出使用的前景色
void fb_textout(int x, int y, char *str)	在指定位置输出文本
void fb_cons_clear(void)	清屏函数

1. void lwmem_initialize(unsigned int size)函数

该函数的功能是分配堆内存空间，作为 LCD 显存。在 lwmem.c 文件中定义：

```
1.  void lwmem_initialize(unsigned int size)
2.  {
3.      extern char end[]; /* end in "ld.script" */
4.      unsigned int endAddr;
5.      endAddr = ((unsigned int)end + 4) & ~0x03;
6.      m_region.start_addr = (void *)endAddr;
7.      m_region.size = get_memory_size() - K0_TO_PHYS(endAddr);
8.      lwmem_assignmem(&m_region, 1);
9.  }
```

2. int fb_open(void)函数

该函数的功能是初始化并打开 framebuffer 驱动。在 ls1x_fb_utils.c 文件中定义：

```
1.  int fb_open(void)
2.  {
3.      unsigned y, addr;
4.  
5.      /* already open */
6.      if (fb->dc != NULL)
7.          return 0;
8.  
9.      /* not Initialized */
10.     //memset(fb, 0, sizeof(LS1x_FB_t));
11. 
12.     if (ls1x_dc_init(devDC, NULL) != 0)
13.         return -1;
14. 
15.     if (ls1x_dc_open(devDC, NULL) != 0)
16.         return -1;
17. 
18.     fb->dc = devDC;
```

```
19.     fb->fixInfo = &devDC->fb_fix;
20.     fb->varInfo = &devDC->fb_var;
21.
22.     fb->fg_coloridx = 15;
23.     fb->bytes_per_pixel = (int)(fb->varInfo->bits_per_pixel + 7) / 8;
24.     fb->Rows = (CONS_FONT_HEIGHT > 0) ? (fb->varInfo->yres / (CONS_FONT_ HEIGHT + ROW_GAP)) : 8;
25.     fb->Cols = (CONS_FONT_WIDTH > 0) ? (fb->varInfo->xres / (CONS_FONT_WIDTH + COL_GAP)) : 8;
26.
27.     /* get_dcache_size() */
28.     //memset((void *)fb->fixInfo->smem_start, 0, fb->fixInfo->smem_len);
29.
30. #if (FB_BUF_K0_ADDR)
31.     flush_dcache();
32. #endif
33.
34.     fb->lineAddr = MALLOC(sizeof(unsigned int) * fb->varInfo->yres);
35.
36.     if (fb->lineAddr == NULL)
37.     {
38.         fb_close();
39.         return -1;
40.     }
41.
42.     addr = 0;
43.     for (y = 0; y < fb->varInfo->yres; y++, addr += fb->fixInfo->line_length)
44.         fb->lineAddr[y] = (void *)fb->fixInfo->smem_start + addr;
45.
46.     DBG_OUT("FB open successful.\r\n");
47.
48.     return 0;
49. }
```

语句“ls1x_dc_init(devDC, NULL)”对 framebuffer 进行初始化，语句“ls1x_dc_open(devDC, NULL)”打开 framebuffer 驱动。追踪这两个语句，在 ls1x_fb.h 文件中找到其定义：

```
1.  #define ls1x_dc_init(dc, arg) ls1x_dc_drv_ops->init_entry(dc, arg)
2.  #define ls1x_dc_open(dc, arg) ls1x_dc_drv_ops->open_entry(dc, arg)
3.  #define ls1x_dc_close(dc, arg) ls1x_dc_drv_ops->close_entry(dc, arg)
4.  #define ls1x_dc_read(dc, buf, size, arg) ls1x_dc_drv_ops->read_entry(dc, buf, size, arg)
5.  #define ls1x_dc_write(dc, buf, size, arg) ls1x_dc_drv_ops->write_entry(dc, buf, size, arg)
6.  #define ls1x_dc_ioctl(dc, cmd, arg) ls1x_dc_drv_ops->ioctl_entry(dc, cmd, arg)
```

进一步追踪“ls1x_dc_drv_ops”，在 ls1x_fb.c 文件中找到其定义：

```
1.  static driver_ops_t LS1x_DC_drv_ops =
2.      {
3.          .init_entry = LS1x_DC_initialize,
4.          .open_entry = LS1x_DC_open,
5.          .close_entry = LS1x_DC_close,
6.          .read_entry = LS1x_DC_read,
7.          .write_entry = LS1x_DC_write,
8.          .ioctl_entry = LS1x_DC_ioctl,
9.  };
10. driver_ops_t *ls1x_dc_drv_ops = &LS1x_DC_drv_ops;
```

该结构体指针成员分别指向对 framebuffer 操作的相关函数，包括初始化、开、关、读、写及 I/O 控制等。追踪“LS1x_DC_initialize”，在 ls1x_fb.c 文件中找到其定义：

```
1.  STATIC_DRV int LS1x_DC_initialize(void *dev, void *arg)
2.  {
3.      LS1x_DC_dev_t *pDC = (LS1x_DC_dev_t *)dev;
4.      int xres, yres, refreshrate = 60, colordepth = 16;
5.      unsigned int mem_len;
6.
7.  #if (!FIXED_FB_MEMADDR)
8.      char *fb_buffer = NULL;
9.  #endif
10.
11.     if (dev == NULL)
12.         return -1;
13.
14.     if (pDC->initialized)
15.         return 0;
16.
17.     memset(pDC, 0, sizeof(LS1x_DC_dev_t)); //clear all
18.     ......
19.         /*
20.     * XXX use DC0 as framebuffer controller
21.     */
22.         pDC->hwDC = (LS1x_DC_regs_t *)LS1x_DC0_BASE;
23.
24.     pDC->fb_fix.type = FB_TYPE_PACKED_PIXELS;
25.     pDC->fb_fix.visual = FB_VISUAL_TRUECOLOR;
26.
27.     if (LS1x_fb_parse_vgamode(LCD_display_mode, &xres, &yres, &refreshrate, &colordepth) < 0)
28.     {
```

```
29.         printk("DC vga mode %s is not supported!\n", LCD_display_mode);
30.         return -1;
31.     }
32.
33.     mem_len = xres * yres * colordepth / 8;
34.     pDC->fb_var.xres = xres;
35.     pDC->fb_var.yres = yres;
36.     pDC->fb_var.bits_per_pixel = colordepth;
37.
38.     pDC->fb_fix.line_length = xres * colordepth / 8;
39.     pDC->fb_fix.smem_len = mem_len;
40.
41. #if (FIXED_FB_MEMADDR)
42.     /*
43.      * 使用指定内存地址
44.      */
45.     pDC->fb_fix.smem_start = (char *)FB_MEMORY_ADDRESS;
46.
47. #else
48.     /*
49.      * FIXME alloc framebuffer memory dynamic.
50.      */
51.     fb_buffer = (char *)MALLOC(pDC->fb_fix.smem_len + 0x400);
52.     if (fb_buffer == NULL)
53.     {
54.         printk("DC alloc memory fail!\n");
55.         return -1;
56.     }
57.
58.     /*
59.      * 256 byte aligned
60.      */
61. #if (FB_BUF_K0_ADDR)
62.     pDC->fb_fix.smem_start = (char *)((unsigned int)(fb_buffer + 0x400) & ~0x3FF);
63. #else
64.     /* use K1 address */
65.     pDC->fb_fix.smem_start = (char *)K0_TO_K1((unsigned int)(fb_buffer + 0x400) & ~0x3FF);
66. #endif
67.
68. #endif
69.
70.     /*
71.      * clear the memory buffer
72.      */
```

```
73.     memset((void *)pDC->fb_fix.smem_start, 0, pDC->fb_fix.smem_len);
74.
75.     /*
76.      * TODO only 16 color mode of R5G6B5
77.      */
78.     pDC->fb_var.red.length = 5;
79.     pDC->fb_var.red.offset = 11;
80.     pDC->fb_var.green.length = 5;
81.     pDC->fb_var.green.offset = 6;
82.     pDC->fb_var.blue.length = 5;
83.     pDC->fb_var.blue.offset = 0;
84.
85.     if (LS1x_DC_hw_initialize(pDC) < 0)
86.     {
87.         printk("DC initialize fail!\n");
88.         return -1;
89.     }
90.
91.     pDC->initialized = 1;
92.
93.     DBG_OUT("DC controller initialized.\r\n");
94.
95.     return 0;
96. }
```

该函数为 LCD 内核驱动函数，设置运行 LCD 的各种初始参数，通过“STATIC_DRV int LS1x_DC_initialize(void *dev, void *arg)”函数来调用。

int fb_open(void)函数还对结构体 fb 各成员赋值，在同一文件中找到结构体 fb 的定义：

```
1.  typedef struct LS1x_FB
2.  {
3.      LS1x_DC_dev_t *dc; /* framebuffer control device */
4.
5.      struct fb_fix_screeninfo *fixInfo; //dc->fb_fix
6.      struct fb_var_screeninfo *varInfo; //dc->fb_var
7.
8.      int bytes_per_pixel; /*  存储每个像素所需的字节数  */
9.
10.     int fg_coloridx; /*  前景色   WHITE */
11.     int bg_coloridx; /*  背景色  BLACK */
12.
13.     unsigned int Rows; /*  屏幕总行数  */
14.     unsigned int Cols; /*  屏幕总列数  */
```

```
15.
16.     unsigned int curCol; /*  当前列, 0 to fb->Cols - 1 */
17.     unsigned int curRow; /*  当前行, 0 to fb->Rows - 1 */
18.
19.     unsigned char **lineAddr; /*  屏幕行首内存地址  */
20.
21. } LS1x_FB_t;
22.
23. static LS1x_FB_t ls1x_fb, *fb = &ls1x_fb;
```

framebuffer 机制模仿显卡的功能，将显卡硬件结构抽象掉，可以通过 framebuffer 的读写直接对显存进行操作。可以将 framebuffer 看成显存的一个映像，将其映射到进程地址空间之后，就可以直接进行读写操作，而写操作可以立即反应在屏幕上。这种操作是抽象的、统一的，不必关心物理显存的位置、换页机制等具体细节，这些都是由 framebuffer 设备驱动来完成的。

3. void fb_set_bgcolor(unsigned coloridx, unsigned value)与 void fb_set_fgcolor(unsigned coloridx, unsigned value)函数

这两个函数功能类似，参数相同。前者设置屏幕输出使用的背景色，后者设置屏幕输出使用的前景色。参数 coloridx 设置颜色，参数 value 设置颜色深度，两个参数的取值在 ls1x_fb.h 文件中定义：

```
1.  /*
2.   颜色表 RGB888, 使用 set_color() 设置
3.   */
4.  #define clBLACK 0x00
5.
6.  #define clRED (0xA0 << 16)
7.  #define clGREEN (0xA0 << 8)
8.  #define clBLUE (0xA0 << 0)
9.
10. #define clCYAN (clBLUE | clGREEN)
11. #define clVIOLET (clRED | clBLUE)
12. #define clYELLOW (clRED | clGREEN)
13. #define clWHITE (clRED | clGREEN | clBLUE)
14.
15. /* half brightness */
16. #define clhRED (0x50 << 16)
17. #define clhGREEN (0x50 << 8)
18. #define clhBLUE (0x50 << 0)
19. /* more brightness */
20. #define clbRED (0xF0 << 16)
21. #define clbGREEN (0xF0 << 8)
22. #define clbBLUE (0xF0 << 0)
```

```
23.
24. #define clGREY (clhRED | clhGREEN | clhBLUE)
25. #define clBRTBLUE (clhRED | clhGREEN | clbBLUE)
26. #define clBRTGREEN (clhRED | clbGREEN | clhBLUE)
27. #define clBRTCYAN (clhRED | clbGREEN | clbBLUE)
28. #define clBRTRED (clbRED | clhGREEN | clhBLUE)
29. #define clBRTVIOLET (clbRED | clhGREEN | clbBLUE)
30. #define clBRTYELLOW (clbRED | clbGREEN | clhBLUE)
31. #define clBRTWHITE (clhRED | clhGREEN | clhBLUE)
32.
33. #define clBTNFACE 0x00808080
34. #define clSILVER 0x00C0C0C0
35. #define clHINT 0x00E4F0F0
36.
37. /*
38.  颜色索引 RGB565, 可通过 get_color() 获取
39.  */
40. #define cidxBLACK 0
41. #define cidxBLUE 1
42. #define cidxGREEN 2
43. #define cidxCYAN 3
44. #define cidxRED 4
45. #define cidxVIOLET 5
46. #define cidxYELLOW 6
47. #define cidxWHITE 7
48. #define cidxGREY 8
49. #define cidxBRTBLUE 9
50. #define cidxBRTGREEN 10
51. #define cidxBRTCYAN 11
52. #define cidxBRTRED 12
53. #define cidxBRTVIOLET 13
54. #define cidxBRTYELLOW 14
55. #define cidxBRTWHITE 15
56.
57. #define cidxBTNFACE 16
58. #define cidxSILVER 17
```

4. void fb_cons_clear(void)函数

该函数的功能为清除 LCD 内容。在 ls1x_fb_utils.c 文件中定义：

```
1.  void fb_cons_clear(void)
2.  {
3.      int i, fbsize;
```

```
4.        unsigned short wr16;
5.
6.        fbsize = fb->varInfo->xres * fb->varInfo->yres * fb->bytes_per_pixel;
7.        wr16 = m_color_map[fb->bg_coloridx];
8.        for (i = 0; i < fbsize; i += 2)
9.            WR_FB16(i, wr16);
10.
11. #if (FB_BUF_K0_ADDR)
12.       flush_dcache();
13. #endif
14. }
```

5.1.3　龙芯 1B LCD 字符显示函数

龙芯 1B LCD 字符显示函数如表 5-4 所示。

表 5-4　龙芯 1B LCD 字符显示函数

函　数	功　能
void fb_put_string(int x, int y, char *str, unsigned coloridx)	在指定坐标处用指定颜色显示字符串
void fb_draw_gb2312_char(int x, int y, unsigned char *str)	输出显示一个汉字
void fb_textout(int x, int y, char *str)	在指定位置输出文本

参数 x、y 表示在 LCD 显示内容的起始坐标（x,y）；参数*str 为指针类型，表示要显示的具体内容，可以是数组名或双引号包括的字符串。fb_draw_gb2312_char 只能输出单个汉字，其他两个函数均可输出字母或汉字。

5.1.4　龙芯 1B LCD 画图函数

龙芯 1B LCD 画图函数如表 5-5 所示。

表 5-5　龙芯 1B LCD 画图函数

函　数	功　能
void fb_drawpixel(int x, int y, unsigned coloridx)	在指定坐标处画一个像素点
void fb_drawpoint(int x, int y, int thickness, unsigned coloridx)	在指定坐标处画一个像素点，支持两种大小
void fb_drawline(int x1, int y1, int x2, int y2, unsigned coloridx)	根据两个指定的坐标画直线
void fb_drawrect(int x1, int y1, int x2, int y2, unsigned coloridx)	根据指定的坐标画矩形框
void fb_fillrect(int x1, int y1, int x2, int y2, unsigned coloridx)	根据指定的坐标填充矩形

函数 void fb_drawpoint(int x, int y, int thickness, unsigned coloridx)中的参数 thickness 表示画像素点的大小，1 个像素或 2 个像素；其他函数中的 x1、y1、x2、y2 表示所画图形的起始坐标（x1,y1）和结束坐标（x2,y2）。

任务实施

1. LCD 显示设计与实现

（1）RGB LCD 模块原理图。龙芯 1B 开发板的 LCD 电路原理如图 5-10 所示。

JP40 就是对外接口，是一个 40PIN 的 FPC 座（0.5mm 间距），通过 FPC 线，可以连接到开发板上，从而实现和龙芯 1B 处理器的连接。该接口采用 RGB888 转 RGB565 格式，并支持 DE 和 SYNC 模式，还支持触摸屏（电容/电阻）和背光控制。

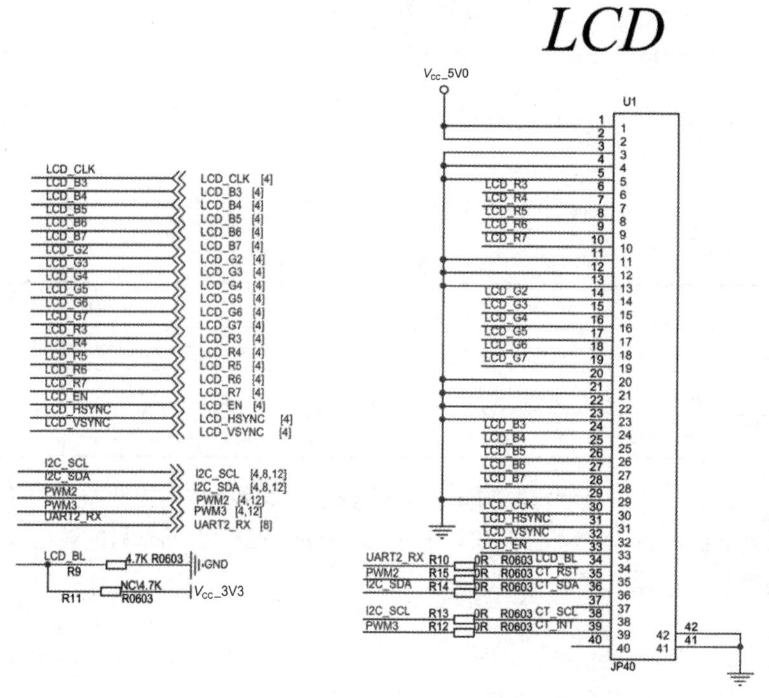

图 5-10 LCD 电路原理图

（2）编写函数。

① 设置背景色。调用函数 void fb_set_bgcolor(unsigned coloridx, unsigned value)实现白色背景：

```
1.  fb_set_bgcolor(cidxWHITE, clBRTWHITE);
```

② 设置前景色。调用函数 void fb_set_fgcolor(unsigned coloridx, unsigned value)实现红色前景：

```
1. fb_set_fgcolor(cidxBRTRED, clbRED);
```

③ 输出文本。调用不同的函数实现：

```
1.  unsigned char buf1[] = "加油！ ";
2.  unsigned char buf2[] = "I LOVE CHINA!";
```

```
3.  fb_textout(0, 0, buf1);
4.  fb_put_string(0, 20, buf2, cidxGREEN);//可根据需要重新选择颜色
```

④ 绘制图形。调用 void fb_fillrect(int x1, int y1, int x2, int y2, unsigned coloridx)实现绘制填充矩形，填充颜色自定义：

```
1.  fb_fillrect(50, 50, 200, 200, cidxBRTCYAN);
```

⑤ 显示图片。

a．添加图片显示函数。龙芯 1B 新建的工程里没有显示图片的库函数，需要自己添加如下两个函数：

```
1.  void LS1x_draw_rgb565_pixel(int x, int y, unsigned int color)
2.  {
3.      unsigned int fbAddr;
4.      fbAddr = (unsigned int)fb->lineAddr[y] + x * fb->bytes_per_pixel;
5.
6.  #if (FB_BUF_K0_ADDR)
7.      *((unsigned short *)fbAddr) = color;
8.      clean_dcache(fbAddr, 4);
9.  #else
10.     fbAddr = K0_TO_K1(fbAddr);
11.     *((unsigned short *)fbAddr) = color;
12. #endif
13. }
14.
15. void display_pic(unsigned int xpos, unsigned int ypos, unsigned int x1, unsigned int y1, unsigned char *ptrs)
16. {
17.     {
18.         int x, y;
19.         unsigned char *ptr = ptrs;
20.
21.         for (y = 0; y < y1; y++)
22.         {
23.             for (x = 0; x < x1; x++)
24.             {
25.                 unsigned int color;
26.
27.                 color = (*ptr << 8) | *(ptr + 1);
28.
29.                 LS1x_draw_rgb565_pixel(x + xpos, y + ypos, color);
30.
31.                 ptr += 2;
32.             }
33.         }
34.
```

```
35.         flush_dcache();
36.     }
37. }
```

b．生成图片数据。void display_pic(unsigned int xpos, unsigned int ypos, unsigned int x1, unsigned int y1, unsigned char *ptrs)为图片显示函数；（xpos,ypos）为图片显示的起始坐标；x1*y1 为显示图片的像素；*ptrs 指向保存图片数据的数组。该数组由图片处理工具 Image2Lcd 生成，打开 Image2Lcd 界面如图 5-11 所示。

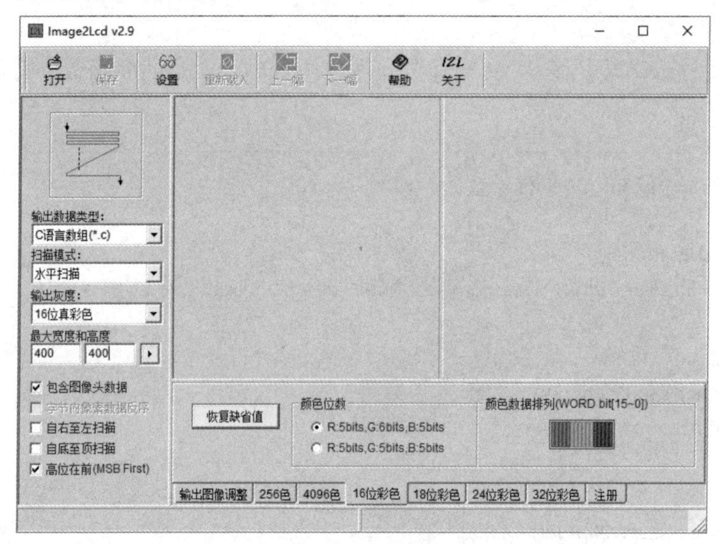

图 5-11　Image2Lcd 界面

单击“打开”按钮，载入要显示的图片，如图 5-12 所示，可根据需要设置输出图片的像素。

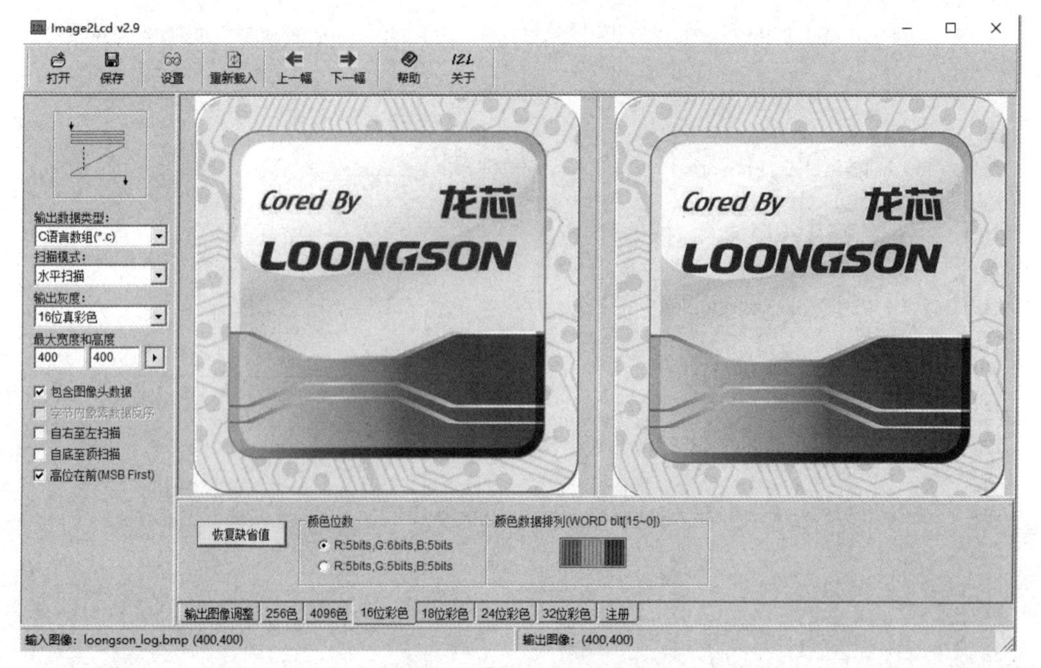

图 5-12　载入要显示的图片

在图 5-12 中单击“保存”按钮，保存生成的图片文件，这里保存为“loongson.h”，如图 5-13 所示。

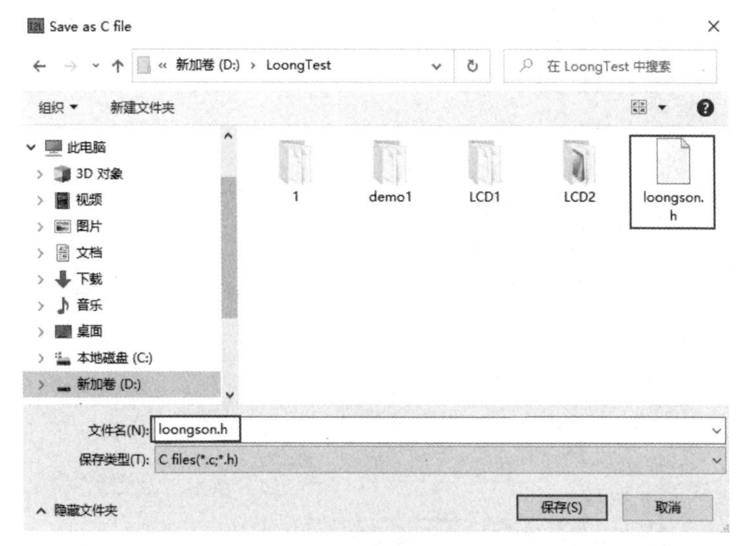

图 5-13　保存图片文件

用记事本打开刚生成的 loongson.h 文件，如图 5-14 所示，生成的图片数据保存在 gImage_loongson 数组中。

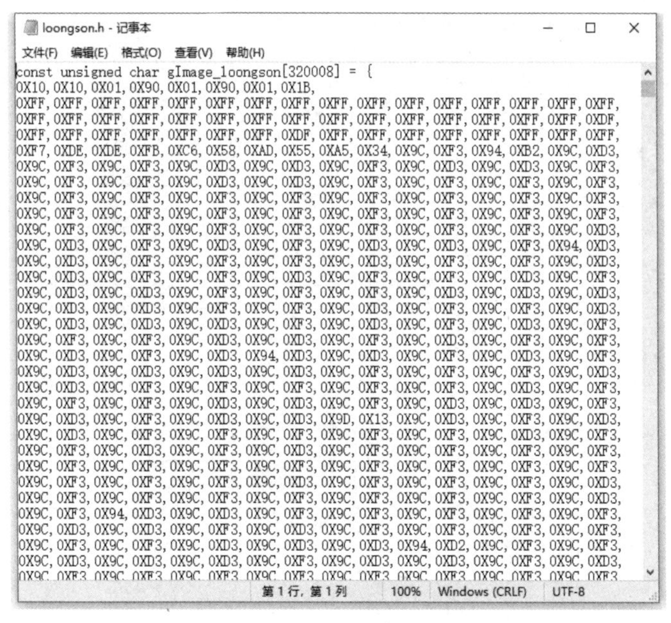

图 5-14　保存图片数据的数组

（3）完善工程。

① 新建项目并打开，定义 LCD 为 480px×800px 竖屏显示，如图 5-15 所示。

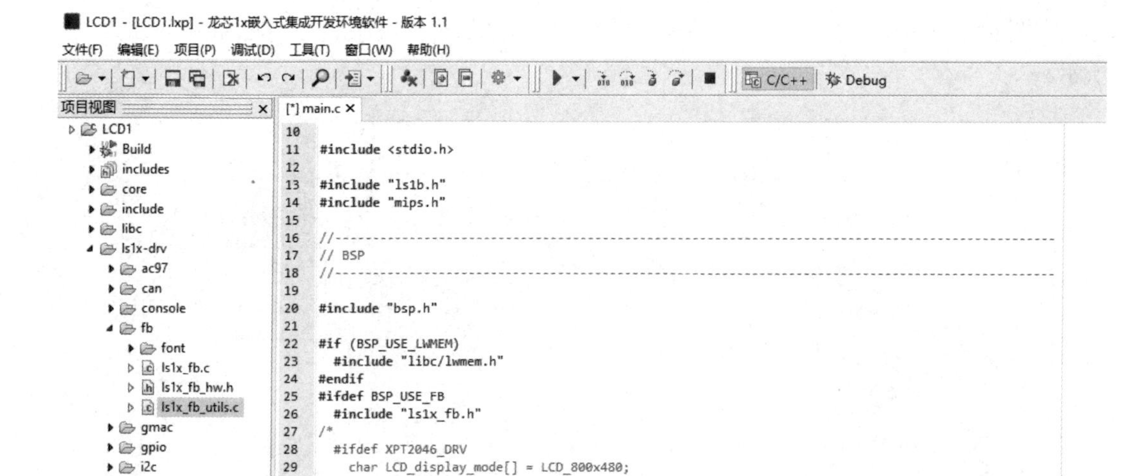

图 5-15 定义 LCD 竖屏显示

② 使能 RGB LCD 驱动，在 bsp.h 文件中定义，如图 5-16 所示。

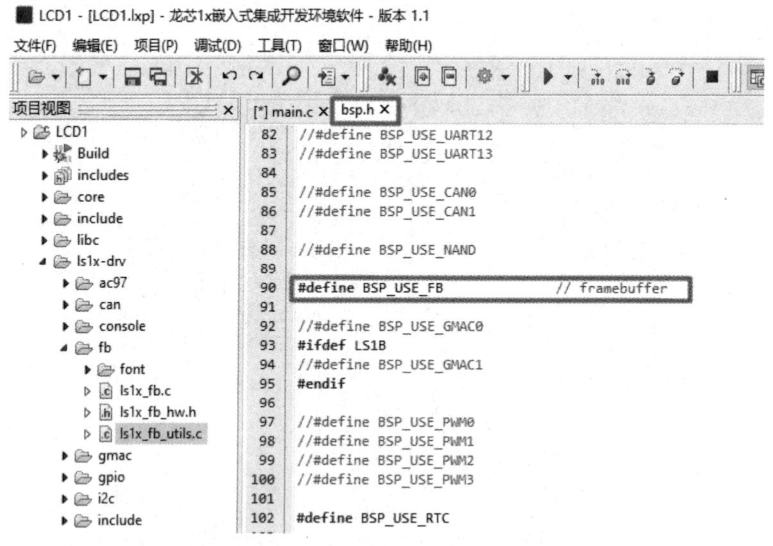

图 5-16 使能 RGB LCD 驱动

③ 添加图片显示函数。在 ls1x_fb_utils.c 文件里添加有关图片显示的两个函数 void LS1x_draw_rgb565_pixel(int x, int y, unsigned int color)、void display_pic(unsigned int xpos, unsigned int ypos, unsigned int x1, unsigned int y1, unsigned char *ptrs)，如图 5-17 所示。

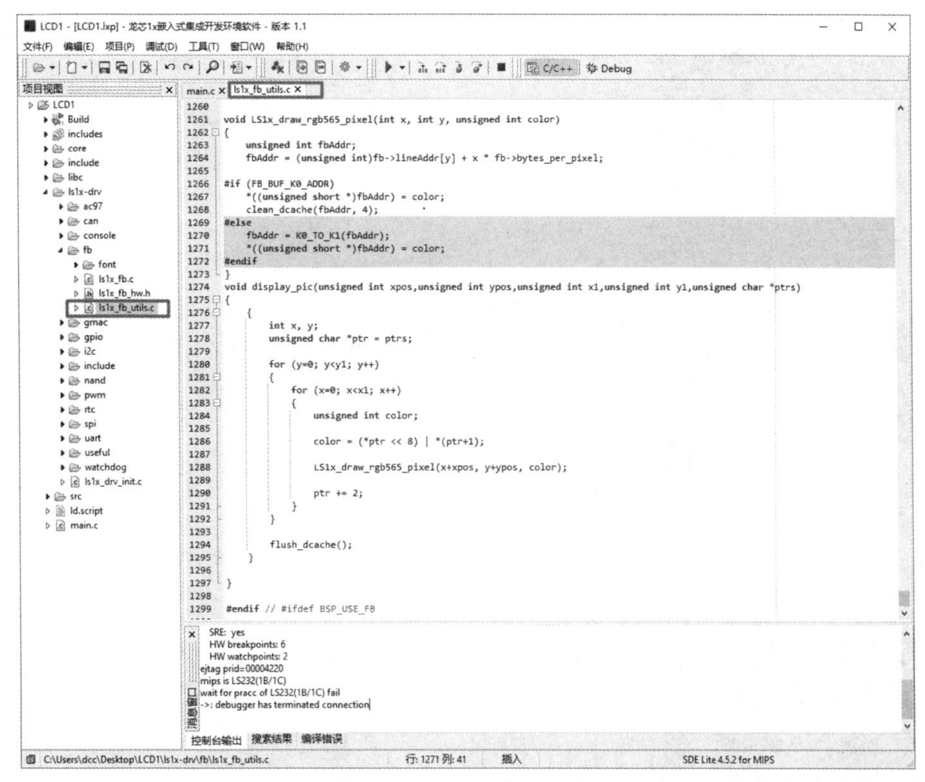

图 5-17　添加图片显示函数

④ 添加头文件路径。在编译选项中选择“SDELite C Compiler”下面的“Preprocessor”选项，单击绿色加号图标，在打开的窗口中添加头文件的路径。这里选择填写相对路径“./src”，如图 5-18 所示，单击“确定”按钮。将保存图片数据的 loongson.h 文件复制至工程文件的 src 文件夹中，如图 5-19 所示。

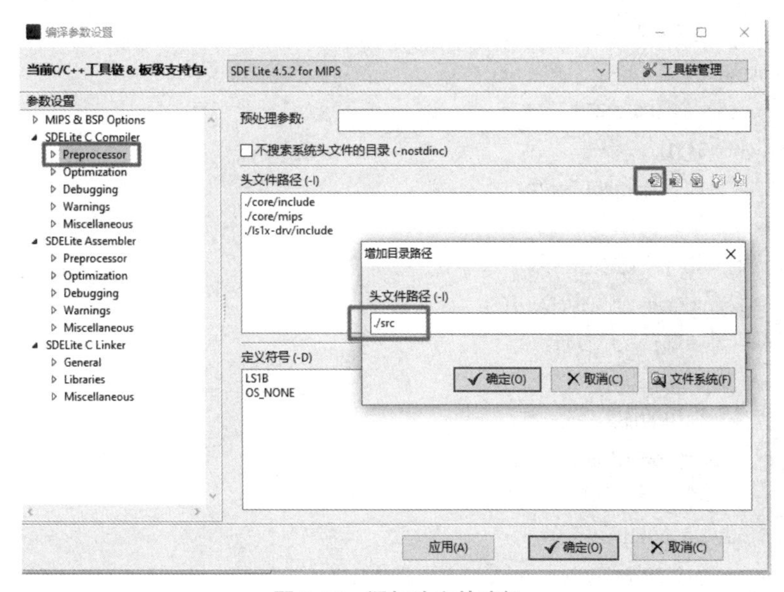

图 5-18　添加头文件路径

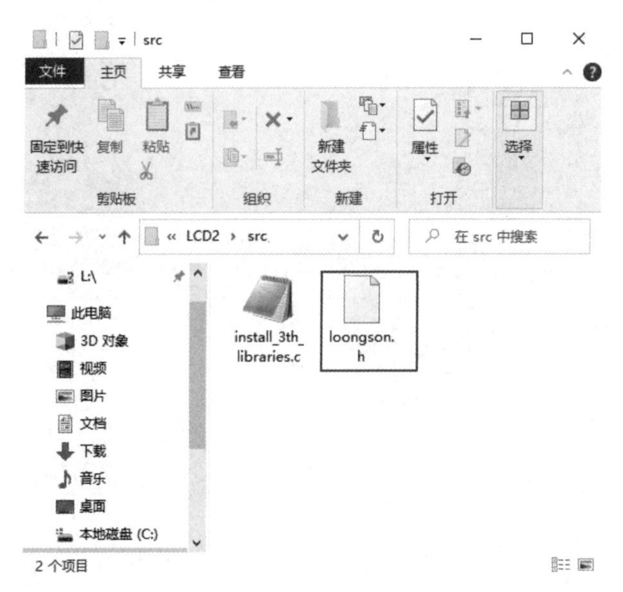

图 5-19　复制图片文件到 src 文件夹中

⑤ 完善 main.c 文件。在 main.c 文件中添加相关宏定义并编写 main()函数：

```
1.  #include "ls1b_gpio.h"
2.  #include "loongson.h"
3.
4.  int main(void)
5.  {
6.      unsigned char buf1[] = "加油！";
7.      unsigned char buf2[] = "I LOVE CHINA!";
8.
9.      lwmem_initialize(0); //分配堆内存
10.     //控制 LCD 背光引脚
11.     gpio_enable(54, DIR_OUT);
12.     gpio_write(54, 1);
13.     //初始化并打开 framebuffer 驱动
14.     fb_open();
15.     //设置输出使用的背景色
16.     fb_set_bgcolor(cidxWHITE, clWHITE);
17.     //清除屏幕，刷新显示背景色
18.     fb_cons_clear();
19.     //设置输出使用的前景色
20.     fb_set_fgcolor(cidxBRTRED, clbRED);
21.
22.     fb_textout(0, 0, buf1);
23.     fb_put_string(0, 20, buf2, 0);
24.     fb_fillrect(50, 50, 200, 200, cidxBLUE);
```

```
25.        display_pic(45,300,400,400 ,gImage_loongson);
26.        for (;;)
27.        {
28.        }
29.
30.        return 0;
31. }
```

（4）编译下载。代码编译无误后，下载至龙芯 1B 开发板查看现象。LCD 显示如图 5-20 所示。

图 5-20　LCD 显示字符、图形与图片

任务拓展

1．自主确定坐标，使用红色字体显示“坚持中国特色社会主义！”，写出语句。

____

2．自主确定坐标与大小，显示黑色方框，写出语句。

____

3．用图片处理工具处理自己的照片，生成数据。

____

4．编写完整程序，在 LCD 上显示以上内容，编译、烧写至龙芯 1B 开发板查看现象。

____

任务 5.2 LCD 电子时钟开发实现

任务分析

实时时钟 RTC（Real_Time Clock）芯片是日常生活中应用最为广泛的消费类电子产品之一，它为人们提供精确的实时时间，或者为电子系统提供精确的时间基准。目前实时时钟芯片大多采用精度较高的晶体振荡器（晶振）作为时钟源。有些时钟芯片为了在主电源掉电时还可以工作，需要外加电池供电。如图 5-21 所示为智能时控开关的 LCD 电子时钟。

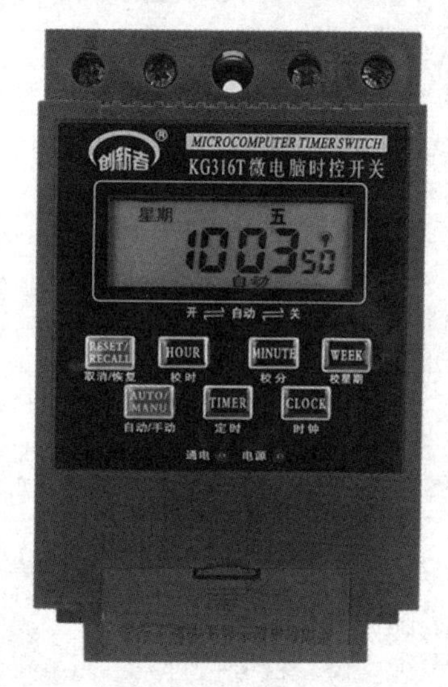

图 5-21　智能时控开关的 LCD 电子时钟

本任务要求实现 LCD 电子时钟，使用龙芯 1B 开发板的 RGB LCD 显示实时时间。完成这个任务，需要了解龙芯 1B 处理器的 RTC 功能及其基本应用方法。

建议学生带着以下问题进行本任务的学习和实践。

- 什么是 RTC？
- 龙芯 1B 的 RTC 是如何工作的？
- 如何使用龙芯 1B 的 RTC 设置时钟？

5.2.1　龙芯 1B RTC 介绍

RTC 芯片是一种能提供日历/时钟（世纪、年、月、时、分、秒）及数据存储等功能的专用集成电路。

龙芯 1B 实时时钟（RTC）单元可以在主板上电后进行配置，当主板断电后，该单元仍然运作，可以仅靠板上的电池供电正常运行。RTC 单元运行时功耗仅几个微瓦，由外部 32.768kHz 晶振驱动，内部经可配置的分频器分频后，该时钟用来计数，年月日、时分秒等信息被更新。

同时该时钟也用于产生各种定时和计数中断。

RTC 单元由计数器和定时器组成，其结构如图 5-22 所示。

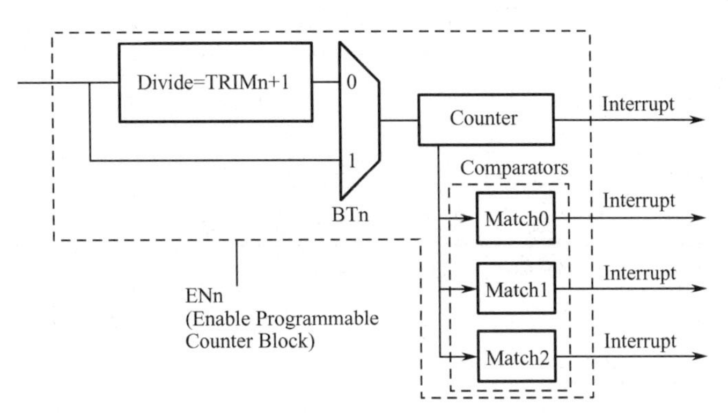

图 5-22 龙芯 1B 实时时钟（RTC）结构

5.2.2 龙芯 1B RTC 寄存器

RTC 寄存器位于 0xbfe64000～0xbfe67fff 的 16KB 地址空间内，其基地址为 0xbfe64000，所有寄存器位宽均为 32 位。设置时钟时用到的寄存器如表 5-6 所示。

表 5-6 RTC 模块用到的时钟寄存器

名 称	地 址	位宽/位	读 写	描 述	复 位 值
SYS_TOYWRITE0	0xbfe64024	32	W	TOY 低 32 位数值写入	0x000000000
SYS_TOYWRITE1	0xbfe64028	32	W	TOY 高 32 位数值写入	0x000000000
SYS_TOYREAD0	0xbfe6402c	32	W	TOY 低 32 位数值读出	0x000000000
SYS_TOYREAD1	0xbfe64030	32	W	TOY 高 32 位数值读出	0x000000000

1. TOY 计数器低 32 位数值写入寄存器（SYS_TOYWRITE0）

该寄存器功能如表 5-7 所示。

表 5-7 SYS_TOYWRITE0 功能表

位 域	位 域 名 称	访 问	描 述
31:26	TOY_MONTH	W	月，范围为 1～12
25:21	TOY_DAY	W	日，范围为 1～31
20:16	TOY_HOUR	W	小时，范围为 0～23
15:10	TOY_MIN	W	分，范围为 0～59
9:4	TOY_SEC	W	秒，范围为 0～59
3:0	TOY_MILLISEC	W	0.1 秒，范围为 0～9

2. TOY 计数器高 32 位数值写入寄存器（SYS_TOYWRITE1）

该寄存器功能如表 5-8 所示。

表 5-8　SYS_TOYWRITE1 功能表

位　域	位域名称	访　问	描　述
31:0	TOY_YEAR	W	年，范围为 0～16383

3. TOY 计数器低 32 位数值读出寄存器（SYS_TOYREAD0）

该寄存器功能如表 5-9 所示。

表 5-9　SYS_TOYWREAD0 功能表

位　域	位域名称	访　问	描　述
31:26	TOY_MONTH	W	月，范围为 1～12
25:21	TOY_DAY	W	日，范围为 1～31
20:16	TOY_HOUR	W	小时，范围为 0～23
15:10	TOY_MIN	W	分，范围为 0～59
9:4	TOY_SEC	W	秒，范围为 0～59
3:0	TOY_MILLISEC	W	0.1 秒，范围为 0～9

4. TOY 计数器高 32 位数值读出寄存器（SYS_TOYREAD1）

该寄存器功能如表 5-10 所示。

表 5-10　SYS_TOYREAD1 功能表

位　域	位域名称	访　问	描　述
31:0	TOY_YEAR	W	年，范围为 0～16383

5.2.3　龙芯 1B RTC 库函数解析

使用龙芯 1B RTC 显示日期和时间，需要进行如下操作。

- 将年份数据写入 TOY 计数器高 32 位数值写入寄存器（SYS_TOYWRITE1）；
- 将月、日、时、分、秒等数据写入 TOY 计数器低 32 位数值写入寄存器（SYS_TOYWRITE0）；
- 通过 TOY 计数器高 32 位数值读出寄存器（SYS_TOYREAD1）将年份数据读出；
- 通过 TOY 计数器低 32 位数值读出寄存器（SYS_TOYREAD0）将月、日、时、分、秒等数据读出。

实际使用时，通过调用龙芯 1B RTC 相关功能函数来实现。

1. STATIC_DRV int LS1x_RTC_initialize(void *dev, void *arg)函数

该函数用于配置 RTC 时钟、复位寄存器，并将保存 RTC 数据结构体的指针指向 RTC 寄存器基地址。在 ls1x_rtc.c 文件中定义：

```
----------------------------------------------------------------------------------------------------------------
1.  STATIC_DRV int LS1x_RTC_initialize(void *dev, void *arg)
2.  {
3.      int i;
4.      ...... memset((void *)pRTC, 0, sizeof(RTC_t));
```

```
5.      pRTC->hwRTC = (LS1x_rtc_regs_t *)LS1x_RTC_BASE;
6.      pRTC->rtc_active_count = 0;
7.      pRTC->toy_active_count = 0;
8.   ......
9.      pRTC->hwRTC->rtcctrl = 0; /*  寄存器复位  */
10.     pRTC->hwRTC->toytrim = 0;
11.     pRTC->hwRTC->rtctrim = 0;
12.  ......
13.         if (arg) /*  初始化日期参数  */
14.     {
15.         LS1x_set_system_datetime((struct tm *)arg);
16.     }
17.
18.     pRTC->hwRTC->rtcwrite = 0;
19.
20.     pRTC->hwRTC->rtcctrl |= rtc_ctrl_ten | rtc_ctrl_btt | /* Enable TOY with 32768 */
21.                             rtc_ctrl_ren | rtc_ctrl_brt | /* Enable RTC with 32768 */
22.                             rtc_ctrl_e0;                  /* Enable OSC 32768 */
23.
24.     delay_us(100);
25.
26.     pRTC->initilized = 1;
27.
28.     return 0;
29. }
```

2. int ls1x_rtc_set_datetime(struct tm *dt)函数

函数内部调用 static int LS1x_set_system_datetime(struct tm *dt)函数。在 ls1x_rtc.c 文件中定义：

```
1.  static int LS1x_set_system_datetime(struct tm *dt)
2.  {
3.      unsigned int hi, lo;
4.
5.      if (dt == NULL)
6.          return -1;
7.
8.      tm_to_toy_datetime(dt, &hi, &lo);
9.      pRTC->hwRTC->toywritelo = lo;
10.     pRTC->hwRTC->toywritehi = hi;
11.
12.     return 0;
```

```
13. }
```

追踪 tm_to_toy_datetime 与 pRTC，在 ls1x_rtc.c 文件中找到它们的定义：

```
1.  typedef struct ls1x_rtc
2.  {
3.      LS1x_rtc_regs_t *hwRTC; /* LS1x_RTC_BASE */
4.  
5.      struct rtc_dev rtcs[3]; /* rtc devices array */
6.      struct rtc_dev toys[3]; /* toy devices array */
7.  
8.      int rtc_active_count;
9.      int toy_active_count;
10. 
11.     int initilized;
12. } RTC_t;
13. 
14. static RTC_t ls1x_RTC = { .initilized = 0,},*pRTC = &ls1x_RTC;
15. ......
16. static void tm_to_toy_datetime(struct tm *dt, unsigned int *hi, unsigned int *lo)
17. {
18.     *lo = ((dt->tm_sec & 0x3F) << 4) |
19.           ((dt->tm_min & 0x3F) << 10) |
20.           ((dt->tm_hour & 0x1F) << 16) |
21.           ((dt->tm_mday & 0x1F) << 21) |
22.           ((dt->tm_mon & 0x3F) << 26);
23.     *hi = dt->tm_year;
24. }
```

也可进一步追踪 LS1x_rtc_regs_t，在 ls1x_rtc_hw.h 文件中可以找到与 RTC 寄存器对应的结构体。函数 int ls1x_rtc_set_datetime(struct tm *dt)就是将日期与与时间数据写入相应的 RTC 寄存器进行设置。

3. int ls1x_rtc_get_datetime(struct tm *dt)函数

函数内部调用 static int LS1x_get_system_datetime(struct tm *dt)函数。在 ls1x_rtc.c 文件中定义：

```
1.  static int LS1x_get_system_datetime(struct tm *dt)
2.  {
3.      unsigned int hi, lo;
4.  
5.      if (dt == NULL)
6.          return -1;
```

```
7.
8.      lo = pRTC->hwRTC->toyreadlo;
9.      hi = pRTC->hwRTC->toyreadhi;
10.     toy_datetime_to_tm(dt, hi, lo);
11.
12.     return 0;
13. }
```

追踪 toy_datetime_to_tm，在 ls1x_rtc.c 文件中找到它们的定义：

```
1.  static void toy_datetime_to_tm(struct tm *dt, unsigned int hi, unsigned int lo)
2.  {
3.      dt->tm_sec  = (lo >>  4) & 0x3F;
4.      dt->tm_min  = (lo >> 10) & 0x3F;
5.      dt->tm_hour = (lo >> 16) & 0x1F;
6.      dt->tm_mday = (lo >> 21) & 0x1F;
7.      dt->tm_mon  = (lo >> 26) & 0x3F;
8.      dt->tm_year =  hi;
9.  }
```

该函数读取相应 RTC 寄存器的数据，获取日期与时间。

LCD 广告屏应用开发（跟我做）

任务实施

1. LCD 电子时钟应用开发

（1）编写函数。在本项目任务 1 的工程基础上进行修改，在 main.c 文件中添加相关宏定义并编写 main()函数：

```
1.  #include "ls1x_rtc.h"        //新添加
2.  #include "ls1x_fb.h"         //新添加
3.
4.  int main(void)
5.  {
6.      lwmem_initialize(0);    //分配堆内存空间
7.      //控制 LCD 背光引脚
8.      gpio_enable(54, DIR_OUT);
9.      gpio_write(54, 1);
10.     //初始化并打开 framebuffer 驱动
11.     fb_open();
12.     char dbuf[40], tbuf[40];
13.
14.     //初始化 RTC 控制器
15.     ls1x_rtc_init(NULL, NULL);
```

```
16.     struct tm tmp, now = {
17.                     .tm_sec = 00,
18.                     .tm_min = 58,
19.                     .tm_hour = 23,
20.                     .tm_mday = 16,
21.                     .tm_mon = 6,
22.                     .tm_year = 2022,
23.                 };
24.     //设置 RTC 时钟
25.     ls1x_rtc_set_datetime(&now);
26.
27.     while (1)
28.     {
29.         //获取 RTC 时钟
30.         ls1x_rtc_get_datetime(&tmp);
31.         sprintf((char *)tbuf, "%d:%d:%d", tmp.tm_hour, tmp.tm_min, tmp.tm_sec);
32.         sprintf((char *)dbuf, "%d/%d/%d", tmp.tm_year, tmp.tm_mon, tmp.tm_mday);
33.
34.         fb_fillrect(50, 20, 150, 60, 9);
35.         fb_textout(50, 20, tbuf);
36.         fb_textout(50, 40, dbuf);
37.
38.         delay_ms(1000);
39.     }
40.     return 0;
41. }
```

（2）编译下载。代码编译无误后，下载至龙芯 1B 开发板查看现象。LCD 显示如图 5-23 所示。

图 5-23　LCD 显示

任务拓展

1．编写数组，设定当前时间：

____

2．设置日期和时间显示范围内背景为绿色，写出语句：

____

3．设置日期和时间显示颜色为黑色，写出语句：

____

4．编写完整程序，在 LCD 显示以上内容，编译、烧写至龙芯 1B 开发板查看现象。

____

总结与思考

1．项目总结

LCD 电子时钟应用开发中使用了龙芯 1B 处理器的 RTC 功能及 RGB LCD 显示器。RGB LCD 显示器通过 TFT 上的信号与电压改变来控制液晶分子的转动方向，从而通过控制每个像素点偏振光出射与否而达到显示目的。龙芯 1B 实时时钟（RTC）单元可以在主板上电后进行配置，当主板断电后，该单元仍然运作，可以仅靠板上的电池供电正常运行。RTC 单元运行时功耗仅几个微瓦，由外部 32.768kHz 晶振驱动，内部经可配置的分频器分频后，该时钟用来计数，年月日、时分秒等信息被更新。

根据任务 5.1 和任务 5.2 的完成情况填写项目任务单和项目评分表，分别如表 5-11 和表 5-12 所示。

表 5-11　项目任务单

任 务 单

班级：__________　学号：__________　姓名：__________

任务要求	1．LCD 显示； 2．LCD 电子时钟开发实现
任务实施	
任务完成情况记录	
已掌握的知识与技能	
遇到的问题及解决方法	
得分	

表 5-12　项目评分表

评 分 表

班级：__________　学号：__________　姓名：__________

考核内容		自评	互评	教师评	得分
素质考核（25%）	出勤率（10%）				
	学习态度（30%）				
	语言表达能力（10%）				
	职业行为能力（20%）				
	团队合作精神（20%）				
	个人创新能力（10%）				
任务考核（75%）	方案确定（15%）				
	程序开发（40%）				
	软硬件调试（30%）				
	总结（15%）				
总分					

2. 思考进阶

编写程序，用按键控制时间：每次按 SW5 秒数加 1、按 SW6 秒数减 1，按 SW7 复位到初始设置时间。

课后习题

1. 什么是 RTC？
2. 龙芯 1B RTC 有什么特点？
3. RGB LCD 如何显示一帧数据？

进阶篇

项目 6　环境温湿度测量仪开发

环境温湿度测量仪是用于测量空气中温度和湿度的设备，常被应用于室内空气质量检测和调节。

本项目是利用龙芯 1B 处理器设计环境温湿度测量仪，将使用训练平台重点训练接口电路设计及软件设计。通过本项目学习，掌握龙芯 1B 处理器的 I^2C 接口的用法。本项目有两个任务，通过任务 1 I^2C 读取温湿度传感器 ID 学习 I^2C 总线的原理及龙芯 1B 处理器 I^2C 接口的简单应用；通过任务 2 环境温湿度测量系统开发实现学习温湿度传感器与龙芯 1B 处理器的接口电路设计及驱动程序设计。

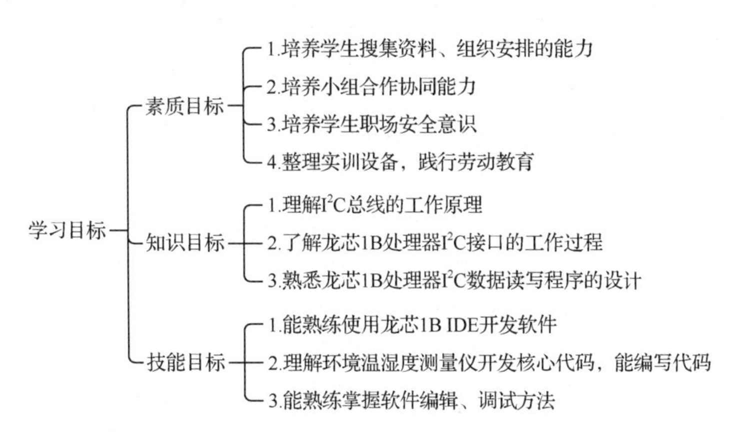
学习目标
素质目标
1.培养学生搜集资料、组织安排的能力
2.培养小组合作协同能力
3.培养学生职场安全意识
4.整理实训设备，践行劳动教育
知识目标
1.理解I²C总线的工作原理
2.了解龙芯1B处理器I²C接口的工作过程
3.熟悉龙芯1B处理器I²C数据读写程序的设计
技能目标
1.能熟练使用龙芯1B IDE开发软件
2.理解环境温湿度测量仪开发核心代码，能编写代码
3.能熟练掌握软件编辑、调试方法

任务 6.1　I^2C 读取温湿度传感器 ID

任务分析

本任务要求连接龙芯 1B 处理器与温湿度传感器，并读取温湿度传感器 ID 在串口调试工具显示。要完成这个任务，需要知道什么是 I^2C，龙芯 1B 处理器的 I^2C 如何配置使用。

建议学生带着以下问题进行本任务的学习和实践。

- 什么是 I^2C？
- I^2C 如何工作？
- 龙芯 1B 处理器的 I^2C 如何配置使用？

环境温湿度测量仪（演示）

6.1.1 I²C 基本原理

I²C（Inter-Integrated Circuit）两线式串行总线，是由 PHILIPS 公司开发的，用于连接微控制器及其外围设备。

它是由数据线 SDA 和时钟 SCL 构成的串行总线，可发送和接收数据，在 CPU 与被控 IC 之间、IC 与 IC 之间进行双向传输，高速 I²C 总线一般传输速率可达 400kbps 以上。I²C 属于半双工通信方式。

物理结构上，I²C 系统由一条串行数据线 SDA 和一条串行时钟线 SCL 组成。主机按一定的通信协议向从机寻址和进行信息传输，如图 6-1 所示。在数据传输时，由主机初始化一次数据传输，主机使数据在 SDA 线上传输的同时还通过 SCL 线传输时钟。信息传输的对象和方向，以及信息传输的开始和终止均由主机决定。

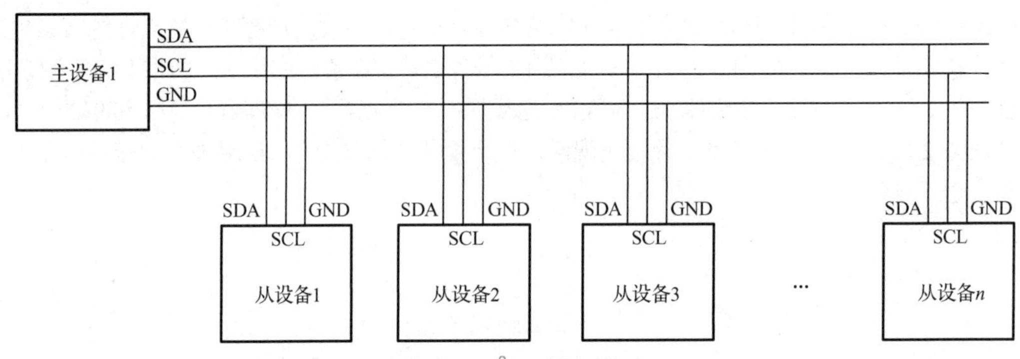

图 6-1　I²C 系统组成

每个器件都有一个唯一的地址，而且可以是单接收的器件（如 LCD 驱动器）或者是可以接收也可以发送的器件（如存储器）。发送器或接收器可以在主模式或从模式下操作，这取决于芯片是否必须启动数据的传输还是仅仅被寻址。

I²C 总线由 SDA（数据传输线）和 SCL（时钟信号线）组成，利用两种线的不同状态去表示信息传输时的一些关系，主要有：空闲状态、起始信号、结束信号、应答信号、数据的有效性及数据传输。

起始信号：当 SCL 为高电平期间，SDA 由高到低的跳变。起始信号是一种电平跳变时序信号，而不是一个电平信号，如图 6-2 所示。

结束信号：当 SCL 为高电平期间，SDA 由低到高的跳变。结束信号也是一种电平跳变时序信号，而不是一个电平信号，如图 6-3 所示。

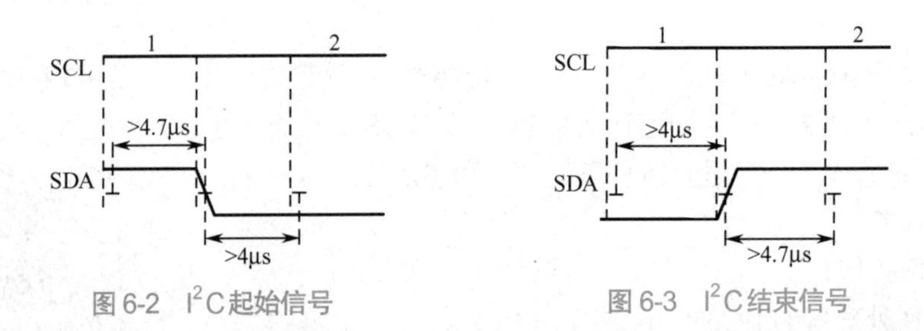

图 6-2　I²C 起始信号　　图 6-3　I²C 结束信号

发送器每发送一个字节，就在第 9 个时钟脉冲期间释放数据线，由接收器反馈一个应答信号。应答信号为低电平时，规定为有效应答位（ACK 简称应答位），表示接收器已经成功地接收了该字节；应答信号为高电平时，规定为非应答位（NACK），一般表示接收器接收该字节没有成功，如图 6-4 所示。

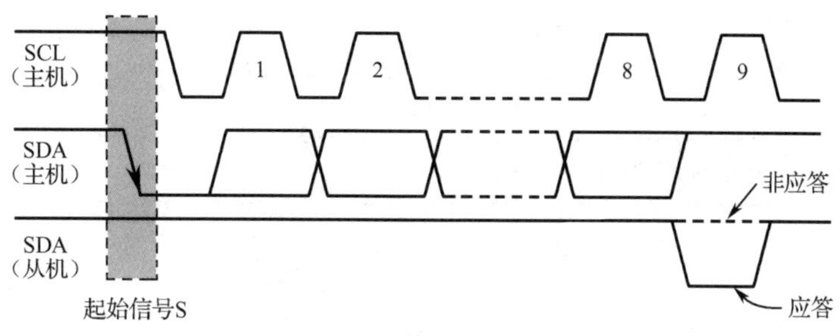

图 6-4　I^2C 应答信号

I^2C 总线进行数据传输时，时钟信号为高电平期间，数据线上的数据必须保持稳定，只有在时钟线上的信号为低电平期间，数据线上的高电平或低电平状态才允许变化。数据在 SCL 的上升沿到来之前就需准备好，并在下降沿到来之前必须稳定，如图 6-5 所示。

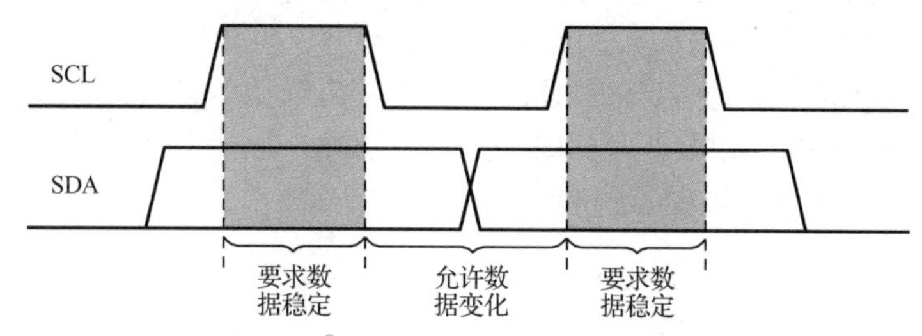

图 6-5　I^2C 总线进行数据传输时数据变化

在 I^2C 总线上传输的每一位数据都有一个时钟脉冲相对应（或同步控制），即在 SCL 串行时钟的配合下，在 SDA 上逐位地串行传输每一位数据。数据位的传输是边沿触发，每次传输 8 位数据，收到应答信号后可继续进行传输，收到停止信号后停止传输，如图 6-6 所示。

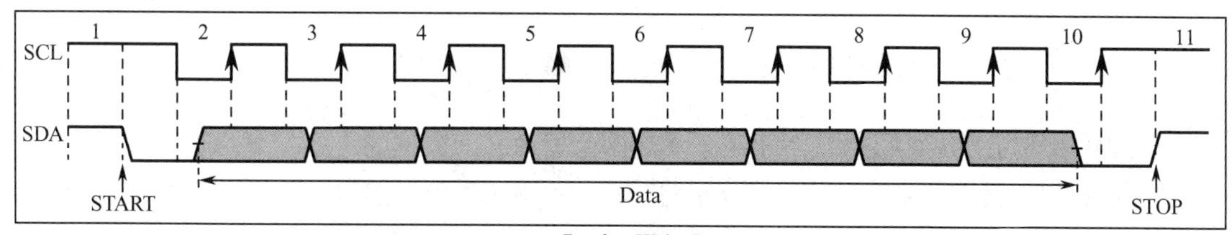

图 6-6　I^2C 总线进行数据传输时 SCL 时钟脉冲

为了消除 I^2C 总线系统中主控器件与被控器件的地址选择线，最大限度地简化总线连接线，I^2C 总线采用了独特的寻址约定，规定了开始信号后的第一个字节为寻址字节，用来寻址被控器件，并规定数据传输方向。在 I^2C 总线系统中，寻址字节由被控器件的七位地址位（它占据了 D7～D1 位）和一位方向位（D0 位）组成。方向位为 0 时表示主控器件将数据写入被控器件，为 1 时表示主控器件从被控器件读取数据。

主机要向从机写 1 字节数据时，主机首先产生 START 信号，然后紧跟着发送 7 位从机地址，第 8 位是数据方向位（R/W），这时主机等待从机的应答信号（A），当主机收到应答信号时，发送要访问的地址，继续等待从机的应答信号；当主机再次收到应答信号时，发送 1 字节的数据，继续等待从机的应答信号；当主机第三次收到应答信号时，产生 STOP 信号，结束传输过程，如图 6-7 所示。

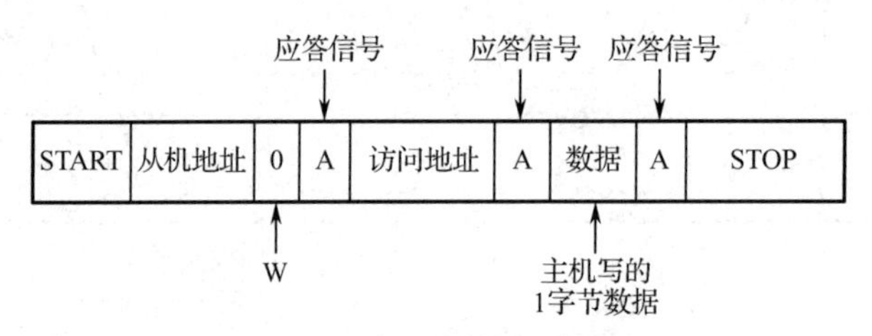

图 6-7　主机向从机写数据

主机要从从机读 1 字节数据时，主机首先产生 START 信号，然后紧跟着发送从机地址，注意此时该地址的第 8 位为 0，表明是向从机写命令，这时主机等待从机的应答信号（A），当主机收到应答信号时，发送要访问的地址，继续等待从机的应答信号；当主机再次收到应答信号后，主机要改变通信模式（主机将由发送变为接收，从机将由接收变为发送），所以主机发送重新开始信号，然后紧跟着发送从机地址，注意此时该地址的第 8 位为 1，表明将主机设置成接收模式开始读取数据，这时主机等待从机的应答信号；当主机再次收到应答信号时，就可以接收 1 字节的数据，当接收完成后，主机发送非应答信号，表示不再接收数据，主机进而产生 STOP 信号，结束传输过程，如图 6-8 所示。

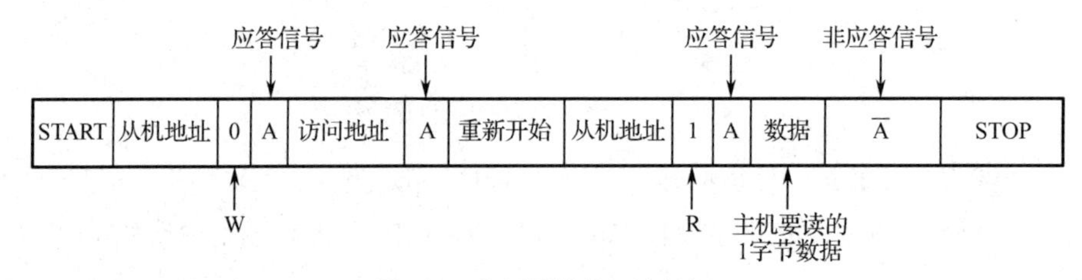

图 6-8　主机要从从机读数据

6.1.2　龙芯 1B I²C 控制器结构

龙芯 1B 集成了 I²C 接口，主要用于实现两个器件之间数据的交换。龙芯 1B 芯片共集成三路 I²C 接口，其中第二路和第三路分别通过 CAN0 和 CAN1 复用实现，其引脚分布如表 6-1 所示。

表 6-1　龙芯 1BI²C 接口引脚分布

PAD 外设（初始功能）	PAD 外设描述	GPIO 功能	I²C 复用功能
SCL	第一路 I²C 时钟	GPIO32	
SDA	第一路 I²C 数据	GPIO33	
CAN0_RX	CAN0 数据输入（第二路 I²C 数据）	GPIO38	SDA1
CAN0_TX	CAN0 数据输出（第二路 I²C 时钟）	GPIO39	SCL1

续表

PAD 外设（初始功能）	PAD 外设描述	GPIO 功能	I^2C 复用功能
CAN1_RX	CAN1 数据输入（第三路 I^2C 数据）	GPIO40	SDA2
CAN1_TX	CAN1 数据输入（第三路 I^2C 时钟）	GPIO41	SCL2

I^2C 主控制器的结构如图 6-9 所示，主要模块有：时钟发生器（Clock Generator）、字节命令控制器（Byte Command Controller）、位命令控制器（Bit Command Controller）、数据移位寄存器（Data Shift Register）。

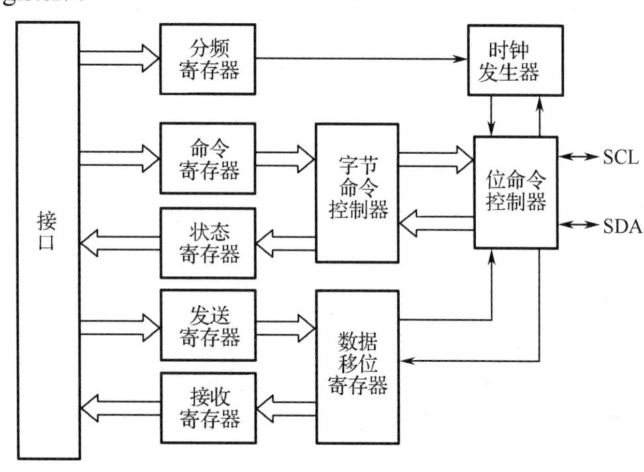

图 6-9　I^2C 主控制器的结构

- 时钟发生器模块：产生分频时钟，同步位命令的工作。
- 字节命令控制器模块：将一个命令解释为按字节操作的时序，即把字节操作分解为位操作。
- 位命令控制器模块：进行实际数据的传输，以及位命令信号的产生。
- 数据移位寄存器模块：串行数据移位。

龙芯 1B I^2C 库函数如表 6-2 所示。

表 6-2　龙芯 1B I^2C 库函数

函　　数	功　　能
ls1x_i2c_send_start(i2c, addr)	发送起始信号
ls1x_i2c_send_stop(i2c, addr)	发送结束信号
ls1x_i2c_send_addr(i2c, addr, rw)	发送地址
ls1x_i2c_read_bytes(i2c, buf, len)	读数据
ls1x_i2c_write_bytes(i2c, buf, len)	写数据
ls1x_i2c_ioctl(i2c, cmd, arg)	发送控制命令

任务实施

I^2C 总线应用开发–环境温湿度测量仪

1. 环境温湿度测量仪开发

（1）I^2C 接口。本项目主要选用温度和湿度数字传感器 HDC2080。龙芯 1B 的 I^2C 接口的原理图如图 6-10 所示，HDC2080 使用了龙芯 1B 的第二路 I^2C。

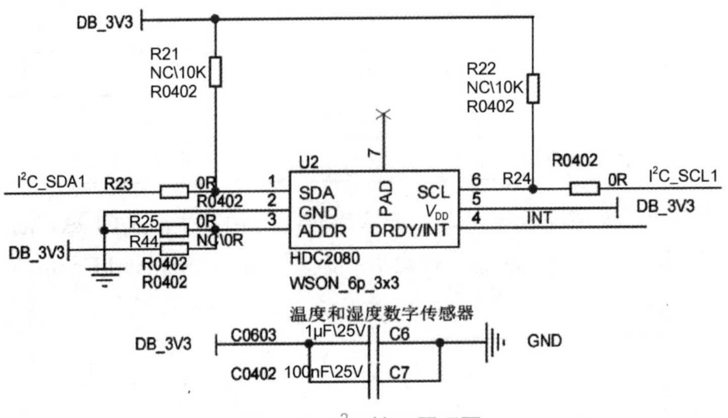

图 6-10　I²C 接口原理图

（2）编写函数。

① 选择所用 I²C。根据硬件连接，在 bsp.h 中选择相应的 I²C 设备：

```
//#define BSP_USE_I2C0
#define BSP_USE_I2C1
```

② 编写初始化函数。失能 GPIO38、GPIO39 的 GPIO 功能，将其复用为 I²C 功能，并完成 I²C1 控制器的初始化：

```
1. void I2C1_init(void)
2. {
3.     //将 GPIO38/39 复用为普通功能
4.     gpio_disable(38);
5.     gpio_disable(39);
6.     //将 GPIO38/39 复用为 I²C1 功能
7.     LS1B_MUX_CTRL0 |= 1 << 24;
8.     //初始化 I²C1 控制器
9.     ls1x_i2c_initialize(busI2C1);
10. }
```

③ 编写数据读写程序。

写数据的步骤为：

a．发送起始信号。

```
ls1x_i2c_send_start()
```

b．发送从机地址和写命令。

```
ls1x_i2c_send_addr(i2c, addr, w)
```

c．发送从机寄存器的地址。

```
ls1x_i2c_write_bytes(i2c, buf, len)
```

d．发送数据。

```
ls1x_i2c_write_bytes(i2c, buf, len)
```

e．发送停止信号。

```
ls1x_i2c_send_stop();
```

读数据的步骤为：

a．发送起始信号。

```
ls1x_i2c_send_start()
```

b．发送从机地址和写命令。

```
ls1x_i2c_send_addr(i2c, addr, w)
```

c．发送从机寄存器的地址。

```
ls1x_i2c_write_bytes(i2c, buf, len)
```

d．发送停止信号。

```
ls1x_i2c_send_stop()
```

e．发送起始信号。

```
ls1x_i2c_send_start()
```

f．发送从机地址和读写命令。

```
ls1x_i2c_send_addr(i2c, addr, r)
```

g．读取数据。

```
ls1x_i2c_read_bytes((i2c, buf, len);
```

h．发送停止信号。

```
ls1x_i2c_send_stop()
```

读数据的程序为：

```
1. static char HDC_RD_Data(unsigned char reg_addr,unsigned char *buf,int len)
2.{
3.      int ret=0;
4.      //起始信号
5.      ret = ls1x_i2c_send_start(busI2C1,NULL);
6.      if(ret < 0)
7.      {
8.           return -1;
9.      }
10.      //发送从机地址和写命令
11.      ret = ls1x_i2c_send_addr(busI2C1, HDC2080_ADDRESS, HDC2080_Write);
12.      if(ret < 0)
13.      {
14.           return -1;
15.      }
16.      //发送寄存器地址
17.      ret = ls1x_i2c_write_bytes(busI2C1, &reg_addr, 1);
18.      if(ret < 0)
19.      {
20.           return -1;
21.      }
```

```
22.    //发送停止信号
23.    ret = ls1x_i2c_send_stop(busI2C1,NULL);
24.    if(ret < 0)
25.    {
26.        return -1;
27.    }
28.    //起始信号
29.    ret = ls1x_i2c_send_start(busI2C1,NULL);
30.    if(ret < 0)
31.    {
32.        return -1;
33.    }
34.    //发送从机地址和读命令
35.    ret = ls1x_i2c_send_addr(busI2C1, HDC2080_ADDRESS, HDC2080_Read);
36.    if(ret < 0)
37.    {
38.        return -1;
39.    }
40.    //读取数据
41.    ls1x_i2c_read_bytes(busI2C1,buf,len);
42.    if(ret < 0)
43.    {
44.        return -1;
45.    }
46.    //发送停止信号
47.      ret = ls1x_i2c_send_stop(busI2C1,NULL);
48.    if(ret < 0)
49.    {
50.        return -1;
51.    }
52.    return 0;
53. }
```

④ 编写 ID 获取函数。ID 获取函数用于读取芯片的 ID，以确认是否查询到该芯片，程序如下：

```
1. void Get_HDC_ID(void)
  2.{
  3.    unsigned char Device_ID[2];
  4.    HDC_RD_Data(Device_addr, Device_ID, 2);
  5.    printf("HDC2080 的设备 ID：%#x%x\r\n",Device_ID[1],Device_ID[0]);
  6.}
```

⑤ 编写主函数。在函数中调用初始化函数完成 I^2C1 的初始化，调用 ID 获取函数。

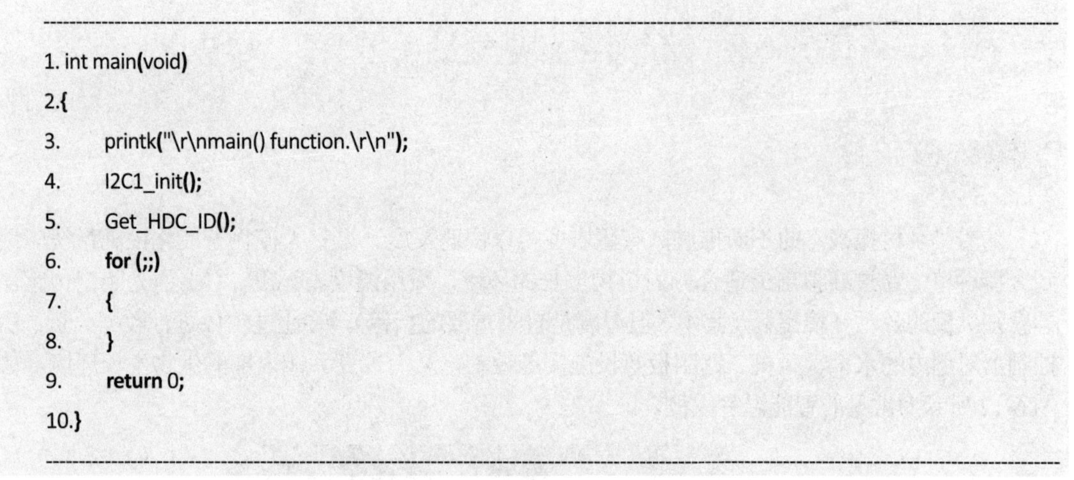

```
1. int main(void)
2.{
3.      printk("\r\nmain() function.\r\n");
4.      I2C1_init();
5.      Get_HDC_ID();
6.      for (;;)
7.      {
8.      }
9.      return 0;
10.}
```

（3）编译下载。代码编译无误后，下载至龙芯 1B 开发板，打开串口助手，进行串口设置，如果正常，会看到如图 6-11 所示的 HDC2080 的 ID。

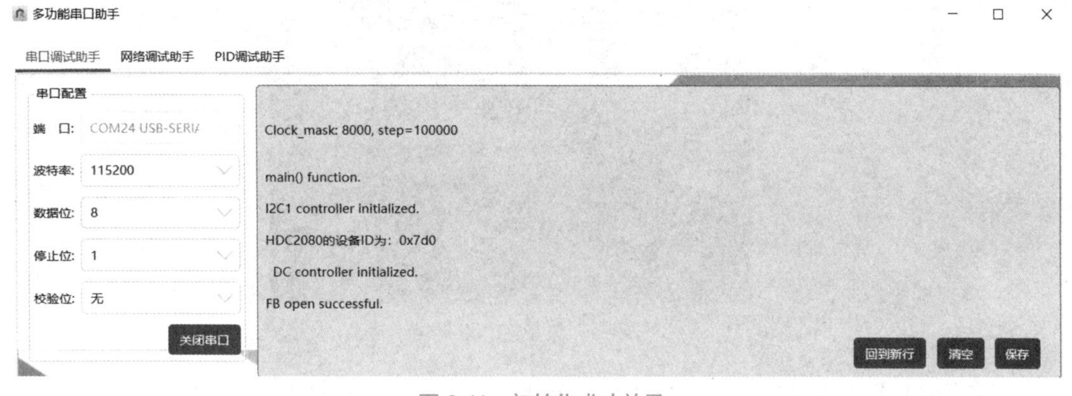

图 6-11　初始化成功效果

任务拓展

1．在 bsp.h 中选择第二路 I^2C 控制器。

2．编写 I^2C1 控制器的初始化函数。

3．编写 OPT3002 的读数据函数。

任务 6.2　环境温湿度测量系统开发实现

任务分析

随着“乡村振兴”的不断推进，智慧农业得以快速发展。温室大棚将智能化控制系统应用到大棚种植，通过模拟出最适合棚内植物生长的环境，采用温度、湿度、CO_2、光照度传感器等感知大棚的各项环境指标（其中，温湿度是较为重要的指标），并通过软件进行数据分析；由控制器对棚内的水帘、风机、遮阳板等设施实施控制，从而改变大棚内部的生物生长环境。如图 6-12 所示为常见的智能温室大棚。

图 6-12　常见的智能温室大棚

本任务将使用温湿度传感器 HDC2080 模拟温室大棚中的温湿度检测，并将采集结果显示于 LCD。

完成本任务，需要了解 HDC2080 的工作原理，以及相关的寄存器的配置。

建议学生带着以下问题进行本任务的学习和实践。

- 温湿度传感器 HDC2080 的结构是怎样的？
- 与温湿度传感器 HDC2080 相关的寄存器有哪些？

相关知识

6.2.1　HDC2080 简介

HDC2080 是一款采用小型 DFN 封装的集成式温湿度传感器，能够以超低功耗提供高精度测量，常被应用于智能恒温器、智能家居助理、洗衣机/烘干机、HVAC 系统、喷墨打印机中。HDC2080 的温度精度：±0.2℃（典型值），±0.4℃（最大值）；湿度精度：±2%（典型值），±3%（最大值）。HDC2080 具有可编程温度阈值和湿度阈值，因此可在需要时发送硬件中断来唤醒微控制器，其引脚功能如表 6-3 所示。HDC2080 具有一个地址引脚，最多允许在单个总线上寻址 2 个器件。

表 6-3　HDC2080 引脚功能

引脚		I/O	说明
名称	编号		
SDA	1	I/O	I^2C 的串行数据线，开漏；需要将上拉电阻连接到 V_{DD}
GND	2	G	接地
ADDR	3	I	地址选择引脚，保持未连接状态或硬接线到 V_{DD} 或 GND 未连接：从器件地址为 1000000 GND：从器件地址为 1000000 V_{DD}：从器件地址为 1000001
DRDY/INT	4	O	数据就绪/中断，推挽式输出
V_{DD}	5	P	正电源电压
SCL	6	I	I^2C 的串行时钟线，开漏；需要将上拉电阻连接到 V_{DD}

6.2.2　HDC2080 寄存器映射

HDC2080 包含用于保存配置信息、温度和湿度测量结果及状态信息的数据寄存器。寄存器映射如表 6-4 所示。

表 6-4　HDC2080 寄存器映射

地址（十六进制）	名称	复位值	说明
0x00	TEMPERATURE LOW	00000000	温度[7:0]
0x01	TEMPERATURE HIGH	00000000	温度[15:8]
0x02	HUMIDITY LOW	00000000	湿度[7:0]
0x03	HUMIDITY HIGH	00000000	湿度[15:8]
0x04	INTERRUPT/DRDY	00000000	DataReady 和中断配置
0x05	TEMPERATURE MAX	00000000	测得的最高温度 （在自动测量模式下不支持）
0x06	HUMIDITY MAX	00000000	测得的最高湿度 （在自动测量模式下不支持）
0x07	INTERRUPT ENABLE	00000000	中断使能
0x08	TEMP_OFFSET_ADJUST	00000000	温度偏移调整
0x09	HUM_OFFSET_ADJUST	00000000	湿度偏移调整
0x0A	TEMP_THR_L	00000000	温度阈值低值
0x0B	TEMP_THR_H	11111111	温度阈值高值
0x0C	RH_THR_L	00000000	湿度阈值低值
0x0D	RH_THR_H	11111111	湿度阈值高值
0x0E	RESET&DRDY/INT CONF	00000000	软复位和中断配置
0x0F	MEASUREMENT CONFIGURATION	00000000	测量配置

续表

地址（十六进制）	名　　称	复 位 值	说　　明
0xFC	MANUFACTURER ID LOW	010010001	制造商 ID 低
0xFD	MANUFACTURER ID HIGH	01010100	制造商 ID 高
0xFE	DEVICE ID LOW	11010000	器件 ID 低
0xFF	DEVICE ID HIGH	00000111	器件 ID 高

温度寄存器是一个 16 位二进制格式的结果寄存器（2 个 LSB D1 和 D0 始终为 0）。采集结果始终为 14 位值，而分辨率与在测量配置寄存器中选择的值相关。温度测量必须先读取 LSB。通过公式（1）可以计算出温度值。

$$\text{Temperature}(℃)=\left(\frac{\text{TEMPERATURE}[15:0]}{2^{16}}\right)\times 165-40.5 \qquad \text{公式（1）}$$

为了获得超高精度，如果电源电压高于 1.8V，应将轻微 PSRR 灵敏度的校正应用于公式（1），从而得出公式（2）。

$$\text{Temperature}(℃)=\left(\frac{\text{TEMPERATURE}[15:0]}{2^{16}}\right)\times 165-(40.5+\text{TEMP}_{\text{PSRR}}\times(V_{\text{DD}}-1.8\,\text{V})) \qquad \text{公式（2）}$$

湿度寄存器是一个 16 位二进制格式的结果寄存器（2 个 LSB D1 和 D0 始终为 0）。采集结果始终为 14 位值，而分辨率与在测量配置寄存器中选择的值相关。进行湿度测量时必须先读取 LSB。通过公式（3）可以计算出湿度值。

$$\text{Humidity}(\%\text{RH})=\left(\frac{\text{HUMIDITY}[15:0]}{2^{16}}\right)\times 100 \qquad \text{公式（3）}$$

测量配置寄存器各字段说明如表 6-5 所示。

表 6-5　测量配置寄存器各字段说明

位	字　段	类　型	复　位	说　明
7:6	TRES[1:0]	R/W	00	温度分辨率 00：14 位 01：11 位 10：9 位 1：不适用
5:4	HRES[1:0]	R/W	00	湿度分辨率 00：14 位 01：11 位 10：9 位 11：不适用
3	RES	R/W	0	保留
2:1	MEAS_CONF[1:0]	R/W	00	测量配置 00：湿度+温度 01：仅温度 10：NA 11：不适用

续表

位	字　段	类　型	复　位	说　明
0	MEAS_TRIG	R/W	0	测量触发 0：无操作 1：开始测量 测量完成时自行清除该位

I²C 总线原理与配置

任务实施

1. 环境温湿度测量系统开发实现

（1）接口原理图。HDC2080 接口原理图如图 6-13 所示，ADDR 脚可以根据需要接 GND 或 V_{DD}，以获取不同的地址。

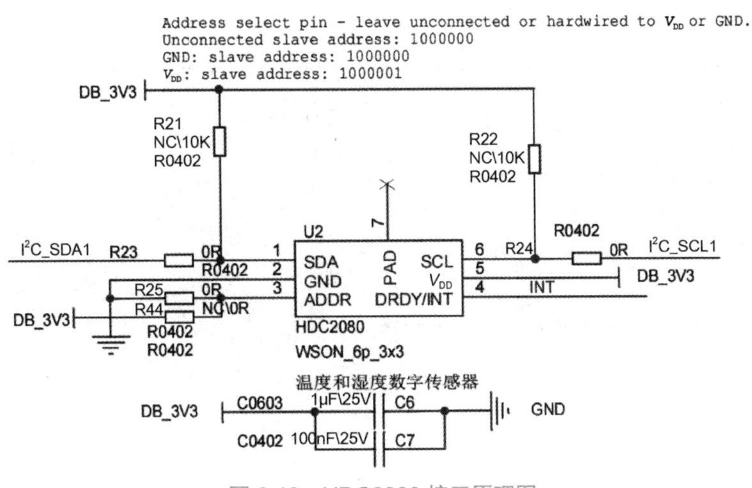

图 6-13　HDC2080 接口原理图

（2）软件设计。

① 地址设置。

```
1. #define HDC2080_ADDRESS 0x40          //HDC 芯片地址
2. #define HDC2080_Write 0               //写指令
3. #define HDC2080_Read 1                //读指令
4. #define Temp_Hum_addr 0x00            //温湿度寄存器的起始地址
5. #define Meas_Conf_addr 0x0f           //测量配置寄存器地址
6. #define Device_addr 0xfe              //ID 寄存器地址
```

② 温湿度数据采集函数。

```
1. void HDC_Get_Temp_Hum(float *temp, float *hum)
2. {
3.     unsigned char data_buf[4] = {0};      //低 2 字节为温度，高 2 字节为湿度
```

```
4.    unsigned char HDC_Conf = 0x01;     //开始测量
5.     uint16_t temp_data,hum_data;
6.     //开始测量
7.     HDC_WR_Data(Meas_Conf_addr, &HDC_Conf, 1);
8.     delay_us(10);
9.     //读取数据
10.      HDC_RD_Data(Temp_Hum_addr, data_buf, 4);
11.      temp_data = ((uint16_t)data_buf[1] << 8) | data_buf[0];
12.      hum_data = ((uint16_t)data_buf[3] << 8) | data_buf[2];
13.      *temp = temp_data / 65535.0 *165 - 40;
14.      *hum = hum_data / 65535.0 * 100;
15. }
```

③ 主函数。初始化 I^2C1 控制器后，获取 HDC2080 的 ID，确认连接正常后，读取温湿度值，并显示于 LCD。

```
1. int main(void)
2.{
3.    printk("\r\nmain() function.\r\n");
4.    //初始化内存堆
5.    lwmem_initialize(0);
6.    unsigned char sta = 0;
7.    float temp = 0,hum = 0,press = 0,eleva = 0,lx = 0;
8.    static char cnt = 0;
9.    unsigned char Key = 0;
10.    unsigned char buf[20] = {0};
11.    I2C1_init();
12.    Get_HDC_ID();
13.    //打开并显示
14.    fb_open();
15.    delay_ms(200);
16.    fb_textout(50, 30, "温湿度测量仪");
17.    for (;;)
18.    {
19.      delay_ms(1000);
20.      fb_fillrect(50, 50, 600, 150, cidxBLACK);
21.      fb_textout(50, 50, "温湿度测量");
22.      fb_textout(50, 70, "CURRENT TEMPERATURE(当前温度): ");
23.      fb_textout(50, 90, "CURRENT HUMIDITY(当前湿度): ");
24.      HDC_Get_Temp_Hum(&temp, &hum);
25.      /* 在 LCD 上显示当前温度 */
26.      sprintf((char *)buf,"%.1f 度", temp);
27.      fb_textout(300, 70, buf);
```

```
28.         memset(buf, 0, sizeof(buf));
29.         /* 在 LCD 上显示当前湿度 */
30.         sprintf((char *)buf,"%.0f%%RH", hum);
31.         fb_textout(300, 90, buf);
32.         memset(buf, 0, sizeof(buf));
33.         printf("温度：%.2f\r\n",temp);
34.         printf("湿度：%.2f\r\n",hum);
35.         if(temp >= 34)
36.         {
37.            LED8_ON();
38.            fb_textout(50, 110, "指示灯状态：LED8_ON ");
39.         }
40.         else
41.         {
42.             LED8_OFF();
43.            fb_textout(50, 110, "指示灯状态：LED8_OFF");
44.         }
45.     }
46.     return 0;
47.}
```

（3）编译下载。代码编译无误后，下载至龙芯 1B 开发板，观察 LCD 上显示的数据，如图 6-14 所示。

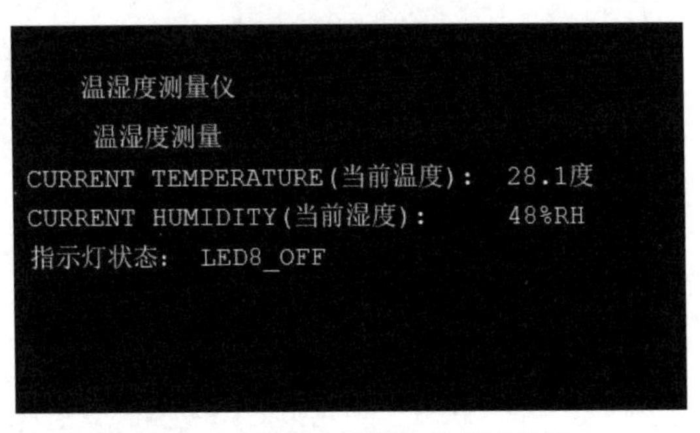

图 6-14　温湿度测量仪的显示效果

任务拓展

1．阅读 OPT3002 光照度传感器数据手册，参照 I²C 通信原理编写驱动程序。

2．采集温湿度及光照度数据并显示于 LCD。

总结与思考

1. 项目总结

环境温湿度测量仪应用开发中使用了龙芯 1B 的 I^2C 接口，主要用于实现两个器件之间数据的交换。I^2C 总线是由数据线 SDA 和时钟 SCL 构成的串行总线，可发送数据和接收数据。器件与器件之间进行双向传输，最高传输速率为 400kbps。龙芯 1B 芯片共集成三路 I^2C 接口，其中第二路和第三路分别通过 CAN0 和 CAN1 复用实现。通过在 I^2C 总线挂载不同器件，可以仅通过两个接口实现多种传感器控制功能。

根据任务 6.1 和任务 6.2 的完成情况填写项目任务单和项目评分表，分别如表 6-6 和表 6-7 所示。

表 6-6　项目任务单

任 务 单

班级：________　学号：________　姓名：________

任务要求	1．龙芯 1B I^2C 接口基础应用开发； 2．环境温湿度测量仪应用开发
任务实施	
任务完成情况记录	
已掌握的知识与技能	
遇到的问题及解决方法	
得分	

表 6-7　项目评分表

评 分 表

班级：________　学号：________　姓名：________

考 核 内 容		自　评	互　评	教 师 评	得　分
素质考核（25%）	出勤率（10%）				
	学习态度（30%）				

续表

考核内容		自　评	互　评	师　评	得　分
素质考核（25%）	语言表达能力（10%）				
	职业行为能力（20%）				
	团队合作精神（20%）				
	个人创新能力（10%）				
任务考核（75%）	方案确定（15%）				
	程序开发（40%）				
	软硬件调试（30%）				
	总结（15%）				
总分					

2. 思考进阶

I^2C 总线是一种简单、双线双向的同步串行总线，为设备之间的数据交换提供了一种简单高效的方法。每个连接到总线的器件都有唯一的地址，同一时刻只允许有一个主机。请思考：

（1）如何在同一 I^2C 接口上连接两片 HDC2080？

（2）如何在同一 I^2C 接口上连接多种 I^2C 芯片？

（3）如何实现 I^2C 多机通信？

课后习题

1. 请简述 I^2C 寻址字节的组成。
2. 查阅 HDC2080 数据手册，写出地址选择引脚 ADDR 连接 V_{DD} 时的读写地址。
3. 写出龙芯 1B I^2C 数据读写的工作过程。

项目7　温湿度存储记录仪开发

温湿度存储记录仪主要用于监测记录食品、医药品、化学用品等产品在存储和运输过程中的温湿度数据，被广泛应用于仓储、物流冷链的各个环节，如冷藏集装箱、冷藏车、冷藏包、冷库、实验室等。

本项目利用龙芯1B处理器设计温湿度存储记录仪，使用训练平台重点训练SPI电路设计及软件设计。通过本项目学习，掌握龙芯1B处理器的SPI的使用用法。本项目有两个任务，通过任务1 SPI获取温湿度传感器ID学习SPI总线的工作原理及龙芯1B处理器SPI的简单应用；通过任务2温湿度存储记录仪开发实现学习高速存储器与龙芯1B的接口电路设计及驱动程序设计。

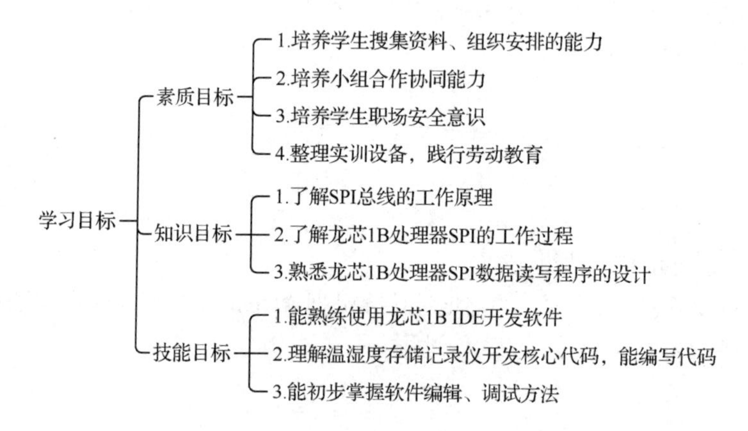
学习目标
素质目标
1.培养学生搜集资料、组织安排的能力
2.培养小组合作协同能力
3.培养学生职场安全意识
4.整理实训设备，践行劳动教育
知识目标
1.了解SPI总线的工作原理
2.了解龙芯1B处理器SPI的工作过程
3.熟悉龙芯1B处理器SPI数据读写程序的设计
技能目标
1.能熟练使用龙芯1B IDE开发软件
2.理解温湿度存储记录仪开发核心代码，能编写代码
3.能初步掌握软件编辑、调试方法

任务7.1　SPI获取温湿度传感器ID

任务分析

本任务要求连接龙芯1B处理器与温湿度传感器，读取温湿度传感器ID并在串口调试工具中显示。

完成本任务，需要知道什么是SPI，以及龙芯1B处理器的SPI如何配置及使用。

建议学生带着以下问题进行本任务的学习和实践。

- 什么是SPI？
- SPI如何工作？
- 如何配置龙芯1B处理器的SPI？

7.1.1　SPI 物理层特点

SPI 总线原理与配置

串行外设接口（Serial Peripheral Interface，SPI）是由摩托罗拉公司开发的一种高速的、全双工的、同步的通信总线，在芯片的引脚上只占用了 4 根线，既节约了芯片的引脚，同时为 PCB 的布局节省了空间。SPI 主要应用在 EEPROM、Flash、实时时钟、AD 转换器，以及数字信号处理器和数字信号解码器之间。

SPI 通信以主从模式工作，这种模式通常有一个主机和一个或多个从机，通信时至少需要 4 根线，分别是 MISO（主机输出、从机输入）、MOSI（主机输入、从机输出）、SCLK（时钟）、CS（片选），如图 7-1 所示。

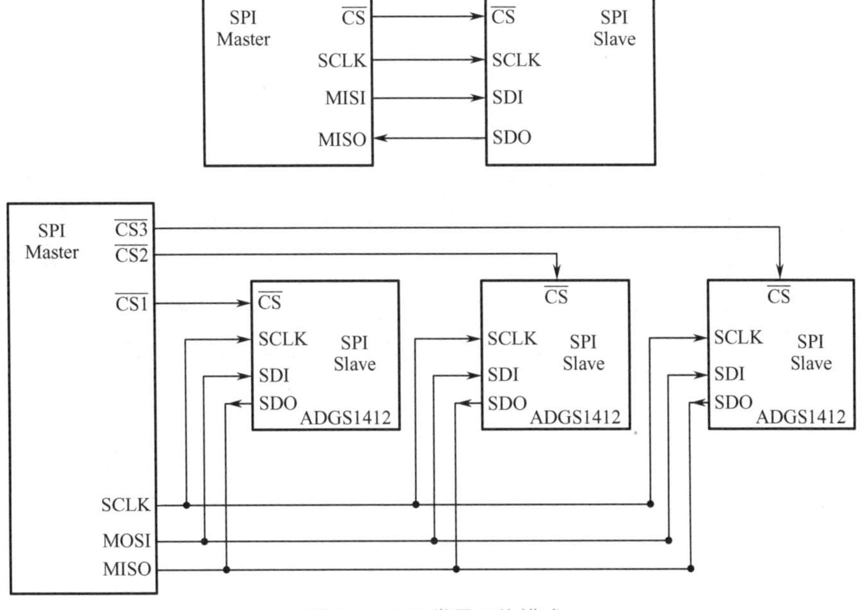

图 7-1　SPI 常见工作模式

- CS：从设备选择信号线，常称为片选信号线，也称为 NSS、SS。每个从机都有一条独立的 CS 信号线，独占主机的一个引脚，即有多少个从机，就有多少条片选信号线。SPI 协议中没有设备地址，而是使用 CS 信号线来寻址，当主机要选择从机时，把该从机的 CS 信号线设置为低电平，该从机被选中，片选有效，主机开始与被选中的从机进行 SPI 通信。所以 SPI 通信以 CS 线置低电平作为开始信号，以 CS 线被拉高作为结束信号。
- SCK（Serial Clock）：时钟信号线，用于通信数据同步。它由通信主机产生，决定通信的速率，不同设备支持的最高时钟频率是不一样的，两个设备之间通信时，通信速率受限于低速设备。
- MOSI（Master Output，Slave Input）：主机输出/从机输入引脚。主机的数据从该信号线输出，从机由该信号线读入主机发送的数据，即这条信号线上的数据发送方向为主机到从机。

- MISO（Master Input，Slave Output）：主机输入/从机输出引脚。主机从该信号线读入数据，从机的数据由该信号线输出到主机，即在这条信号线上的数据发送方向为从机到主机。

7.1.2 SPI 通信过程

SPI 协议定义了通信的起始信号和停止信号、数据有效性、时钟同步等环节。

如图 7-2 所示，在标号①处，NSS 信号线由高变低，是 SPI 通信的起始信号。NSS 是每个从机各自独占的信号线，当从机通过自己的 NSS 信号线检测到起始信号后，说明从机被主机选中了，从机准备开始与主机通信。在标号⑥处，NSS 信号由低变高，是 SPI 通信的停止信号，表示本次通信结束，从机的选中状态被取消。

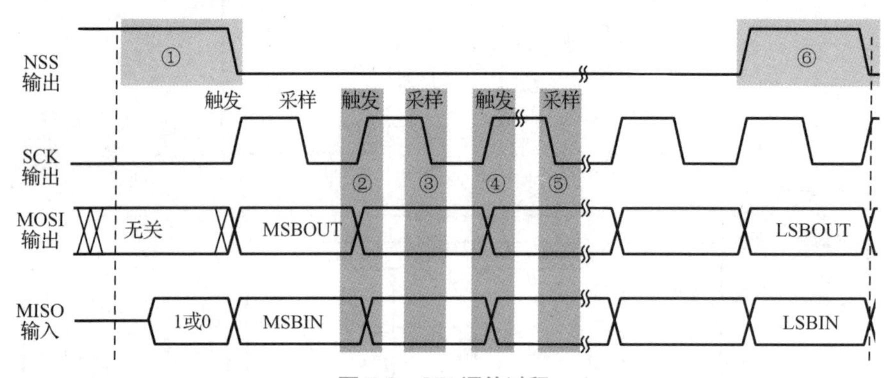

图 7-2　SPI 通信过程

SPI 使用 MOSI 及 MISO 信号线来传输数据，使用 SCK 信号线进行数据同步。MOSI 及 MISO 数据线在 SCK 的每个时钟周期传输一位数据，且数据输入和输出是同时进行的。

7.1.3 CPOL/CPHA 及通信模式

时钟极性 CPOL 是指 SPI 通信设备处于空闲状态时，SCK 信号线的电平信号（SPI 通信开始前、NSS 信号线为高电平时 SCK 的状态）。当 CPOL=0 时，SCK 信号线在空闲状态时为低电平；当 CPOL=1 时，则相反。

时钟相位 CPHA 是指数据采样的时刻，当 CPHA=0 时，MOSI 或 MISO 数据线上的信号将会在 SCK 信号线的奇数边沿被采样；当 CPHA=1 时，MOSI 或 MISO 数据线上的信号在 SCK 信号线的偶数边沿被采样。

如图 7-3 所示，展示了在时钟相位 CPHA=0 时，时钟极性 CPOL 分别为 0 和 1 时的采样时序，由于 CPHA=0 时为奇数边沿进行采样，当 CPOL=0 时采样时刻为 SCK 上升沿，当 CPOL=1 时采样时刻为 SCK 下降沿。

由 CPOL 及 CPHA 的不同状态，将 SPI 分成了四种工作模式，如表 7-1 所示。主机与从机需要工作在相同的模式下才可以正常通信，实际采用较多的是“模式 0”与“模式 3”。

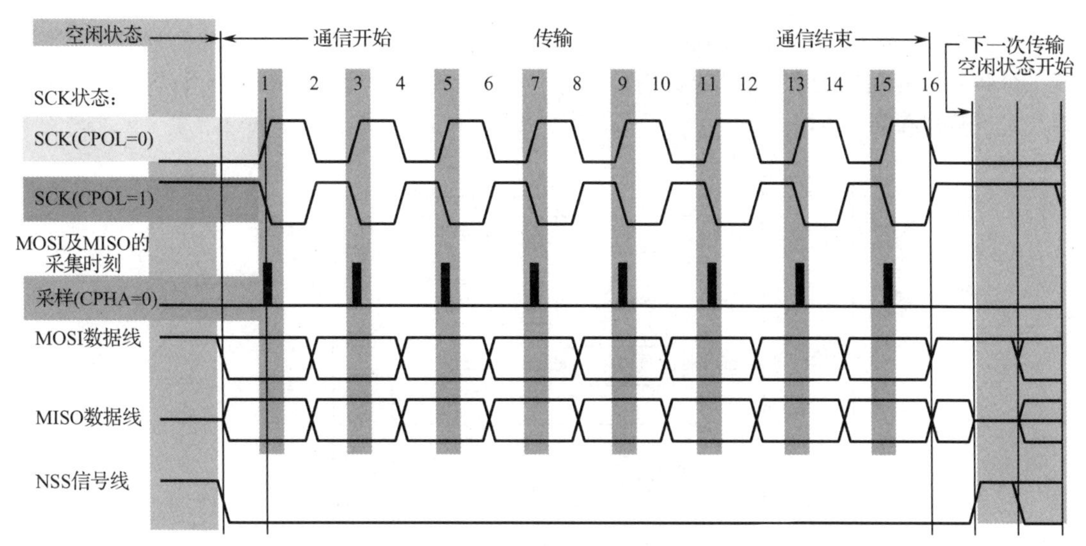

图 7-3　CPOL/CPHA 及通信模式

表 7-1　SPI 工作模式表

SPI 模式	CPOL	CPHA	空闲状态时 SCK 时钟	采 样 时 刻
0	0	0	低电平	奇数边沿
1	0	1	低电平	偶数边沿
2	1	0	高电平	奇数边沿
3	1	1	高电平	偶数边沿

7.1.4　龙芯 1B 内部 SPI 结构

龙芯 1B 集成的 SPI 控制器仅可作为主控端，所连接的是从机，其结构如图 7-4 所示，由 AXI 接口、简单的 SPI 主控制器、SPI Flash 读引擎和 SPI 总线选择模块组成。根据访问的地址和类型，将 AXI 上的合法请求转发到 SPI 主控制器或者 SPI Flash 读引擎中（非法请求被丢弃）。

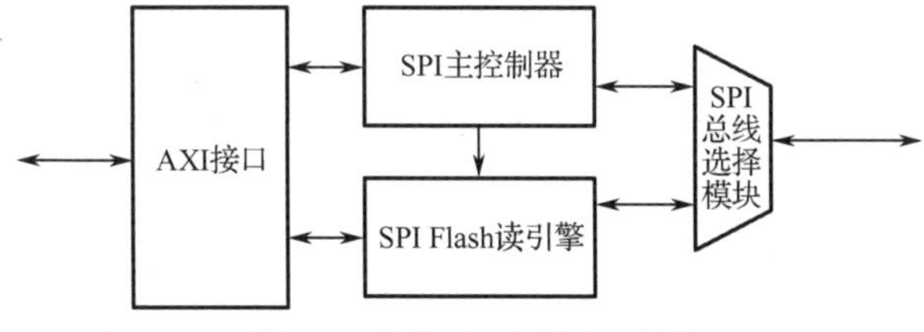

图 7-4　龙芯 1B 内部 SPI 结构

对于软件而言，SPI 控制器除了有若干 IO 寄存器，还有一段映射到 SPI Flash 的只读 memory 空间。如果将这段 memory 空间分配在 0xbfc00000，复位后不需要软件干预就可以直接访问，从而支持处理器从 SPI Flash 启动。SPI0 的 IO 寄存器的基地址为 0xbfe80000，外部存储地址空间为 0xbf00,0000-0xbf7f,ffff，共 8MB。

SPI1 与 SPI0 唯一不同的是，系统启动地址不会映射到 SPI1 控制器，所以 SPI1 不支持系统启动。SPI1 的外部存储地址空间为 0xbf800000-0xbfbfffff，共 4MB。

龙芯 1B 的 SPI 控制器如图 7-5 所示。系统寄存器包括控制寄存器、状态寄存器和外部寄存器。分频器生成 SPI 总线工作的时钟信号，用于数据读/写缓冲器（FIFO），允许 SPI 同时进行串行发送数据和接收数据。

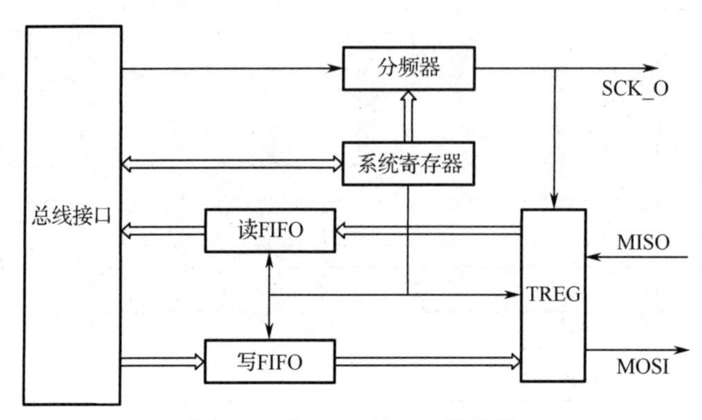

图 7-5　龙芯 1B 的 SPI 控制器

7.1.5　龙芯 1B 的 SPI 库函数

龙芯 1B 的 SPI 库函数如表 7-2 所示。

表 7-2　龙芯 1B 的 SPI 库函数

函　　数	功　　能
ls1x_spi_initialize(spi);	SPI 控制器初始化
ls1x_spi_send_start(spi, addr)	根据片选 SPI 发送开始 RW 操作
ls1x_spi_send_stop(spi, addr)	根据片选 SPI 发送结束 RW 操作
ls1x_spi_send_addr(spi, addr, rw)	使能 SPI 片选，选中设备
ls1x_spi_read_bytes(spi, buf, len)	SPI 读数据函数
ls1x_spi_write_bytes(spi, buf, len)	SPI 写数据函数
ls1x_spi_ioctl(spi, cmd, arg)	SPI 控制函数

任务实施

1. SPI 获取温湿度传感器 ID

（1）接口电路设计。龙芯 1B 的 SPI 引脚定义如表 7-3 所示。

表 7-3　龙芯 1B 的 SPI 引脚定义

序　　号	信 号 名 称	方　　向	上　下　拉	描　　述
1	SPI0_CLK	O		SPI0 时钟
2	SPI0_MISO	I		SPI0 主入从出数据
3	SPI0_MOSI	O		SPI0 主出从入数据
4	SPI0_CS0	O		SPI0 选通信号 0

续表

序　　号	信号名称	方　　向	上下拉	描　　述
5	SPI0_CS1	O	PU	SPI0 选通信号 1
6	SPI0_CS2	O	PU	SPI0 选通信号 2
7	SPI0_CS3	O	PU	SPI0 选通信号 3

如图7-6所示为龙芯1B处理器SPI的DE SPI0_CS0与核心板上的W25X40芯片相连。SPI0_CS1、SPI0_CS2与两片GD25Q127C相连，其中，U19为用户SPI NOR Flash可读可写，用于存放数据；U20为默认SPI NOR Flash可读不可写，默认程序写保护，用于检验默认硬件状态。

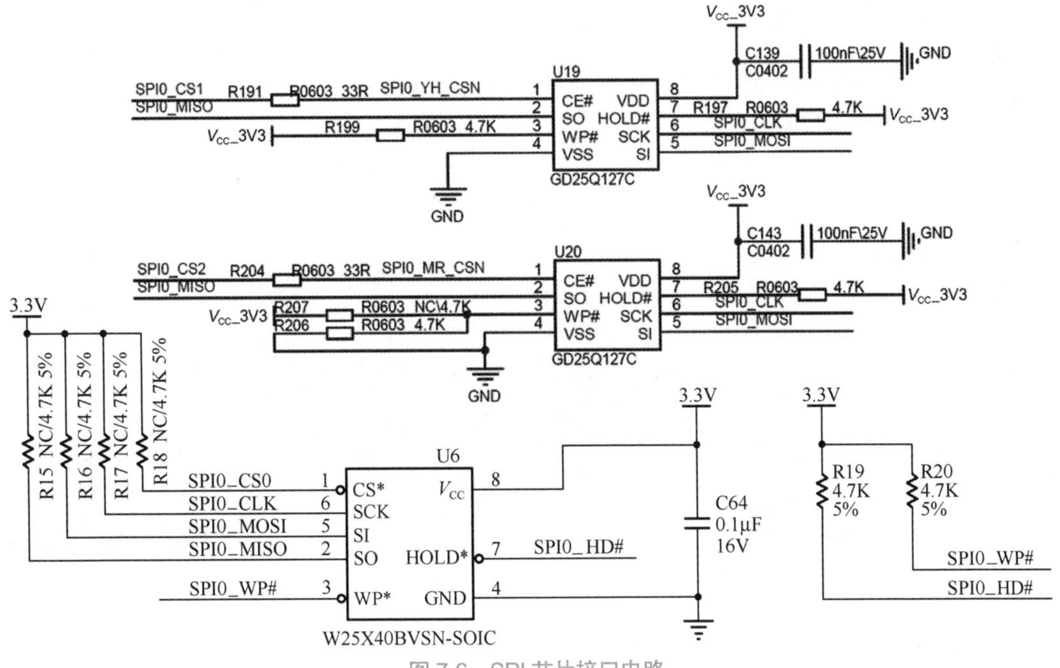

图 7-6　SPI 芯片接口电路

（2）软件设计。

① 选择所用 SPI。根据硬件连接，在 bsp.h 中选择相应的 SPI 设备，代码如下：

```
1. #define BSP_USE_SPI0
2. //#define BSP_USE_SPI1
```

② 初始化测试程序编写。

```
1. int main(void)
2.{
3.printk("\r\nmain() function.\r\n");
4.//初始化 SPI0 控制器
5.ls1x_spi_initialize(busSPI0);
6./*
7.* 备注：W25X40 芯片内部写有 PMON，占用空间约为 268KB，因此测试 W25X40 芯片的读写功能
8.* 时，其空间必须在 268KB 以外
9.* 本例程测试地址的空间为 300～512KB
```

```
10.* NOR Flash 特性，写数据之前必须要先擦除，且芯片擦除次数是有寿命限制的
11.*/
12.//初始化 W25X40 芯片
13.ls1x_w25x40_init(busSPI0, NULL);
14.//获取 W25X40 芯片 ID
15.ls1x_w25x40_ioctl(busSPI0, IOCTL_W25X40_READ_ID, &id);
16.printf("W25X40 ID:%x\n",id);
17.for (;;)
18.{
19.        ;
20.}
21.return 0;
22.}
```

（3）编译下载。代码编译无误后，下载至龙芯 1B 开发板，打开串口调试助手，正常完成初始化后的显示效果如图 7-7 所示。

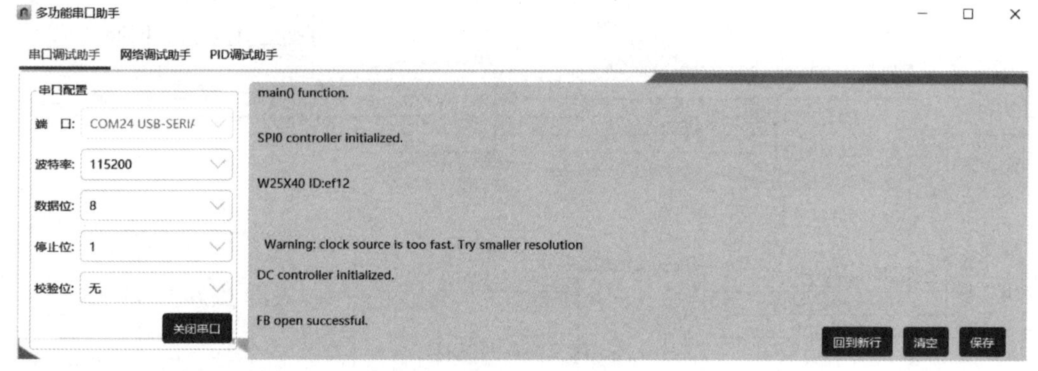

图 7-7　完成初始化后的显示效果

任务拓展

1．在 bsp.h 中选择第二路 I^2C 控制器。

2．编写 I^2C1 控制器的初始化函数。

3．编写 OPT3002 的读数据函数。

任务 7.2　温湿度存储记录仪开发实现

任务分析

温度和湿度与人们的日常生活及农业生产等都有密切的关系，因此使用专业的仪器设备来

测定和记录温度和湿度非常重要。

农业生产管理中，为了能够满足作物的最适宜生长条件，需要利用温湿度存储记录仪加强对温度和湿度两个重要环境指标的检测，控制好作物各个生长期的温湿度，保证作物健康生长。温湿度存储记录仪外观如图 7-8 所示。

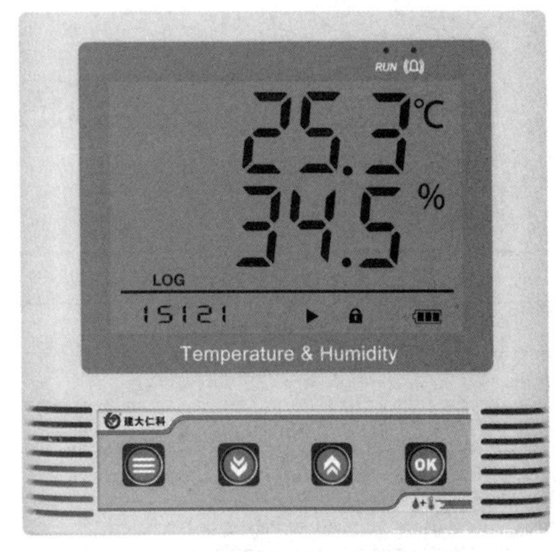

图 7-8　温湿度存储记录仪外观

本任务要求使用实训平台，将温湿度数据存储至 W25X40 芯片中，读取温湿度数据后进行显示。

要完成本任务，需要了解 Flash 存储芯片 W25X40 的工作原理，以及相关库函数的使用方法。

建议学生带着以下问题进行本任务的学习和实践。

- W25X40 芯片的结构是怎样的？
- 龙芯 1B W25X40 的库函数有哪些？

SPI 总线应用开发-温湿度存储记录仪

7.2.1　SPI Flash 存储芯片介绍

W25X40 是 Winbond 华邦公司生产的一款容量为 4MB 的高速存储器，即容量为 512K 字节。该款高速存储器为双排贴片 8 脚封装，如图 7-9 所示。各引脚功能如表 7-4 所示，工作电压为 2.7～3.6V。该芯片支持 Dual Output SPI 模式，数据传输速率可达到标准 SPI 的两倍。

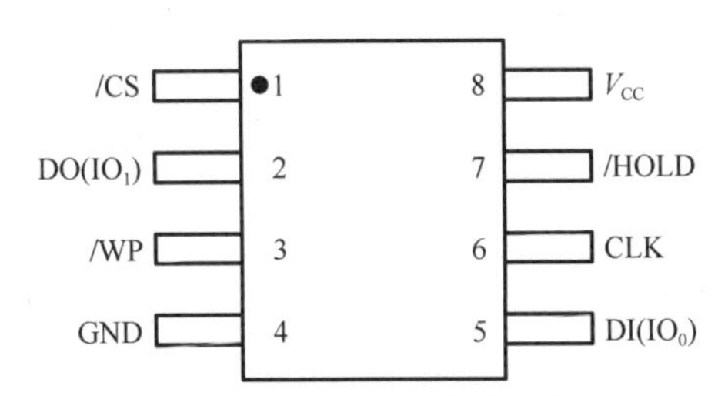

图 7-9　W25X40 引脚的分布图

表 7-4　W25X40 引脚功能表

引　脚　号	引　脚　名	功　　能
1	/CS	片选输入端
2	DO	数据输出
3	/WP	写入保护
4	GND	地
5	DI	数据输入
6	CLK	时钟信号输入
7	/HOLD	输入锁定
8	V_{CC}	电源

7.2.2 龙芯 1B W25X40 库函数

龙芯 1B W25X40 库函数包括芯片初始化、打开芯片、关闭芯片、读数据、写数据及向芯片写控制命令等，如表 7-5 所示。

表 7-5 龙芯 1B W25X40 库函数

函　数	功　能
ls1x_w25x40_init(spi, arg)	初始化 W25X40 芯片
ls1x_w25x40_open(spi, arg)	打开 W25X40 芯片
ls1x_w25x40_close(spi, arg)	关闭 W25X40 芯片
ls1x_w25x40_read(spi, buf, size, arg)	从 W25X40 芯片读数据
ls1x_w25x40_write(spi, buf, size, arg)	向 W25X40 芯片写数据
ls1x_w25x40_ioctl(spi, cmd, arg)	向总线/W25X40 芯片发送控制命令

任务实施

1. 温湿度存储仪开发实现

（1）W25X40 接口电路。如图 7-10 所示为 W25X40 接口电路图，龙芯 1B 通过 SPI0 与其相连，片选信号接 SPI0_CS0。

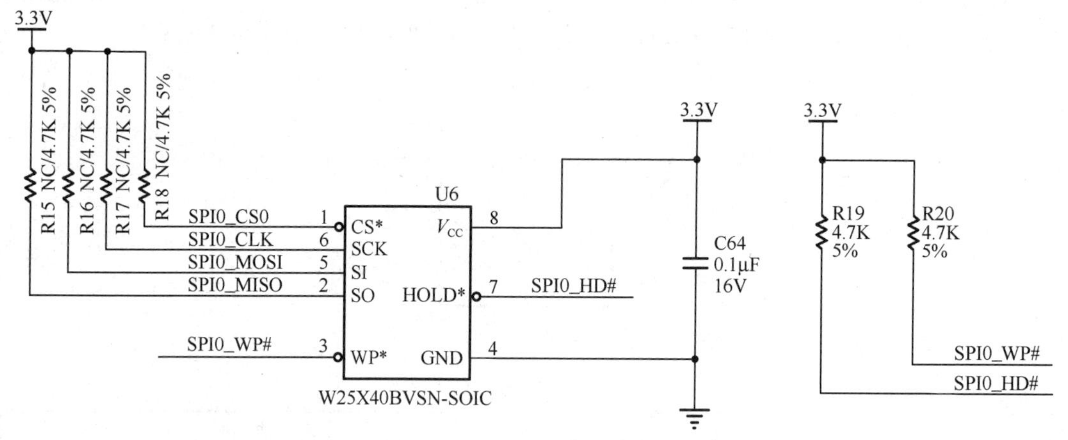

图 7-10 W25X40 接口电路图

（2）软件设计。

① 按键初始化程序设计。有 4 个按键，其初始化程序代码如下：

```
//key.h
1.#define KEY_UP 0
2.#define KEY_1   1
3.#define KEY_2   40
```

```
4.#define KEY_3    41
//key.c
/*按键 IO 的初始化函数 */
1.void KEY_Init( void )
2.{
3./* 配置按键 IO 为输入模式 */
4.gpio_enable( KEY_1, DIR_IN );
5.gpio_enable( KEY_2, DIR_IN );
6.gpio_enable( KEY_3, DIR_IN );
7.gpio_enable( KEY_UP, DIR_IN );
8.}
```

② 按键扫描程序设计。按键扫描程序使用了延时去抖，并且等待按键释放。程序代码如下：

```
1. unsigned char KEY_Scan()
2. {
3. if ( gpio_read(KEY_1) == 0 )
4. {
5.      delay_ms( 10);                          /* 延长很短一段时间 */
6.    if ( gpio_read( KEY_1 ) == 0 )            /* 表示的确被按下了（消抖） */
7.    {
8.          while ( gpio_read( KEY_1 ) == 0 );   /* 等待抖动完成 */
9.          return 1;
10.   }
11.   }
12.if ( gpio_read( KEY_2 ) == 0 )
13.{
14.     delay_ms( 10 );                         /* 延长很短一段时间 */
15.     if ( gpio_read( KEY_2 ) == 0 )          /* 表示的确被按下了（消抖） */
16.     {
17.           while ( gpio_read( KEY_2 ) == 0 ); /* 等待抖动完成 */
18.           return 2;
19.     }
20.}
21. if ( gpio_read( KEY_3 ) ==0 )
22. {
23.       delay_ms( 10 );                       /* 延长很短一段时间 */
24.       if ( gpio_read( KEY_3 ) ==0 )         /* 表示的确被按下了（消抖） */
25.       {
26.             while ( gpio_read( KEY_3 ) == 0 ); /* 等待抖动完成 */
27.             return 3;
28.       }
29.}
30.if ( gpio_read( KEY_UP ) == 1 )
31.{
32.       delay_ms( 10 );                       /* 延长很短一段时间 */
```

```
33.     if ( gpio_read( KEY_UP ) == 1 )              /* 表示的确被按下了（消抖） */
34.     {
35.         while ( gpio_read( KEY_UP ) == 1 );   /* 等待抖动完成 */
36.         return 4;
37.     }
38. }
39. return 0;
40. }
```

③ 主程序设计。先完成 LCD、按键、I²C、SPI 的初始化，然后调用相应的函数完成所有功能。温湿度数据读取部分内容与任务 6.2 一致，数据存取与显示代码如下：

```
1.//从 W25X40 芯片读取温湿度数据
2. ls1x_w25x40_read(busSPI0, rbuf, 16, &rdoffset);
3. temp_data = ((uint16_t)rbuf[1] << 8) | rbuf[0];
4. hum_data = ((uint16_t)rbuf[3] << 8) | rbuf[2];
5. Rtemp1 = temp_data / 65535.0 *165 - 40;
6. Rhum1 = hum_data / 65535.0 * 100;
7. temp_data = ((uint16_t)rbuf[5] << 8) | rbuf[4];
8. hum_data = ((uint16_t)rbuf[7] << 8) | rbuf[6];
9. Rtemp2 = temp_data / 65535.0 *165 - 40;
10. Rhum2 = hum_data / 65535.0 * 100;
11. temp_data = ((uint16_t)rbuf[9] << 8) | rbuf[8];
12. hum_data = ((uint16_t)rbuf[11] << 8) | rbuf[10];
13. Rtemp3 = temp_data / 65535.0 *165 - 40;
14. Rhum3 = hum_data / 65535.0 * 100;
15. temp_data = ((uint16_t)rbuf[13] << 8) | rbuf[12];
16. hum_data = ((uint16_t)rbuf[15] << 8) | rbuf[14];
17. Rtemp4 = temp_data / 65535.0 *165 - 40;
18. Rhum4 = hum_data / 65535.0 * 100;
19.     //记录温湿度数据
20.     if(num==16)
21.  {
22.         num=0;
23.     }
24.      tbuf[num]=data_buf[0];
25.      tbuf[num+1]=data_buf[1];
26.      tbuf[num+2]=data_buf[2];
27.      tbuf[num+3]=data_buf[3];
28.      num+=4;
29.      //按下按键记录存储温湿度数据
30.       Key = KEY_Scan();
31.      if(Key==4)
32.      {
33.          fb_textout(50, 250, "开始存储当前温湿度数据");
34.          ls1x_w25x40_ioctl(busSPI0, IOCTL_W25X40_ERASE_4K, wroffset);   //SPI NOR Flash 写之前都要先擦除
```

```
35.         ls1x_w25x40_write(busSPI0, tbuf, 16, &wroffset);
36.     }
```

（3）编译下载。代码编译无误后，下载至龙芯 1B 开发板，观察运行结果，正常完成初始化后的实验效果如图 7-11 所示。

```
    温湿度测量仪
     温湿度测量
CURRENT TEMPERATURE(当前温度):  28.1度
CURRENT HUMIDITY(当前湿度):     48%RH
指示灯状态:  LED8_OFF


STORAGR TEMPERATURE(存储温度):
31.2度--31.3度—31.1度—31.1度
STORAGR HUMIDITY(存储湿度):
50%RH--49%RH--48%RH--48%RH
```

图 7-11　温湿度存储记录仪实验效果

任务拓展

1. 某项目中，要求每隔 10 分钟保存一次温湿度数据，请编程实现。
2. TF 卡读写电路图如图 7-12 所示。请编写将温湿度数据存储于 TF 卡的读写程序代码。

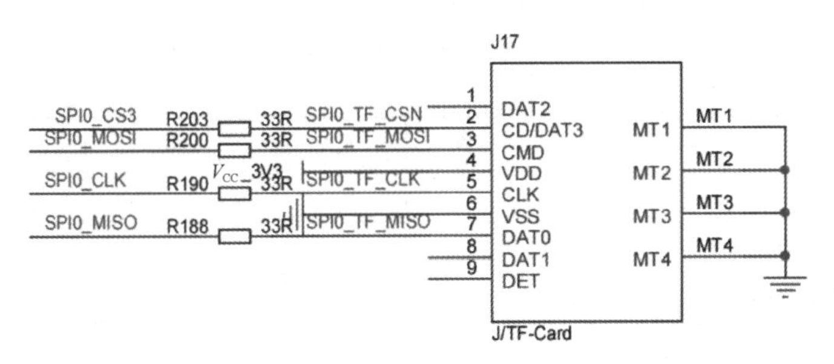

图 7-12　TF 卡读写电路图

总结与思考

1. 项目总结

环境温湿度记录仪应用开发中使用了龙芯 1B 处理器的 SPI，主要用于实现两个器件之间数据的交换，其有两个 SPI 控制器：SPI0 和 SPI1。SPI1 与 SPI0 唯一不同的是，系统启动地址不会映射到 SPI1 控制器，所以 SPI1 不支持系统启动。。

根据任务 7.1 和任务 7.2 的完成情况，填写项目任务单和项目评分表，分别如表 7-6 和表 7-7 所示。

表 7-6　项目任务单

任 务 单

班级：________　学号：________　姓名：________

任务要求	1．龙芯 1B 处理器的 SPI 基础应用开发； 2．环境温湿度记录仪应用开发
任务实施	
任务完成情况记录	
已掌握的知识与技能	
遇到的问题及解决方法	
得分	

表 7-7　项目评分表

评 分 表

班级：________　学号：________　姓名：________

考 核 内 容		自　评	互　评	教 师 评	得　分
素质考核（25%）	出勤率（10%）				
	学习态度（30%）				
	语言表达能力（10%）				
	职业行为能力（20%）				
	团队合作精神（20%）				
	个人创新能力（10%）				
任务考核（75%）	方案确定（15%）				
	程序开发（40%）				
	软硬件调试（30%）				
	总结（15%）				
总分					

2. 思考进阶

SPI 是一种高速全双工同步串行通信总线，有主、从两种模式，通常由一个主机和一个或多个从机组成（SPI 不支持多主机），主机选择一个从机进行同步通信，从而完成数据的交换。

龙芯 1B 处理器的 SPI 仅可作为主机。结合前面教学内容请思考：

（1）如何在同一 SPI 上连接多片 W25X40 芯片？

（2）怎样使用 SPI1？

课后习题

1. 简述 SPI 的通信过程。
2. SPI 有几种模式？实际应用中如何选择模式？

实战篇

项目 8　新能源汽车仪表盘设计与应用

汽车的普及使更多人享受到了交通工具升级带来的便利，近年来随着全球节能环保理念的深入人心及各国政策的大力支持，新能源汽车行业蓬勃发展。同时大数据时代下互联网和显示技术等不断发展，对汽车业发展也产生了重要和深远的影响。仪表盘作为驾驶人员与汽车进行交互的重要窗口，其发展受到了极大的影响：传统的仪表盘不仅难以承载新功能的需求，而且难以满足用户的意识和情感等心理层面的需求。节能环保的发展趋势、政策的大力扶持、市场的多样性、用户审美的提升、消费者消费能力的提升等因素迫使设计师不断寻找新的机会点，研究设计出更能提升用户体验的汽车仪表盘。

基于上述背景，本项目利用龙芯 1B 处理器开发设计一款新能源汽车仪表盘。本项目有 3 个任务，通过任务 1 嵌入式实时操作系统—多线程任务调度学习龙芯 1B 处理器嵌入式实时操作系统的基本知识；通过任务 2 新能源汽车电量监测设计与开发学习龙芯 1B 处理器的模数转换功能；通过任务 3 新能源汽车仪表盘设计与开发学习龙芯 1B 处理器的嵌入式 GUI 进行人机交互相关的设计与开发。

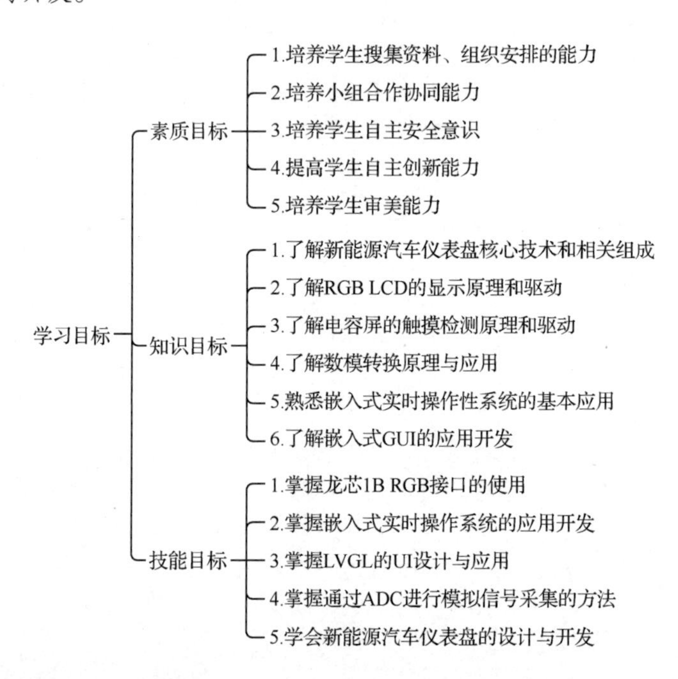

学习目标
素质目标
1.培养学生搜集资料、组织安排的能力
2.培养小组合作协同能力
3.培养学生自主安全意识
4.提高学生自主创新能力
5.培养学生审美能力
知识目标
1.了解新能源汽车仪表盘核心技术和相关组成
2.了解RGB LCD的显示原理和驱动
3.了解电容屏的触摸检测原理和驱动
4.了解数模转换原理与应用
5.熟悉嵌入式实时操作性系统的基本应用
6.了解嵌入式GUI的应用开发
技能目标
1.掌握龙芯1B RGB接口的使用
2.掌握嵌入式实时操作系统的应用开发
3.掌握LVGL的UI设计与应用
4.掌握通过ADC进行模拟信号采集的方法
5.学会新能源汽车仪表盘的设计与开发

任务 8.1　嵌入式实时操作系统—多线程任务调度

任务分析

嵌入式实时操作系统（Embedded Real-Time Operation System，RTOS），是一种当外界事件或数据产生时，能够接收并以足够快的速度予以处理，其处理结果能在规定时间内控制生产过程或对处理系统做出快速响应，同时能控制所有实时任务协调一致运行的技术。该技术在工业控制、军事设备、航空航天等领域对系统的响应时间有苛刻要求的场景中被广泛使用。图 8-1 中的天问一号火星探测器就采用 RTOS 技术，确保了各子模块之间数据传输实时、远程监控及时等。

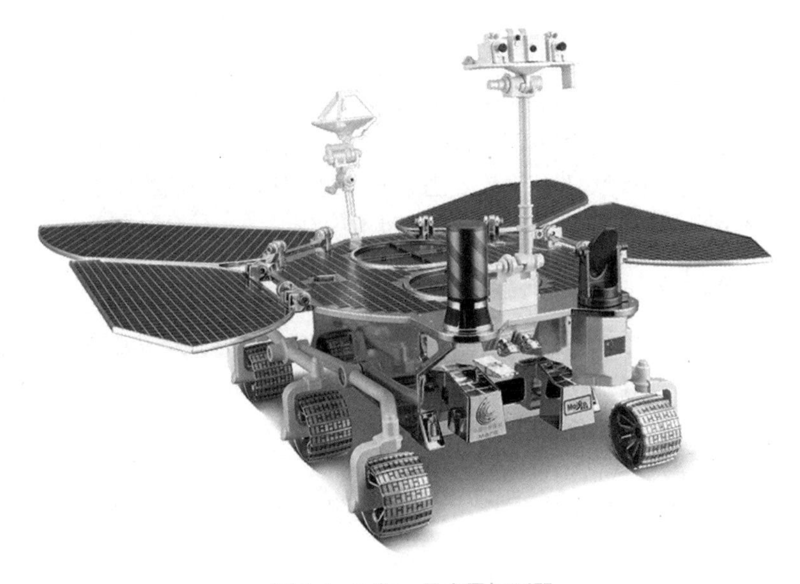

图 8-1　天问一号火星探测器

本任务要求使用龙芯 1B 开发板，掌握嵌入式实时操作系统的基础使用，如线程管理、线程间同步与通信，以及内存与中断管理等内容；需要了解关于 RTOS 的相关理论和组件接口的使用方法。

建议学生带着以下问题进行本任务的学习和实践。

- 什么是 RTOS？相应的应用场景有哪些？
- 龙芯 1B 如何进行 RTOS 的移植？
- 如何使用 RTOS 相关组件进行功能开发？

8.1.1　RTOS 简介

在进行 RTOS 讲解之前，应先了解嵌入式开发中常用的程序架构。目前，常见的四个大的程序架构类别各有千秋，在真实的开发过程中，应结合项目需要，选择最合适的程序架构。

1. 顺序执行架构

顺序执行架构顾名思义就是系统运行的状态按照开发者设定的程序顺序执行，采用一个While(1)死循环来实现。因为我们编写的代码都是按顺序执行的，如果函数 1 中有一段延时，那么处理下一个功能函数时，必须等待延时结束以后才可以执行相应的代码。整体的架构流程图如图 8-2 所示。

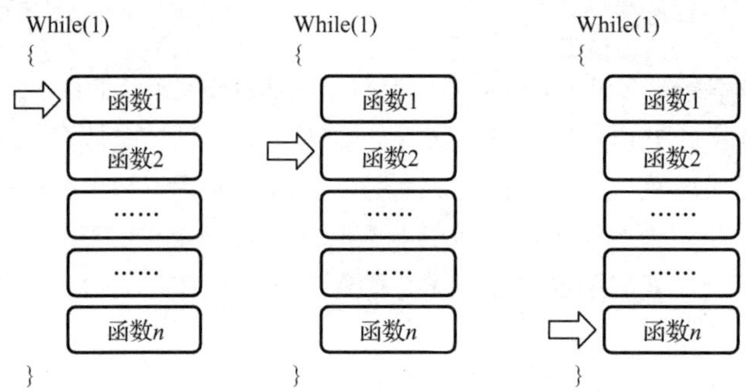

图 8-2　顺序执行架构流程图

这种程序设计方式，适用于对于实时性要求不高且系统功能简单的情况，设计方式简单，系统流程清晰，是嵌入式开发学习入门阶段常用的程序架构。但是当系统程序运行以后，各函数之间的“黏性”很强，很容易互相牵连。当系统功能增加，编写的程序函数也会更加丰富，顺序执行架构既不利于维护升级，也不便于代码优化。

2. 基于顺序执行的前后台系统架构

基于顺序执行的前后台系统是在顺序执行架构的基础上，基于处理器的外设做的扩展应用开发。应用程序是一个无限的循环，循环中调用相应的函数完成相应的操作，这部分可以看成后台（Background）行为；中断服务程序处理异步事件，这部分可以看成前台（Foreground）行为。后台可以称为任务级，前台可以称为中断级。

前后台系统在轮询系统中，增加了中断机制。中断机制可以打断 MCU 目前正在执行的程序，而执行另外一段程序，这段程序称为中断程序。当中断程序执行完成后，再回到原先位置。整个架构的流程图如图 8-3 所示。

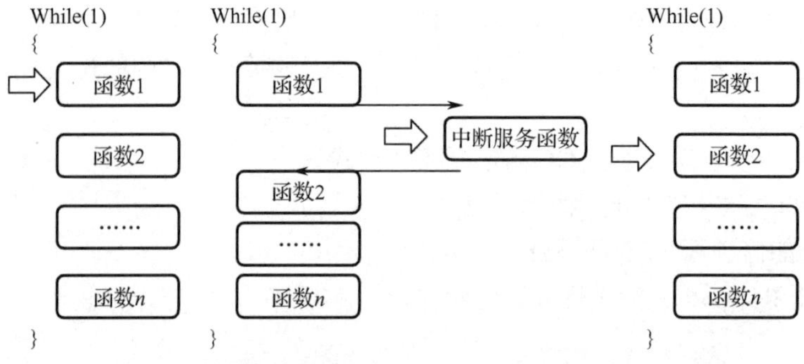

图 8-3　基于顺序执行的前后台系统架构流程图

这种程序架构会在使用到芯片的外设（如定时器、外部中断和其他外设）时被采用，属于嵌入式开发学习进阶阶段常用的程序架构。使用这种程序架构，要求开发人员熟悉处理器的片上外设资源，并对中断管理有一定经验，在开发过程中能设想到对应的事件场景，并设定好对应的处理方法。

3. 基于前后台系统的时间片轮询架构

时间片轮询架构的功能程序设计是在定时器周期中断的基础上进行的。通过对定时器周期中断触发次数进行计数，可以获取当前系统运行时长；将任务定时执行的周期设置好以后，检测中断触发次数是否满足设定值；满足设定值后执行对应的功能函数；执行完成后回到系统运行的主进程中。整个运行示意图如图 8-4 所示。

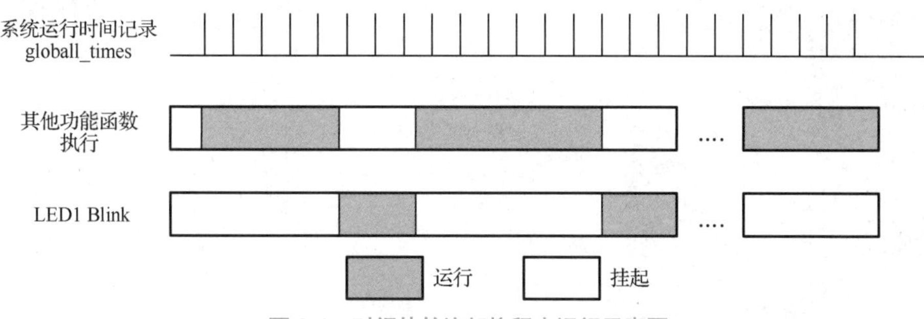

图 8-4　时间片轮询架构程序运行示意图

部分资料在提及时间片轮询时都会结合 RTOS 进行讲解，该机制实际上属于 RTOS 中一种线程调度管理方式，而此处讲解的并不是挂载在 RTOS 下，而是在前后台系统的基础上进行了提升。使用时间片轮询架构时，需要开发人员熟悉处理器的片上外设资源、数据结构及 C 语言编程知识，其属于嵌入式开发学习高级阶段常用的程序架构。这种程序架构具备类似 RTOS 中多线程的形式，但是存在一定的缺陷，例如定时执行的功能函数，如果执行时间很长仍然会影响到其他功能函数的运行，所以 RTOS 在前面讲到的其他程序架构中的优势更加明显。

4. 嵌入式实时多线程操作系统架构

嵌入式实时多线程操作系统的基本特性之一是支持多任务，但是允许多个任务同时运行并不意味着处理器在同一时刻真的执行了多个任务。事实上，一个处理器在某一时刻只能运行一个任务，由于每次对一个任务的执行时间很短、任务与任务之间通过任务调度器进行非常快速地切换（任务调度器根据优先级决定此刻该执行的任务），给人造成多个任务在同一个时刻同时运行的错觉。这种特性保证了各个任务的及时执行，如图 8-5 所示。

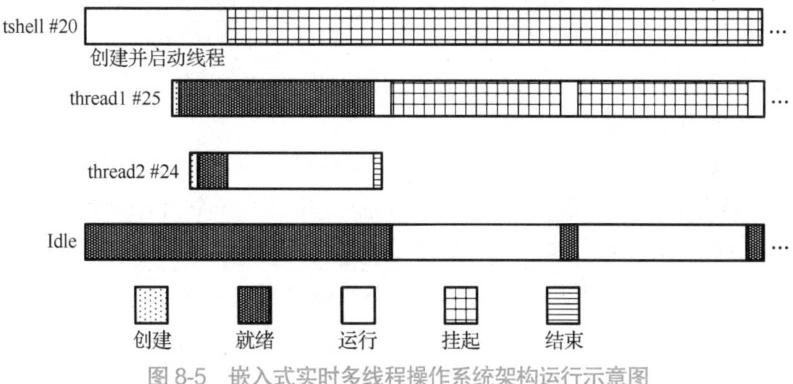

图 8-5　嵌入式实时多线程操作系统架构运行示意图

比较常用的嵌入式实时多线程操作系统有 FreeRTOS、RT-Thread 等。

8.1.2 RT-Thread 简介

RT-Thread 是一个集实时操作系统（RTOS）内核、中间件组件和开发者社区于一体的技术平台，由熊谱翔带领并集合开源社区力量开发而成，是一个组件完整丰富、高度可伸缩、开发简易、超低功耗、高安全性的物联网操作系统，如图 8-6 所示。

图 8-6　RT-Thread 简介

RT-Thread 拥有良好的软件生态，支持市面上所有主流的编译工具，如 GCC、Keil、IAR 等，工具链完善、友好，支持各类标准接口，如 POSIX、CMSIS、C++应用环境、JavaScript 执行环境等，方便开发者移植各类应用程序。其商用支持所有主流 MCU 架构，如 ARM Cortex-M/R/A、MIPS、X86、Xtensa、C-SKY、RISC-V 等，几乎支持市场上所有主流的 MCU 和 Wi-Fi 芯片，其合作伙伴如图 8-7 所示。

RT-Thread 具备一个 IoT OS 平台所需的所有关键组件，如 GUI、网络协议栈、安全传输、低功耗组件等。经过十几年的累积发展，RT-Thread 已经拥有一个国内较大的嵌入式开源社区，同时被广泛应用于能源、车载、医疗、消费电子等行业，累积装机量超过 14 亿台，成为国人自主开发、国内较成熟稳定和装机量较大的开源 RTOS。

图 8-7　RT-Thread 合作伙伴

8.1.3　RT-Thread 入门基础

RT-Thread 有很多版本，其中，标准版、Nano 版和 Smart 版这三种是常见的开源免费产品，还有 RT-Thread Secure、RT-Thread Space、RT-Thread Smart Pro 版本。后面这三种属于专业操作系统，在航空航天、轨道交通、导弹控制等尖端技术领域使用，这里仅作了解。

RT-Thread 本身代码风格优雅、架构清晰、系统模块化且可裁剪性非常好。当遇见资源受限的微控制器系统时，可以将标准版裁剪出仅需要 3KB Flash、1.2KB RAM 内存资源的 Nano 版本。

从图 8-8 中可以看出，RT-Thread 标准版系统功能丰富，不仅仅是一个实时内核，还具备丰富的中间层组件。本任务主要基于 RT-Thread 标准版进行讲解。

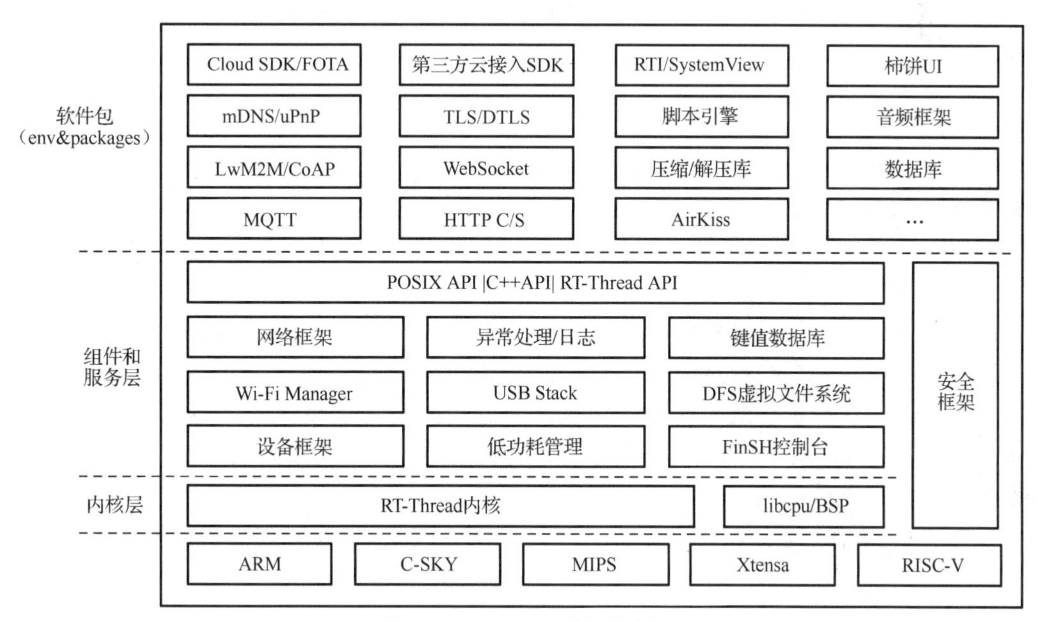

图 8-8　RT-Thread 内核架构图

- 内核层：RT-Thread 的核心部分，包含了内核系统中对象的实现，如多线程及其调度、信号量、邮箱、消息队列、内存管理、定时器等；同时含有 libcpu/BSP（芯片移植相关文件/板级支持包，与硬件密切相关，由外设驱动和 CPU 移植构成）。
- 组件和服务层：组件是基于 RT-Thread 内核的上层软件，如 DFS 虚拟文件系统、FinSH 命令行界面、网络框架、设备框架等，采用模块化设计，做到组件内部高内聚、组件之间低耦合。RT-Thread 支持的组件如图 8-9 所示。

设备虚拟文件系统
为应用提供统一的文件访问接口，支持FAT、UFFS、NFSv3、ROMFS等。
设备管理器框架
对MCU和外设接口高度抽象，使用统一的设备接口进行硬件的访问操作。
低功耗管理框架
超低功耗设计，系统自动休眠，动态调频调压，应用不需要关心功耗情况。
协议栈
支持以太网、Wi-Fi、蓝牙、NB-IoT、2G|3G|4G、Http、MQTT、LwM2M等。
图形库
小型，现代化的图形库，支持滑动，动画，TTF字体，多国语言等功能。
音频流媒体框架
轻型流媒体音频框架，支持常用音频格式，流媒体协议和DLNA/AirPlay。
固件远程升级FOTA
安全可靠，支持加密，防篡改，断点续传、智能还原、可回溯等机制。
第三方组件
支持Yaffs2、Sqlite、FreeModbus、Canopen、LibZ、MQTT、Lua、JS等。

图 8-9　RT-Thread 支持的组件

- 软件包：运行于 RT-Thread 物联网操作系统平台上，面向不同应用领域的通用软件组件，由描述信息、源代码或库文件组成。RT-Thread 提供了开放的软件包平台，这里存放了官方提供或开发者提供的软件包。该平台为开发者提供了很多可重用软件包的选择，这也是 RT-Thread 生态的重要组成部分。软件包生态对于一个操作系统的选择至关重要，因为这些软件包具有很强的可重用性，避免重复造轮子，并且模块化程度很高，方便开发者在最短时间内打造出自己想要的系统。

学习性能强悍且功能丰富的 RT-Thread 时，一定要有规划。千里之行始于足下，要想掌握 RT-Thread 应用开发，必须掌握其内核层的相关使用，这是掌握 RT-Thread 的基石，也是本任务的重点。

1. 线程管理

在 RT-Thread 中，子任务对应的程序实体就是线程。线程是实现任务的载体，也是 RT-Thread 中最基本的调度单位之一。它描述了一个任务执行的运行环境，以及这个任务所处的优先等级，重要的任务可设置相对较高的优先级，不重要的任务可设置相对较低的优先级，不同的任务还可以设置相同的优先级，轮流执行。

线程管理的主要功能是对线程进行管理和调度。系统中共存在两类线程，分别是系统线程和用户线程。系统线程是由 RT-Thread 内核创建的线程，用户线程是由应用程序创建的线程，这两类线程都会从内核对象容器中分配线程对象，当线程被删除时，也会从对象容器中被删除。如图 8-10 所示，每个线程都有重要的属性，如线程控制块、线程栈、入口函数等。

本节深入 RT-Thread 线程的各个接口，帮助读者在代码层次上理解线程，主要包含创建/初始化线程、启动线程、运行线程、删除/脱离线程，如图 8-11 所示。

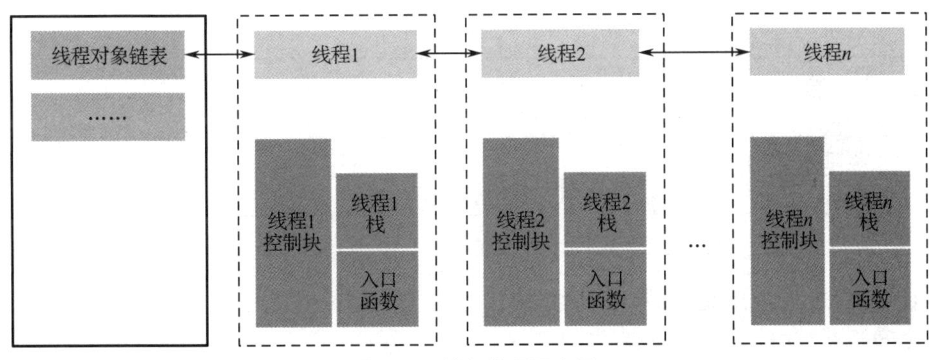

图 8-10　线程管理示意图

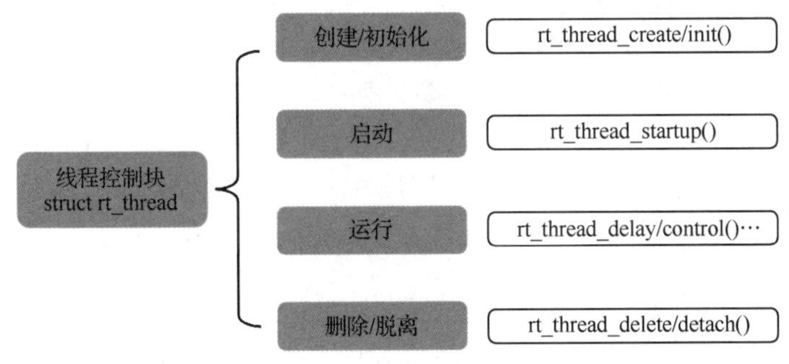

图 8-11　线程管理相关函数

（1）创建和删除线程。需要通过系统构建添加一个线程。创建一个动态线程的函数如下：

```
1.  rt_thread_t rt_thread_create(const char* name,
2.                               void (*entry)(void* parameter),
3.                               void* parameter,
4.                               rt_uint32_t stack_size,
5.                               rt_uint8_t priority,
6.                               rt_uint32_t tick);
```

当调用这个函数时，系统会从动态堆内存中分配一个线程句柄，并按照参数中指定的栈大小在动态堆内存中分配相应的空间。分配出来的栈空间是按照 rtconfig.h 中配置的 RT_ALIGN_SIZE 方式对齐的。线程创建函数 rt_thread_create()的参数和返回值如表 8-1 所示。

表 8-1　rt_thread_create()函数的参数和返回值

参　　数	描　　述
name	线程的名称
entry	线程入口函数
parameter	线程入口函数参数
stack_size	线程栈大小，单位是字节
priority	线程的优先级，范围是 0～255，数值越小优先级越高

续表

参　　数	描　　述
tick	线程的时间片长度
返回	—
thread	线程创建成功，返回线程句柄
RT-NULL	线程创建失败

对使用 rt_thread_create()函数创建出来的线程，当不再需要使用，或运行出错时，可以使用下面的函数从系统中把线程完全删除掉：

```
1.  rt_err_t rt_thread_delete(rt_thread_t thread);
```

当调用该函数后，线程对象将被移出线程队列并且从内核对象管理器中删除，线程占用的堆栈空间也会被释放，收回的空间将重新用于其他的内存分配。真正的删除动作（释放线程控制块和释放线程栈）需要到下一次执行空闲线程时，由空闲线程完成最后的线程删除动作。线程删除函数 rt_thread_delete()的参数和返回值如表 8-2 所示。

表 8-2　rt_thread_delete()函数的参数和返回值

参　　数	描　　述
thread	要删除的线程句柄
返回	—
RT_EOK	线程删除成功
-RT_ERROR	线程删除失败

注意：rt_thread_create()函数和 rt_thread_delete()函数仅在使能了系统动态堆内存时才有效（RT_USING_HEAP 宏定义已经被定义了）。

（2）初始化和脱离线程。静态线程对象的初始化可以使用下面函数来完成：

```
1.  rt_err_t rt_thread_init(struct rt_thread* thread, const char* name,
2.                          void (*entry)(void* parameter), void* parameter,
3.                          void* stack_start, rt_uint32_t stack_size,
4.                          rt_uint8_t priority, rt_uint32_t tick);
```

静态线程是指线程控制块、线程运行栈一般都被设置为全局变量，在编译时被确定、被分配处理，内核不负责动态分配内存空间。需要注意的是，用户提供的栈首地址需做系统对齐（如 ARM 上需要做 4 字节对齐）。线程初始化函数 rt_thread_init()的参数和返回值如表 8-3 所示。

表 8-3　rt_thread_init()函数的参数和返回值

参　　数	描　　述
thread	线程句柄
name	线程的名称
entry	线程入口函数
parameter	线程入口函数参数

续表

参　　数	描　　述
stack_start	线程栈起始地址
stack_size	线程栈大小，单位是字节。在大多数系统中需要做栈空间地址对齐
priority	线程的优先级，范围是 0～255，数值越小优先级越高
tick	线程的时间片长度
返回	—
RT_EOK	线程创建成功
-RT_ERROR	线程创建失败

对于用 rt_thread_init()函数进行初始化的线程，使用 rt_thread_detach()函数将使线程对象在线程队列和内核对象管理器中被脱离。线程脱离的函数如下：

```
1.  rt_err_t rt_thread_detach (rt_thread_t thread);
```

线程脱离函数 rt_thread_detach()的参数和返回值如表 8-4 所示。

表 8-4　rt_thread_detach()函数的参数和返回值

参　　数	描　　述
thread	线程句柄，它应该是由 rt_thread_init()函数进行初始化的线程句柄
返回	—
RT_EOK	线程脱离成功
-RT_ERROR	线程脱离失败

（3）线程启动。创建（初始化）的线程处于初始状态时，并未进入就绪线程的调度队列，可以在线程初始化/创建成功后调用下面的函数让该线程进入就绪状态：

```
1.  rt_err_t rt_thread_startup(rt_thread_t thread);
```

当调用这个函数时，应将线程的状态更改为就绪状态，并放到相应优先级队列中等待调度。如果新启动的线程优先级比当前线程优先级高，将立刻切换到这个线程。线程启动函数 rt_thread_startup()的参数和返回值如表 8-5 所示。

表 8-5　rt_thread_startup()函数的参数和返回值

参　　数	描　　述
thread	线程句柄
返回	—
RT_EOK	线程脱离成功
-RT_ERROR	线程脱离失败

（4）其他。关于线程管理的其他相关函数在此不做过多讲解（可参见表 8-6），其具体的使用方法可在 RT-Thread 官网文档中心进行查阅学习。

表 8-6　RT-Thread 线程管理相关函数

函 数 名 称	函 数 功 能
rt_thread_self()	获取当前执行的线程句柄
rt_thread_yield()	使当前线程让出处理器资源
rt_thread_sleep() rt_thread_delay() rt_thread_mdelay()	使线程睡眠
rt_thread_suspend()	挂起线程
rt_thread_resume()	恢复线程
rt_thread_control()	控制线程
rt_thread_idle_sethook()	设置空闲钩子函数
rt_thread_idle_delhook()	删除空闲钩子函数
rt_scheduler_sethook()	设置调度器钩子
hook()	钩子函数

2. 线程间同步

同步是指按预定的先后次序运行，线程同步是指多个线程通过特定的机制（如互斥量、事件对象、临界区）来控制线程之间的执行顺序，也可以说是在线程之间通过同步建立起执行顺序的关系，如果没有同步，那么线程之间将是无序的。

多个线程操作/访问同一块区域（代码），这块代码就称为临界区，线程互斥是指对于临界区资源访问的排他性。当多个线程都使用临界区资源时，任何时刻最多只允许一个线程去使用，其他线程必须等待，直到占用资源者释放该资源为止。线程互斥可以看成一种特殊的线程同步。

线程间有多种同步方式：信号量（Semaphore）、互斥量（Mutex）和事件集（Event），其中，本小节主要讲解信号量的使用方法，互斥量和事件集的相关知识请参考官方文档进行学习。

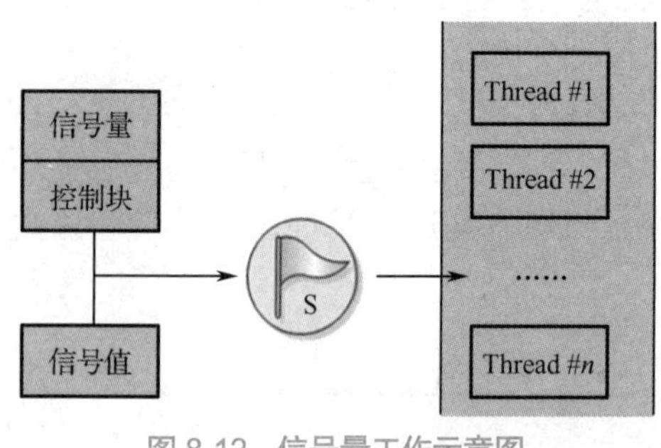

图 8-12　信号量工作示意图

信号量是一种轻型的、用于解决线程间同步问题的内核对象，线程可以获取或释放它，从而达到同步或互斥的目的。信号量工作示意图如图 8-12 所示。每个信号量对象都有一个信号值和一个线程等待队列，信号量的值对应信号量对象的实例数目和资源数目。

信号量控制块中含有信号量相关的重要参数，在信号量各种状态间起到纽带的作用。对一个信号量的操作包含：创建/初始化信号量、获取信号量、释放信号量、删除/脱离信号量。

（1）创建和删除信号量。当创建一个信号量时，内核首先创建一个信号量控制块，然后对该控制块进行基本的初始化工作。创建信号量的函数如下：

```
1.  _sem_t rt_sem_create(const char *name,rt_uint32_t value,rt_uint8_t flag);
```

当调用这个函数时，系统将先从对象管理器中分配并初始化一个 semaphore 对象，然后初始化父类 IPC 对象及与 semaphore 相关的部分。在创建信号量指定的参数中，信号量标识参数决定了当信号量不可用时，多个线程等待的排队方式。表 8-7 描述了该函数的参数和返回值。

表 8-7　rt_sem_create()函数的参数和返回值

参　数	描　述
name	信号量名称
value	信号量初始值
flag	信号量标识，可以取如下数值： RT_IPC_FLAG_FIFO 或 RT_IPC_FLAG_PRIO
返回	—
RT_NULL	创建失败
信号量的控制块指针	创建成功

当系统不再使用信号量时，可通过删除信号量以释放系统资源，这适用于动态创建的信号量。删除信号量的函数如下：

```
1.  rt_err_t rt_sem_delete(rt_sem_t sem);
```

当调用这个函数时，系统将删除这个信号量。如果删除该信号量时，有线程正在等待该信号量，那么删除操作会先唤醒等待在该信号量上的线程（等待线程的返回值是-RT_ERROR），然后释放信号量的内存资源。表 8-8 描述了该函数的参数和返回值。

表 8-8　rt_sem_delete()函数参数和返回值

参　数	描　述
sem	rt_sem_create()函数创建的信号量对象
返回	—
RT_EOK	删除成功

（2）初始化和脱离信号量。对于静态信号量对象，它的内存空间在编译时就被编译器分配出来，放在读写数据段或未初始化数据段上，此时使用信号量就不再需要使用 rt_sem_create()函数来创建它，而只需在使用前对它进行初始化。初始化信号量对象的函数如下：

```
1.  rt_err_t rt_sem_init(rt_sem_t sem, const char *name, rt_uint32_t value, rt_uint8_t flag)
```

当调用这个函数时，系统将对这个 semaphore 对象进行初始化，然后初始化 IPC 对象及与 semaphore 对象相关的部分。信号量标识可使用上面创建信号量函数中提到的标识。表 8-9 描述了该函数的参数和返回值。

表 8-9　rt_sem_init()函数的参数和返回值

参　数	描　述
sem	信号量对象的句柄
name	信号量名称

续表

参　数	描　述
value	信号量初始值
flag	信号量标识，可以取如下数值： RT_IPC_FLAG_FIFO 或 RT_IPC_FLAG_PRIO
返回	—
RT_EOK	初始化成功

脱离信号量就是让信号量对象从内核对象管理器中脱离出来，这适用于静态初始化的信号量。脱离信号量的函数如下：

```
1.  rt_err_t rt_sem_detach(rt_sem_t sem);
```

当调用该函数后，内核先唤醒所有挂在该信号量等待队列上的线程，然后将该信号量从内核对象管理器中脱离。原来挂在信号量上的等待线程将获得返回值-RT_ERROR。表 8-10 描述了该函数的参数和返回值。

表 8-10　rt_sem_detach()函数的参数和返回值

参　数	描　述
sem	信号量对象的句柄
返回	—
RT_EOK	脱离成功

（3）获取信号量。线程通过获取信号量来获得信号量资源实例，当信号量的值大于零时，线程将获取信号量，并且相应的信号量的值会减 1。获取信号量的函数如下：

```
1.  rt_err_t rt_sem_take (rt_sem_t sem, rt_int32_t time);
```

当调用这个函数时，如果信号量的值等于零，则说明当前信号量资源实例不可用，申请该信号量的线程将根据参数 time 的情况选择直接返回，或挂起等待一段时间，或永久等待，直到其他线程或中断释放该信号量。如果在参数 time 指定的时间内依然得不到信号量，线程将超时返回，返回值为-RT_ETIMEOUT。表 8-11 描述了该函数的参数和返回值。

表 8-11　rt_sem_take()函数的参数和返回值

参　数	描　述
sem	信号量对象的句柄
time	指定的等待时间，单位是操作系统时钟节拍（OS Tick）
返回	—
RT_EOK	成功获取信号量
-RT_ETIMEOUT	超时依然未获取信号量
-RT_ERROR	其他错误

（4）无等待获取信号量。当用户不想在申请的信号量上挂起线程进行等待时，可以使用无等待方式获取信号量。无等待获取信号量的函数如下：

```
1.  rt_err_t rt_sem_trytake(rt_sem_t sem);
```

这个函数与 rt_sem_take()函数的作用相同，即当线程申请的信号量资源实例不可用时，它不会等待在该信号量上，而是直接返回-RT_ETIMEOUT。

（5）释放信号量。释放信号量可以唤醒挂在该信号量上的线程。释放信号量的函数如下：

```
1.  rt_err_t rt_sem_release(rt_sem_t sem);
```

例如，当信号量的值等于零且有线程等待这个信号量时，释放信号量函数将唤醒等待在该信号量线程队列中的第一个线程，由它获取信号量；否则将信号量的值加 1。

3. 线程间通信

前一小节简单讲解了线程间同步，提到了信号量的概念；本小节接着上面的内容，讲解线程间通信。在裸机编程中，经常会使用全局变量进行功能间的通信，达到通信协作的目的。RT-Thread 中提供了更多的工具帮助用户在不同的线程中间传递信息，如邮箱、消息队列和信号。本小节将详细讲解邮箱的使用方法，消息队列和信号的相关知识请参考官方文档进行学习。

邮箱服务是实时操作系统中一种典型的线程间通信方法。举一个简单的例子，有两个线程，线程 1 检测按键状态并发送，线程 2 读取按键状态并根据其状态相应地改变 LED 灯的亮灭。这里就可以使用邮箱的方式进行通信，线程 1 将按键的状态作为邮件发送到邮箱中，线程 2 在邮箱中读取邮件获得按键状态并对 LED 灯执行亮灭操作。

使用 RT-Thread 操作系统的邮箱进行线程间通信，其特点是开销比较小，效率较高。邮箱中的每封邮件只能容纳固定的 4 字节内容（针对 32 位处理系统，指针的大小即 4 字节，所以一封邮件恰好能够容纳一个指针）。典型的邮箱又称交换消息，其工作机制如图 8-13 所示。线程或中断服务例程把一封 4 字节长度的邮件发送到邮箱中，而一个或多个线程可以从邮箱中接收这些邮件并进行处理。

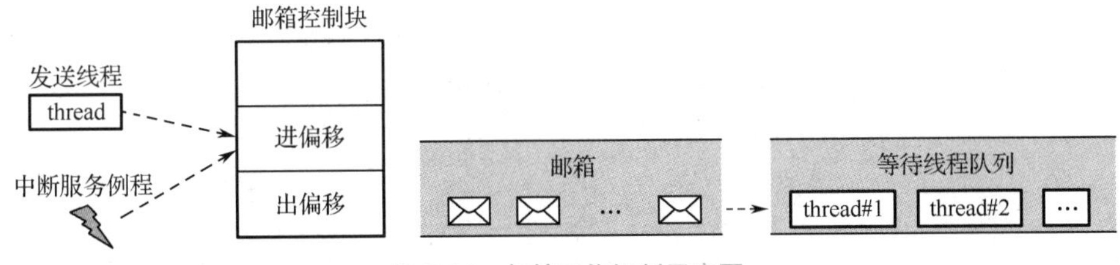

图 8-13　邮箱工作机制示意图

非阻塞方式的邮件发送过程能够安全地应用于中断服务中，是线程、中断服务、定时器向线程发送消息的有效手段。通常来说，邮件收取过程是否阻塞取决于邮箱中是否有邮件，以及收取邮件时设置的超时时间。当邮箱中不存在邮件且超时时间不为零时，邮件收取过程将变成阻塞方式。

邮箱控制块是一个结构体，其中，含有与时间相关的重要参数在邮件功能实现中起着重要作用。邮箱控制块相关函数如图 8-14 所示，对一个邮箱的操作包含：创建/初始化邮箱、发送邮件、接收邮件、删除/脱离邮箱。

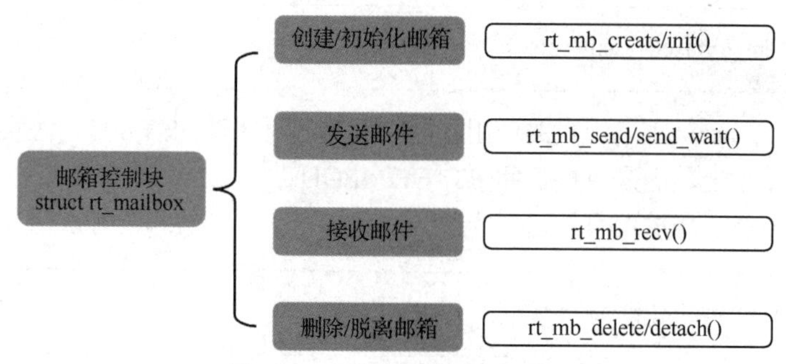

图 8-14　邮箱控制块相关函数

（1）创建和删除邮箱。动态创建一个邮箱对象的函数如下：

```
1.  rt_mailbox_t rt_mb_create (const char* name, rt_size_t size, rt_uint8_t flag);
```

当创建邮箱对象时，会先从对象管理器中分配一个邮箱对象，然后给邮箱动态分配一块内存空间用来存放邮件，这块内存的大小等于邮件大小（4 字节）与邮箱容量的乘积，接着初始化接收邮件数目和发送邮件在邮箱中的偏移量。表 8-12 描述了该函数的参数和返回值。

表 8-12　rt_mb_create()函数的参数和返回值

参　　数	描　　述
name	邮箱名称
size	邮箱容量
flag	邮箱标识，可以取如下数值： RT_IPC_FLAG_FIFO 或 RT_IPC_FLAG_PRIO
返回	—
RT_NULL	创建失败
邮箱对象的句柄	创建成功

当用 rt_mb_create()函数创建的邮箱不再使用时，应该将它删除以释放相应的系统资源，一旦操作完成，邮箱将被永久性地删除。删除邮箱的函数如下：

```
1.  rt_err_t rt_mb_delete (rt_mailbox_t mb);
```

删除邮箱时，如果有线程被挂在该邮箱对象上，则内核先唤醒挂在该邮箱上的所有线程（线程返回值是-RT_ERROR），然后释放邮箱使用的内存，最后删除邮箱对象。

（2）初始化和脱离邮箱。初始化邮箱与创建邮箱类似，只是初始化后的邮箱适用于静态邮箱对象。与创建邮箱不同的是，静态邮箱对象的内存是在系统编译时由编译器分配的，一般放于读写数据段或未初始化数据段中，其余的初始化工作与创建邮箱时相同。初始化邮箱的函数如下：

```
1.   rt_err_t rt_mb_init(rt_mailbox_t mb,  const char* name, void* msgpool, rt_size_t size,  rt_uint8_t flag)
```

初始化邮箱时，该函数需要获得用户已经申请获得的邮箱对象控制块、缓冲区的指针，以及邮箱名称和邮箱容量（能够存储的邮件数）。表 8-13 描述了该函数的参数和返回值。

表 8-13　rt_mb_init()函数的参数和返回值

参　数	描　述
mb	邮箱对象的句柄
name	邮箱名称
msgpool	缓冲区指针
size	邮箱容量
flag	邮箱标识，可以取如下数值： RT_IPC_FLAG_FIFO 或 RT_IPC_FLAG_PRIO
返回	—
RT_EOK	初始化成功

这里的参数 size 指邮箱容量，即如果 msgpool 指向的缓冲区的字节数是 *N*，那么邮箱容量应该是 *N*/4。

脱离邮箱将把静态初始化的邮箱对象从内核对象管理器中脱离出来。脱离邮箱的函数如下：

```
1.   rt_err_t rt_mb_detach(rt_mailbox_t mb);
```

当调用该函数后，内核先唤醒所有挂在该邮箱上的线程（线程获得的返回值是-RT_ERROR），然后将该邮箱对象从内核对象管理器中脱离。

（3）发送邮件。线程或者中断服务程序可以通过邮箱给其他线程发送邮件，发送邮件的函数如下：

```
1.   rt_err_t rt_mb_send (rt_mailbox_t mb, rt_uint32_t value);
```

发送的邮件可以是 32 位任意格式的数据、一个整型值或一个指向缓冲区的指针。当邮箱中的邮件已被存满时，发送邮件的线程或中断程序会收到-RT_EFULL 的返回值。表 8-14 描述了该函数的参数和返回值。

表 8-14　rt_mb_send()函数的参数和返回值

参　数	描　述
mb	邮箱对象的句柄
value	邮件内容
返回	—
RT_EOK	发送成功
-RT_EFULL	邮箱已经被存满了

用户也可以通过如下函数向指定邮箱发送邮件：

```
1. rt_err_t rt_mb_send_wait (rt_mailbox_t mb,rt_uint32_t value,rt_int32_t timeout);
```

rt_mb_send_wait()函数与 rt_mb_send()函数的区别在于有等待时间，如果邮箱已被存满，那么发送线程将根据设定的参数 timeout 等待邮箱中因为收取邮件而空出的空间。如果设置的超时时间到达依然没有空出空间，这时发送线程将被唤醒并返回错误码。表 8-15 描述了该函数的参数和返回值。

表 8-15 rt_mb_send_wait()函数的参数和返回值

参　数	描　述
mb	邮箱对象的句柄
value	邮件内容
timeout	超时时间
返回	—
RT_EOK	发送成功
-RT_ETIMEOUT	超时
-RT_ERROR	失败，返回错误

发送紧急邮件的过程与发送一般邮件几乎一样，唯一不同的是，当发送紧急邮件时，邮件被直接插队放入了邮件队首，这样，接收者就能够优先接收到紧急邮件，从而及时进行处理。发送紧急邮件的函数如下：

```
1.   rt_err_t rt_mb_urgent (rt_mailbox_t mb, rt_ubase_t value);
```

（4）接收邮件。只有当接收者接收的邮箱中有邮件时，接收者才能立即获取邮件并返回 RT_EOK，否则接收线程会根据超时时间设置，或挂在邮箱的等待线程队列上，或直接返回。接收邮件的函数如下：

```
1.   rt_err_t rt_mb_recv (rt_mailbox_t mb, rt_uint32_t* value, rt_int32_t timeout);
```

接收邮件时，接收者需指定接收邮件的邮箱对象句柄，并指定接收到的邮件存放位置及最多能够等待的超时时间。如果接收时设定了超时，当在指定的时间内依然未收到邮件时，将返回-RT_ETIMEOUT 值。表 8-16 描述了该函数的参数和返回值。

表 8-16 rt_mb_recv()函数的参数和返回值

参　数	描　述
mb	邮箱对象的句柄
value	邮件内容
timeout	超时时间
返回	—

续表

参　数	描　述
RT_EOK	接收成功
-RT_ETIMEOUT	超时
-RT_ERROR	失败，返回错误

4. 内存管理

计算机系统中，变量、中间数据一般存放在 RAM 中，只有在实际使用时才将它们从 RAM 调入 CPU 中进行运算。一些数据需要的内存大小要在程序运行过程中根据实际情况确定，这就要求系统具有对内存空间进行动态管理的能力，在用户需要一段内存空间时，向系统申请，系统选择一段合适的内存空间分配给用户，用户使用完毕后，再释放回系统，以便系统将该段内存空间回收再利用。

RT-Thread 中有两种内存管理方式，分别是动态内存堆管理和静态内存池管理。同时，RT-Thread 系统为了满足不同的需求，提供了不同的内存管理算法，分别是小内存管理算法、slab 管理算法和 memheap 管理算法。这里主要讲解基于 memheap 管理算法的内存堆管理方式。

memheap 管理算法适用于系统中含有多个地址可不连续的内存堆。使用 memheap 内存管理可以简化系统存在的多个内存堆：当系统中存在多个内存堆时，用户只需要在系统初始化时将多个所需的 memheap 初始化，并开启 memheap 功能，就可以很方便地将多个 memheap（地址可不连续）黏合起来用于系统的堆分配。

memheap 的工作机制示意图如图 8-15 所示，首先将多块内存加入 memheap_item 链表进行黏合。当分配内存块时，会先从默认内存堆中去分配内存块，当分配不到时会查找 memheap_item 链表，尝试从其他的内存堆中分配内存块，所以在应用程序执行中不用指向特定内存堆。

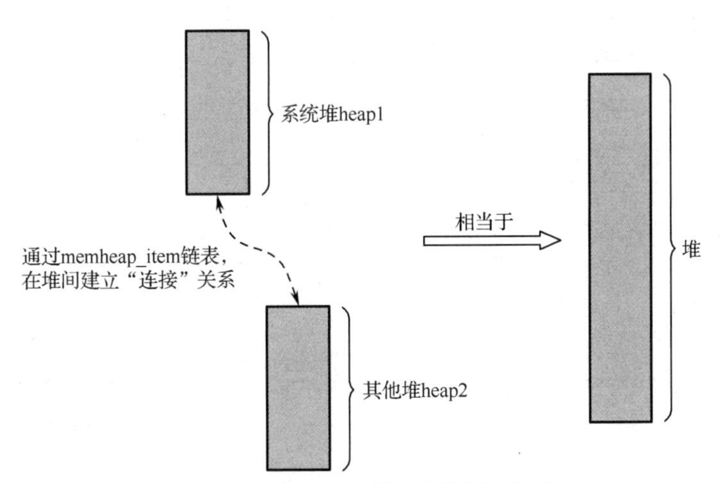

图 8-15　memheap 的工作机制示意图

（1）内存堆配置和初始化。在使用内存堆时，必须在初始化系统时进行堆的初始化，可以通过下面的函数完成：

```
1.  void rt_system_heap_init(void* begin_addr, void* end_addr);
```

这个函数会把参数 begin_addr、end_addr 区域的内存空间作为内存堆来使用。表 8-17 描述了该函数的参数和返回值。

表 8-17　rt_system_heap_init()函数的参数和返回值

参　数	描　述
begin_addr	堆内存区域起始地址
end_addr	堆内存区域结束地址

在使用 memheap 堆内存时，必须在初始化系统时进行堆内存的初始化，可以通过下面的函数来完成：

```
1.  rt_err_t rt_memheap_init(struct rt_memheap *memheap,const char   *name, void *start_addr, rt_uint32_t size)
```

如果有多个不连续的 memheap，则可以多次调用该函数将其初始化，并加入 memheap_item 链表。表 8-18 描述了该函数的参数和返回值。

表 8-18　rt_memheap_init()函数的参数和返回值

参　数	描　述
memheap	memheap 控制块
name	内存堆的名称
start_addr	堆内存区域起始地址
size	堆内存大小
返回	—
RT_EOK	成功

（2）分配和释放内存块。从内存堆中分配用户指定大小的内存块，函数如下：

```
1.  void *rt_malloc(rt_size_t nbytes);
```

rt_malloc()函数会从系统内存堆空间中找到合适大小的内存块，然后将内存块可用地址返回给用户。表 8-19 描述了该函数的参数和返回值。

表 8-19　rt_malloc()函数的参数和返回值

参　数	描　述
nbytes	需要分配的内存块的大小，单位为字节
返回	—
分配的内存块地址	成功
RT_NULL	失败

对 rt_malloc()函数的返回值进行判空是非常有必要的。应用程序使用完从内存分配器中申请的内存后，必须及时释放，否则会造成内存泄漏。释放内存块的函数如下：

```
1.  void rt_free (void *ptr);
```

rt_free()函数会将待释放的内存还回堆管理器中。在调用这个函数时用户需传递待释放的内存块指针，如果是空指针则直接返回。表 8-20 描述了该函数的参数和返回值。

表 8-20　rt_free()函数的参数和返回值

参　　数	描　　述
ptr	待释放的内存块指针

（3）重分配内存块。在已分配内存块的基础上重新分配内存块的大小（增加或缩小）时，可以通过下面的函数来完成：

```
1.  void *rt_realloc(void *rmem, rt_size_t newsize);
```

在重新分配内存块时，原来的内存块数据保持不变（缩小的情况下，后面的数据被自动截断）。表 8-21 描述了该函数的参数和返回值。

表 8-21　rt_realloc()函数的参数和返回值

参　　数	描　　述
rmem	指向已分配的内存块
newsize	重新分配的内存块的大小
返回	—
重新分配的内存块地址	成功

（4）分配多个内存块。从内存堆中分配连续内存地址的多个内存块时，可以通过下面的函数来完成：

```
1. void *rt_calloc(rt_size_t count, rt_size_t size);
```

表 8-22 描述了该函数的参数和返回值。

表 8-22　rt_calloc()函数的参数和返回值

参　　数	描　　述
count	内存块数量
size	内存块容量
返回	—
指向第一个内存块地址的指针	成功，并且所有分配的内存块都被初始化为零
RT_NULL	分配失败

（5）设置内存钩子函数。在分配内存块的过程中，用户可设置一个钩子函数，其调用函数如下：

```
1. void rt_malloc_sethook(void (*hook)(void *ptr, rt_size_t size));
```

设置的钩子函数会在内存分配完成后进行回调。回调时，会把分配到的内存块地址和大小作为入口函数参数传递进去。rt_malloc_sethook()函数的参数和返回值如表 8-23 所示。

表 8-23　rt_malloc_sethook()函数的参数和返回值

参　数	描　述
hook	钩子函数指针

其中 hook()函数如下：

```
1. void hook(void *ptr, rt_size_t size);
```

表 8-24 描述了 hook()函数的参数和返回值。

表 8-24　hook()函数的参数和返回值

参　数	描　述
ptr	分配到的内存块指针
size	分配到的内存块的大小

在释放内存时，用户可设置一个钩子函数，其调用函数如下：

```
1. void rt_free_sethook(void (*hook)(void *ptr));
```

设置的钩子函数会在调用内存释放完成前进行回调。回调时，释放的内存块地址会作为入口函数参数传递进去（此时内存块并没有被释放）。参数 hook 为钩子函数指针，ptr 为待释放的内存块指针。

5. 中断管理

RT-Thread 中断管理中，将中断处理程序分为中断前导程序、用户中断服务程序、中断后续程序三部分，如图 8-16 所示。

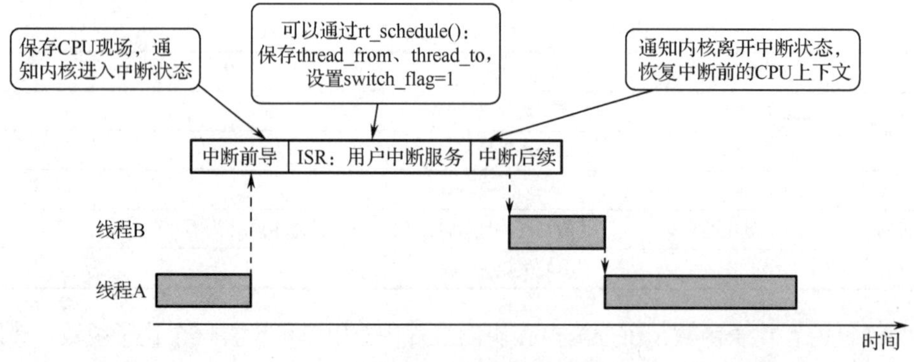

图 8-16　中断管理

（1）中断前导程序。中断前导程序主要完成的工作如下。

① 保存 CPU 中断现场。这部分与 CPU 架构相关，不同 CPU 架构的实现方式有差异。对于 Cortex-M 架构来说，该工作由硬件自动完成。当一个中断被触发并且系统进行响应时，处理器硬件会将当前运行部分的上下文寄存器自动压入中断栈中，这部分的寄存器包括 PSR、PC、LR、R12、R3～R0 寄存器。

② 通知内核进入中断状态，调用 rt_interrupt_enter()函数，作用是使全局变量 rt_interrupt_nest 加 1，以及记录中断嵌套的层数，代码如下：

```
1.  void rt_interrupt_enter(void)
2.  {
3.      rt_base_t level;
4.      level = rt_hw_interrupt_disable();
5.      rt_interrupt_nest ++;
6.      rt_hw_interrupt_enable(level);
7.  }
```

（2）用户中断服务程序。用户中断服务程序（ISR），分为两种情况，一种情况是，不进行线程切换，用户中断服务程序和中断后续程序运行完毕后退出中断模式，返回被中断的线程。

另一种情况是，在中断处理过程中需要进行线程切换，这种情况会调用 rt_hw_context_switch_interrupt()函数进行上下文切换。该函数与 CPU 架构相关，不同 CPU 架构的实现方式存在差异。

在 Cortex-M 架构中，rt_hw_context_switch_ interrupt()函数的实现流程如图 8-17 所示。它将设置需要切换线程的 rt_interrupt_to_thread 变量，然后触发 PendSV 异常（专门用来辅助上下文切换，且被初始化为最低优先级）。

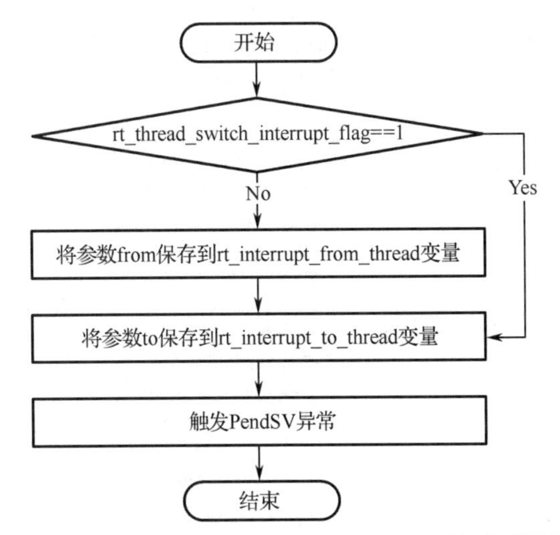

图 8-17　rt_hw_context_switch_interrupt()函数的实现流程图

（3）中断后续程序。中断后续程序主要完成的工作如下。

① 通知内核离开中断状态。通过调用 rt_interrupt_leave()函数，使全局变量 rt_interrupt_nest 减 1，其代码如下：

```
1.  void rt_interrupt_leave(void)
2.  {
3.      rt_base_t level;
4.      level = rt_hw_interrupt_disable();
5.      rt_interrupt_nest --;
6.      rt_hw_interrupt_enable(level);
7.  }
```

② 恢复中断前的 CPU 上下文。如果在中断处理过程中未进行线程切换，那么恢复 from 线程的 CPU 上下文；如果在中断中进行了线程切换，那么恢复 to 线程的 CPU 上下文。这部分实现与 CPU 架构相关，不同 CPU 架构的实现方式存在差异。Cortex-M 架构的实现流程如图 8-18 所示。

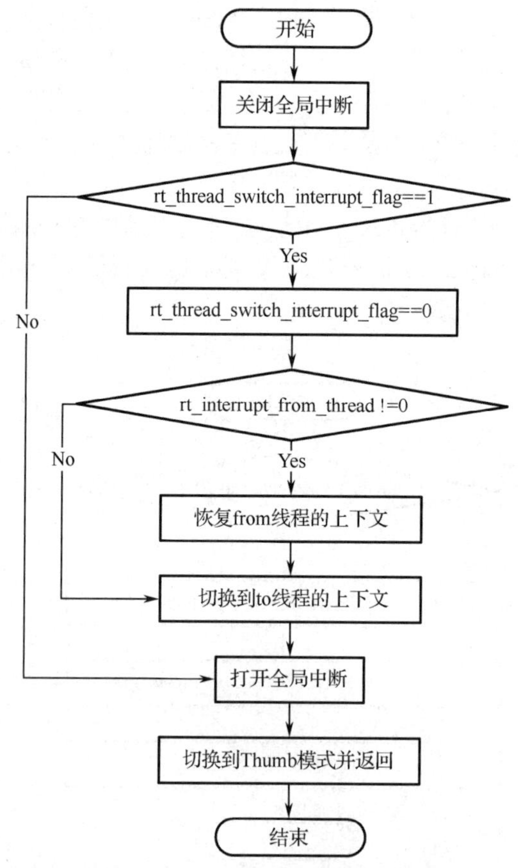

图 8-18　Cortex-M 架构的实现流程图

任务实施

利用龙芯 1B 开发板，掌握嵌入式实时操作系统的应用开发。

1. RT-Thread 工程创建

龙芯 1+X 嵌入式集成开发环境软件中自带了 RT-Thread 组件，读者只需要选中相关组件即可，免于内核移植等相关工作，大大降低了学习难度，可以让开发者全身心投入到应用程序开发。

（1）创建项目工程。项目名称被确定好以后，会被自动保存在软件设定的工作区内，如图 8-19 所示。

图 8-19　创建项目工程

（2）选择 MCU 信号、工具链和操作系统。相较于前面项目中的 MCU 和工具链保持默认值即可，这里需要使用 RTOS，其中选项有很多，包括 None（无操作系统）、RT-Thread、FreeRTOS、Ucos-II，此处选择前面讲解的 RT-Thread，单击“下一页”按钮即可，如图 8-20 所示。

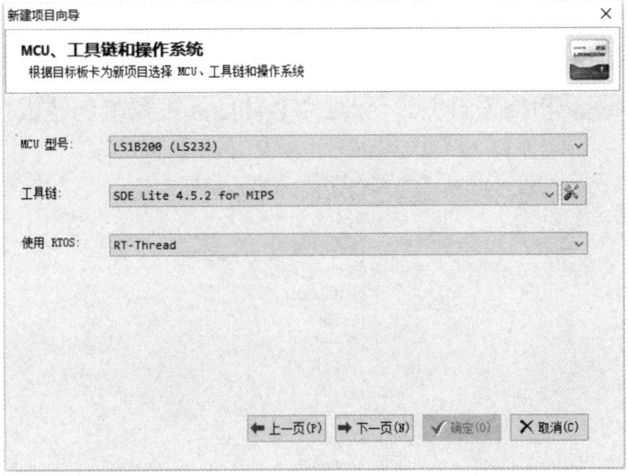

图 8-20　选择 MCU 信号、工具链和操作系统

（3）项目组件选择。项目中有非常丰富的组件可以选择，如 YAFFS2、lwIP、FTP Server 和 LVGL 等，目前本任务中暂未使用这些组件，直接单击“下一页”按钮即可，如图 8-21 所示。

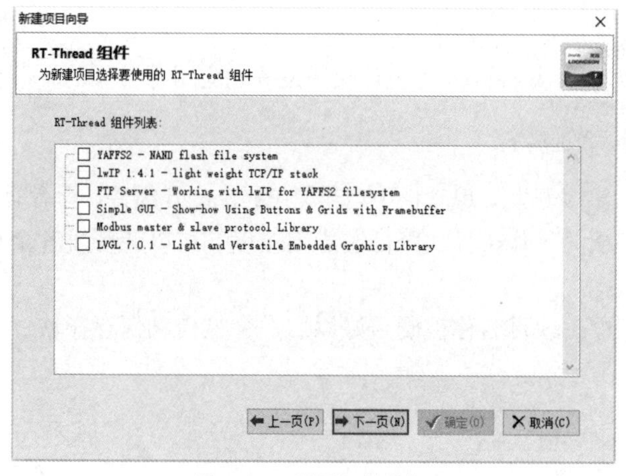

图 8-21　项目组件选择

（4）新建项目汇总。在新建项目汇总中，本项目的相关配置全被罗列在内，只需单击“确定”按钮即可，如图 8-22 所示。

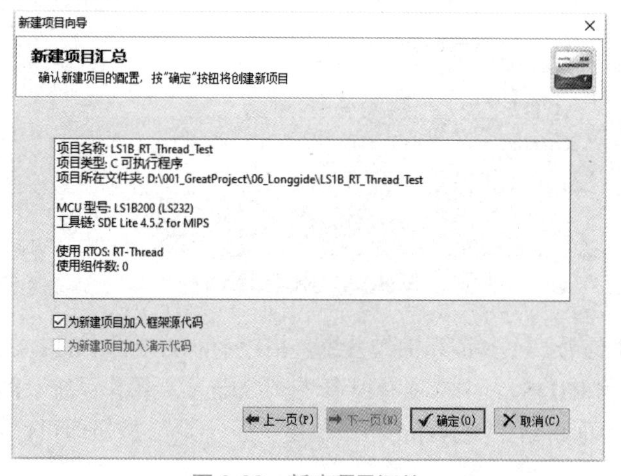

图 8-22　新建项目汇总

（5）项目结构。相较于前面学习的项目，本项目中会多一个“RTT4”文件夹，里面包含了 RT-Thread 内核、设备驱动和相关组件。至此，RT-Thread 工程就创建成功了，如图 8-23 所示。

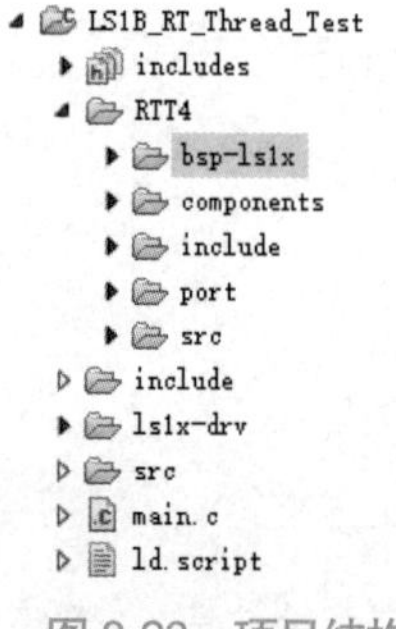

图 8-23　项目结构

（6）单击“⚙”图标完成项目构建，最后单击“▶”图标将程序下载到处理器中，同时使用设备自带 RJ45 接口的串口线连接计算机和实训设备，如图 8-24 所示。

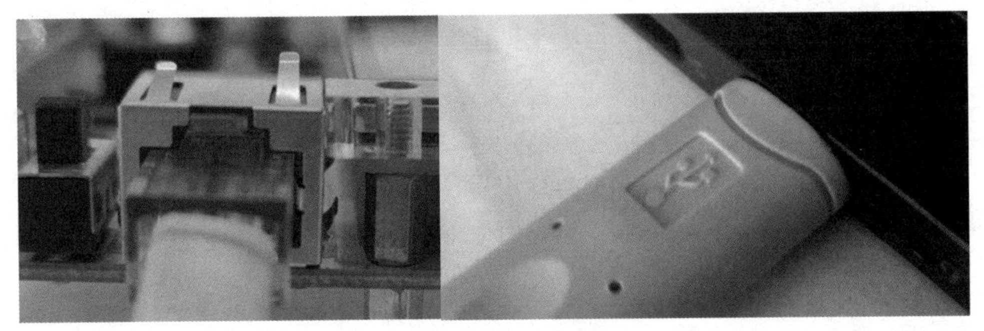

图 8-24　串口调试连接

打开串口调试助手，选择设备的端口，会接收到 RT-Thread 系统运行的相关代码，如图 8-25 所示。

```
Clock_mask: 8000, step=100000

 \ | /
- RT -     Thread Operating System
 / | \     4.0.3 build Jul  1 2022
 2006 - 2019 Copyright by rt-thread team

Welcome to RT-Thread.

tick count = 0
msh />tick count = 500
tick count = 1001
tick count = 1502
tick count = 2003
```

图 8-25　RT-Thread 系统运行的相关代码

2. RT-Thread 线程管理

该案例为：创建一个动态线程，初始化一个静态线程，一个线程在运行完毕后自动被系统删除，另一个线程打印循环的次数，其代码如下。

（1）动态线程 1 入口函数。

```
1.  static rt_thread_t thread1 = RT_NULL;/*  定义线程控制块 */
2.  static void thread1_entry(void *parameter)/*  线程 1 的入口函数*/
3.  {
4.      rt_uint32_t count = 0 ;
5.      while(1)
6.      {
7.          /* 线程 1 采用低优先级运行，一直打印数值 */
8.          rt_kprintf("thread1 count: %d\r\n", count++);
9.          rt_thread_mdelay(50);
10.         if(count >= 10)
11.         {
```

```
12.             rt_thread_delete(thread1);
13.             /* 线程 1 运行结束后将手动删除 */
14.             rt_kprintf("thread1 exit\r\n");
15.         }
16.     }
17. }
```

每间隔 50ms，变量 count+1，当 count≥10 时，调用 rt_thread_delete()函数删除本线程，则本线程将不再运行。

（2）静态线程 2 入口函数。

```
1.  static struct rt_thread thread2;/* 定义线程控制块 */
2.  static unsigned char thread2_stack[1024];/* 定义线程栈 */
3.  /* 定义线程栈时要求 RT_ALIGN_SIZE 个字节对齐 */
4.  ALIGN(RT_ALIGN_SIZE)
5.  static void thread2_entry(void *param)/* 线程入口 */
6.  {
7.      rt_uint32_t count = 0;
8.      /* 线程 2 拥有较高的优先级，以抢占线程 1 而获得执行*/
9.      for (count = 0; count < 10 ; count++)
10.     {/* 线程 2 打印计数值*/
11.         rt_kprintf("thread2 count: %d\r\n", count);
12.     }
13.     /* 线程 2 运行结束后也将自动被系统脱离 */
14.     rt_kprintf("thread2 exit\r\n");
15. }
```

相较于动态线程，静态线程要设定线程栈大小和对齐方式，入口函数的设计与动态线程一样。在本静态线程中，通过连续 10 次打印 count 的值，假设没有 while(1)和其他相关功能执行，则静态线程就会在运行结束后自动被系统脱离。

（3）线程创建和启动。

```
1.  /* 创建线程 1，名称是 thread1，入口是 thread1_entry*/
2.  thread1 = rt_thread_create("thread1",          //线程名称
3.                             thread1_entry,      //线程入口函数
4.                             RT_NULL,            //线程入口函数参数
5.                             1024,               //线程栈大小
6.                             11,                 //线程的优先级
7.                             10);                //线程时间片长度
8.  rt_thread_startup(thread1); /*如果获得线程控制块，则启动这个线程*/
9.  /*初始化线程 2，名称是 thread2，入口是 thread2_entry*/
10. rt_thread_init( &thread2,                      //线程控制块
11.                 "thread2",                     //线程名称
```

```
12.            thread2_entry,           //线程入口函数
13.            RT_NULL,                 //线程入口函数参数
14.            &thread2_stack[0],       //线程栈起始地址
15.            sizeof(thread2_stack),   //线程栈大小
16.            12,                      //线程的优先级
17.            10);                     //线程时间片长度
18. rt_thread_startup(&thread2);
```

分别调用 rt_thread_create()函数和 rt_thread_init()函数，完成动态线程和静态线程的初始化，设定好对应参数以后，调用 rt_thread_startup()函数，这两个线程进入挂起状态后即可被执行。

（4）观察实验现象，如图 8-26 所示。硬件准备好以后，单击“⚙”图标完成项目构建，最后单击“▶”图标将程序下载到处理器中。在上位机中会发现，thread1 和 thread2 都会打印 count 的初值 0，由于 thread1 会延时 10ms 进行一次叠加，而 thread2 在这个时间段内完成累加，并自动脱离系统；thread1 会间隔 10ms 叠加一次，当满足条件时也会删除线程，脱离系统调度。

```
Clock_mask: 8000, step=100000

 \ | /
- RT -     Thread Operating System
 / | \     4.0.3 build Jul  2 2022
 2006 - 2019 Copyright by rt-thread team

Welcome to RT-Thread.

thread1 count: 0
thread2 count: 0
thread2 count: 1
thread2 count: 2
thread2 count: 3
thread2 count: 4
thread2 count: 5
thread2 count: 6
thread2 count: 7
thread2 count: 8
thread2 count: 9
thread2 exit
msh />thread1 count: 1
thread1 count: 2
thread1 count: 3
thread1 count: 4
thread1 count: 5
thread1 count: 6
thread1 count: 7
thread1 count: 8
thread1 count: 9
thread1 exit
```

图 8-26　线程管理实验现象

3. RT-Thread 实训之信号量

（1）创建信号量。

```
1.  static rt_sem_t test_sem = RT_NULL;/*定义信号量控制块*/
```

（2）LED 灯闪烁线程入口函数设计。

```
1.  static void led_all_thread_entry(void * arg)
2.  {
```

```
3.      rt_err_t ret = -1;    int i=0;
4.      while(1)    { /*获取二进制值信号量*/
5.          ret = rt_sem_take(test_sem,
6.                          RT_WAITING_FOREVER);/*直到信号量可用*/
7.          if(ret == RT_EOK)
8.          {   /*成功获取信号量*/
9.              rt_kprintf("%s: take sem successful\n",__func__);
10.             for(i=0;i<10;i++){
11.                 Led_All_On();
12.                 delay_ms(500);
13.                 Led_All_Off();
14.                 delay_ms(500);
15.             }
16.             rt_sem_release(test_sem); }    /*释放二进制值信号量*/
17.         else{
18.             rt_kprintf("%s: take sem failed.\n",__func__);
19.             ret = rt_sem_delete(test_sem);          /*删除信号量*/
20.             if(RT_EOK == ret)
21.                 rt_kprintf("test semaphore delete ok!\n");}
22.     }
23. }
```

（3）LED 流水灯线程入口函数设计。

```
1.  static void led_test_thread_entry(void * arg)
2.  {
3.      rt_err_t ret = -1;
4.      int i=0;
5.      while(1) {  /*获取二进制值信号量*/
6.      ret = rt_sem_take(test_sem,RT_WAITING_FOREVER);/*直到信号量可用*/
7.          if(ret == RT_EOK){    /*成功获取信号量*/
8.              rt_kprintf("%s: take sem successful\n",__func__);
9.              for(i=0;i<5;i++) Led_Test();
10.             rt_sem_release(test_sem);    /*释放二进制值信号量*/
11.         }
12.         else{
13.             rt_kprintf("%s: take sem failed.\n",__func__);
14.             ret = rt_sem_delete(test_sem);  /*删除信号量*/
15.             if(RT_EOK == ret)   rt_kprintf("test semaphore delete ok!\n");
16.         }
17.     }
18. }
```

（4）信号量和线程的初始化。前面已经介绍了线程中使用的关于 LED 灯驱动的相关函数，在此不再赘述。下面第 2、第 3 行代码定义了两个 RT-Thread 线程对象，并在 main()函数中进行了编写，第 5～第 24 行代码完成了信号量实验的代码设计。

```
1.  #include "semaphore_test.h"
2.  static rt_thread_t led_test_thread = RT_NULL;/*定义线程控制块*/
3.  static rt_thread_t led_all_thread = RT_NULL;
4.  /*创建一个信号量*/
5.  test_sem = rt_sem_create("test_sem", /*信号量名称*/
6.                           1,       /*信号量初始值，默认有一个信号量(二进制值信号量)*/
7.                           RT_IPC_FLAG_FIFO);/*先来先得*/
8.  if(test_sem != RT_NULL)rt_kprintf("test semaphore create ok!\n");
9.  led_test_thread = rt_thread_create("led_test",  /*创建 LED 灯闪烁线程*/
10.                                led_test_thread_entry,
11.                                RT_NULL,
12.                                1024,
13.                                5,
14.                                20);
15. if(led_test_thread != RT_NULL)   rt_thread_startup(led_test_thread);
16. else rt_kprintf("led_test_thread create failed.\n");
17. led_all_thread = rt_thread_create("led_all",     /*创建 LED 流水灯线程*/
18.                                led_all_thread_entry,
19.                                RT_NULL,
20.                                1024,
21.                                5,
22.                                20);
23. if(led_all_thread != RT_NULL) rt_thread_startup(led_all_thread);
24. else rt_kprintf("led_all_thread create failed.\n");
```

（5）观察实验现象。本案例中共有两个线程：led_test_thread_entry 线程实现 LED 灯循环 5 次流水灯显示（见图 8-27），led_all_thread_entry 线程实现 LED 灯闪烁 10 次（见图 8-28）。在没有使用信号量且两个线程的优先级和时间片长度一样时，操作系统内部会自动进行这两个任务的调度，出现 LED 灯闪烁和流水灯重叠的效果。

图 8-27　LED 流水灯

图 8-28　LED 灯闪烁

本次案例采用了信号量线程管理机制，将信号量资源设置为先到先得模式。系统运行成功后，通过程序设计，先获得信号的线程可优先执行完相关功能，待释放信号量以后，其他线程才能获取信号量，从而实现其他功能。

硬件准备好以后，单击“ ”图标完成项目构建，最后单击“ ”图标将程序下载到处理器中。结合程序和实验现象发现，LED 流水灯和 LED 灯闪烁会独立运行，不会出现重叠的现象，这就是信号量在线程管理中的一种典型应用场景。

4. RT-Thread 实训之消息队列

（1）创建邮箱控制块和邮箱信息。

```
1.  static rt_mailbox_t test_mail = RT_NULL;/*定义邮箱控制块*/
2.  /*定义全局邮箱消息*/
3.  char test_mb1[] = "receive mail test1";      //邮箱消息 test1
4.  char test_mb2[] = "receive mail test2";      //邮箱消息 test2
5.  char test_mb3[] = "receive mail test3";      //邮箱消息 test3
```

（2）邮箱数据发送线程。

```
1.  static void send_thread_entry(void *arg)
2.  {
3.      rt_err_t ret;
4.      while(1)
5.      {
6.          if(!gpio_read(KEY1))
7.          {   //KEY1 被按下，发送邮件 1
8.              rt_kprintf("KEY1 pressed\n");
9.              ret = rt_mb_send(test_mail, (rt_uint32_t)&test_mb1);}
10.         if(!gpio_read(KEY2))
11.         {   //KEY2 被按下，发送邮件 2
12.             rt_kprintf("KEY2 pressed\n");
13.             ret = rt_mb_send(test_mail, (rt_uint32_t)&test_mb2);}
14.         if(!gpio_read(KEY3))
15.         {   //KEY3 被按下，发送邮件 3
16.             rt_kprintf("KEY3 pressed\n");
17.             ret = rt_mb_send(test_mail, (rt_uint32_t)&test_mb3);}
```

```
18.     }
19. }
```

在 send_thread_entry()线程入口函数中，进行按键检测时，通过触发不同的按键来调用不同的 rt_mb_ send()函数，将对应的信息发送出去。

（3）邮箱数据接收线程。

```
1.  static void receive_thread_entry(void *arg)
2.  {
3.      rt_err_t ret;
4.      char *rev_str;
5.      while(1)
6.      {
7.          ret = rt_mb_recv(test_mail,                    //邮箱对象
8.                          (rt_uint32_t *)&rev_str,       //接收邮箱消息
9.                          RT_WAITING_FOREVER);           //指定超时时间，一直等，直到邮箱中有邮件
10.         if(RT_EOK == ret)
11.         {
12.             rt_kprintf("received mail: %s\n",rev_str);
13.             if(0 == strcmp(rev_str,test_mb1))       {//收到邮件 1 }
14.             else if(0 == strcmp(rev_str,test_mb2)){//收到邮件 2 }
15.             else if(0 == strcmp(rev_str,test_mb3)){//收到邮件 3 }
16.         }
17.         else    rt_kprintf("mailbox received failed! ERROR_CODE:0x%x\n", ret);
18.     }
19. }
```

在 receive_thread_entry()线程入口函数中，通过 rt_mb_recv()函数获取邮箱对象中的信息，并把数据保存在 rev_str 中；通过 strcmp()函数将获取的信息与邮件进行对比，按照接收到的不同信息而执行不同的功能函数。因篇幅原因，关于执行的功能函数详情，在此不做过多讲解。

（4）创建邮箱与初始化线程。

```
1.  test_mail = rt_mb_create("test_mail",                /*邮箱名称*/
2.                          10,                          /*邮箱大小*/
3.                          RT_IPC_FLAG_FIFO);           /*先进先出*/
4.  if(test_mail != RT_NULL) rt_kprintf("test_mail create ok\n");
5.  send_thread = rt_thread_create("send_thread",        /*创建线程*/
6.                              send_thread_entry,       /*线程入口函数*/
7.                              RT_NULL,                 /*线程入口函数参数*/
8.                              1024,                    /*线程栈大小*/
9.                              5,                       /*线程优先级*/
10.                             20);                     /*线程执行时间片长度*/
11. if(send_thread != RT_NULL)
12.     rt_thread_startup(send_thread);
13. receive_thread = rt_thread_create("receive_thread",
```

```
14.                            receive_thread_entry,
15.                            RT_NULL,
16.                            1024,
17.                            5,
18.                            20);
19. if(receive_thread != RT_NULL)
20.     rt_thread_startup(receive_thread);
```

将邮箱控制块和线程入口函数都创建完成以后，在 main()函数中进行邮箱创建和线程的初始化。至此，我们就完成了基于 RT-Thread 的邮箱部分的实操内容学习。

（5）观察实验现象。硬件准备好以后，单击“⚙”图标完成项目构建，最后单击“▶”图标将程序下载到处理器中。如果程序加载异常，可单击“▶”的扩展按钮，选择“调试选项”命令，将其中 PMON 的 TCP/IP 地址由原本的 192.168.1.1 修改为 192.168.1.2 即可。修改完成后，单击“确定”按钮，即可将程序下载到处理器中，如图 8-29 所示。

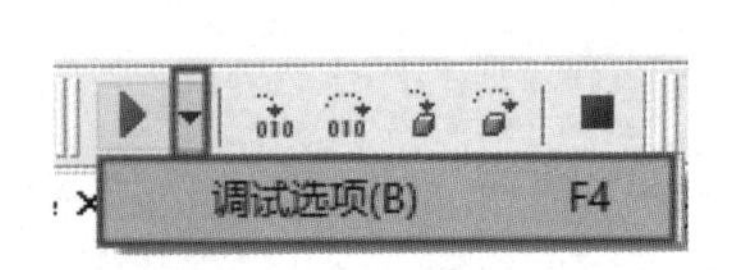

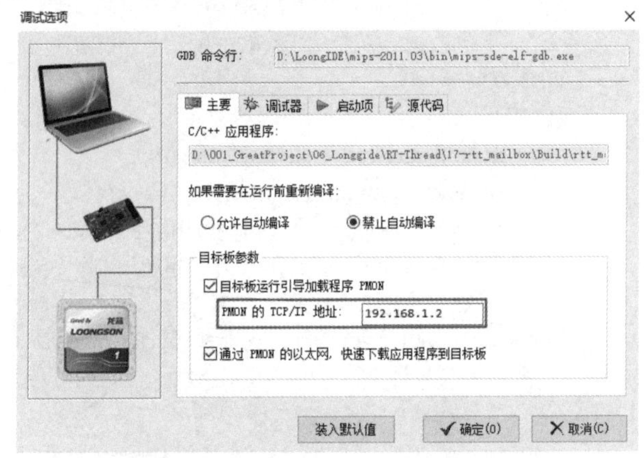

图 8-29　修改调试选项

解决好程序下载异常的问题后，通过 KEY1～KEY3 切换系统运行状态。KEY1、KEY2 切换不同图片显示，KEY3 进行 ADC/DAC 采集，实验现象如图 8-30 所示。

（a）KEY1

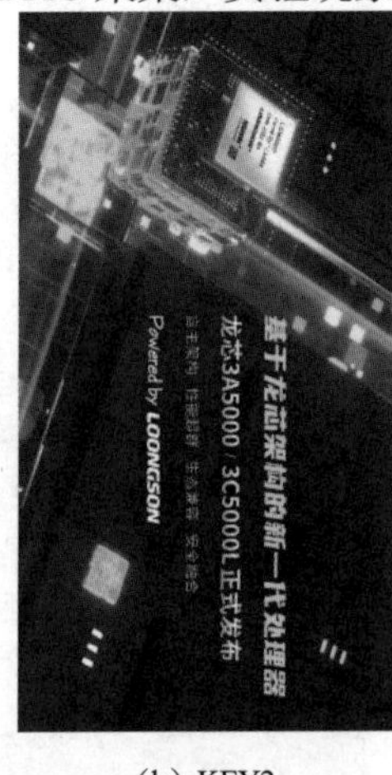

（b）KEY2

（c）KEY3

图 8-30　邮箱案例实验现象

任务拓展

通过前面学习的 LCD 显示和环境温湿度传感器的使用，创建两个线程，线程 1 用于环境数据采集，通过邮箱将数据传输至线程 2 中，通过线程 2 进行环境数据更新展示。编写完整程序，编译、烧录至龙芯 1B 开发板查看现象。

任务 8.2　新能源汽车电量监测设计与开发

任务分析

电池管理系统（BMS）是新能源汽车动力电池的重要组成。该系统一方面收集并初步计算电池实时状态参数，如电芯电压、温度等；另一方面根据收集到的实时状态参数评估电池的各种状态量。通过准确测量电池组的使用状况，保护电池不至于过度充放电，以及分析计算电池的电量并转换为可理解的续航力信息，确保动力电池安全运作。如图 8-31 所示为新能源汽车电池电量远程监测。

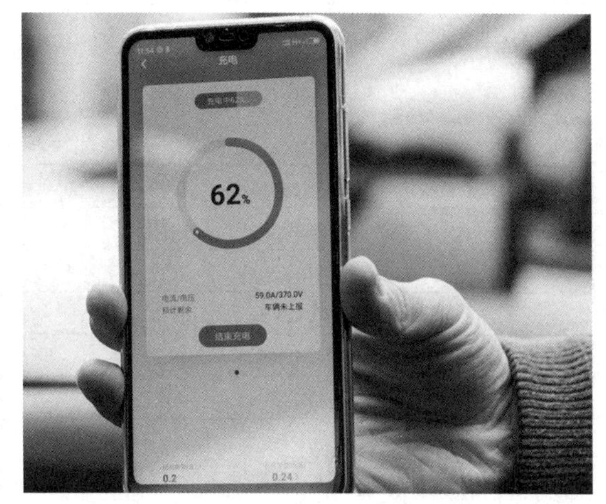

图 8-31　新能源汽车电池电量远程监测

本任务要求实现新能源汽车电量监测，使用龙芯 1B 开发板上的 ADS1015 芯片实现对电池电压的采集。完成这个任务，需要掌握龙芯 1B 处理器的 I^2C 接口的使用，通过与 ADS1015 芯片进行通信，完成电池电压采集，并通过 CAN 总线将采集的电池电量数据发送出去。

建议学生带着以下问题进行本任务的学习和实践。

- 什么是模数转换器？
- 模数转换器的应用场景及国内外发展情况如何？
- 龙芯 1B 如何实现电池电量监测？

8.2.1　模数转换器

模数转换器也称为 ADC，主要用于对模拟信号进行数字采集，以进行数据处理。人们了解的信号一般都是不断变化的模拟量，如光照度、温度、速度、压力、声音、无线电波等。然而，人们所使用的数字设备，如果想方便地使用和处理信息，就需要将模拟量转换为数字量，并传送至微控制器或处理器。如图 8-32 所示为 ADC 典型应用场景。

图 8-32　ADC 典型应用场景

在电子信息技术的加持下，模拟和数字之间已成为一种相对关系，你可以把模拟量当作无穷数字量的组合，也可以把数字量当作具有不同间隔特征的模拟量。模数之间就只存在采样和量化的差别。

模数/数模转换芯片有工业皇冠之称，在军工、航空航天、有线/无线通信、汽车和医疗仪器等对工艺、性能、可靠性要求极高的领域尤为严格。表 8-25 所示为部分 ADC 芯片性能指标。随着科技发展和国家政策扶持力度的加大，许多国内厂家在不断冲击世界前列，如华为、上海贝岭、苏州云芯微电子、北京时代民芯、中电科技 24 所等。国外则以 ADI（亚德诺半导体）、TI（德州仪器）、MAXIM（美信）、Microchip（微芯半导体）为代表，仍占领国内高达 90%的市场。

表 8-25　部分 ADC 芯片性能指标

速度（Speed）	精度（Resolution）/bit
≥1.3GSPS	8～10
≥600MSPS	10～12
≥400MSPS	12～14
≥250MSPS	14～16
≥65MSPS	16

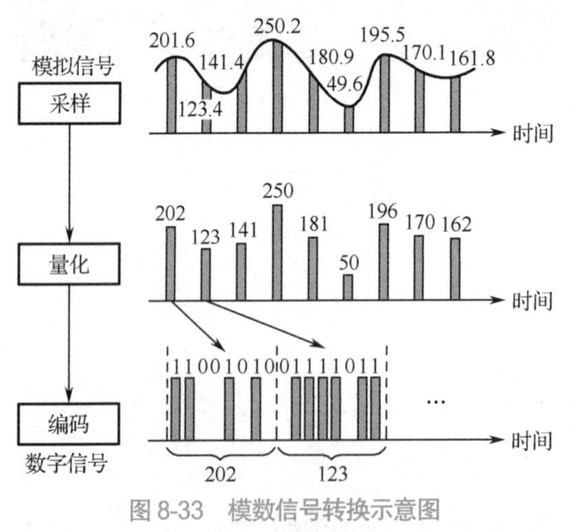

图 8-33　模数信号转换示意图

如何把模拟信号转变为数字信号，需要经过如图 8-33 所示的几个步骤。

1. 采样保持

以一定的时间间隔提取信号大小的操作称为采样，其值为样本值，提取信号大小的时间间隔越短越能正确地重现信号。由于缩短时间间隔会导致数据量增加，所以要适可而止。

注意，取样频率必须大于或等于模拟信号中最高频率的 2 倍（$f_s \geq 2f_n$），才能够无失真地恢复原信号（香农采样定理），否则会因为频谱混叠而无法复原。

将采样所得信号转换为数字信号往往需要一定时间，为了给后续的量化编码电路提供一个稳定值，采样电路的输出必须通过保持电路保持一段时间，而采样与保持过程是同时完成的。采样与保持示意图如图 8-34 所示。

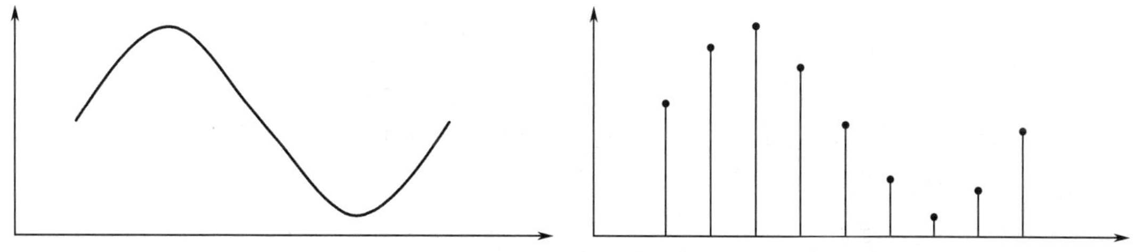
图 8-34　采样与保持示意图

2. 量化

通过采样将时间轴上连续的信号转换成了不连续的（离散的）信号，但采样后的信号幅度仍然是连续的值（模拟量）。此时，可以在振幅方向上以一定的间隔进行划分，决定某个样本值属于哪个区间，将记录在其区间的值分配给该样本值。

在图 8-35 中，将区间分割为 0～0.5、0.5～1.5、1.5～2.5…，再用 0、1、2…代表各区间，对小数点后面的值按照四舍五入处理，例如，130.2 属于 129.5～130.5，则赋值 130；160.6 属于 160.5～161.5，则赋值 161，这种操作称为量化。

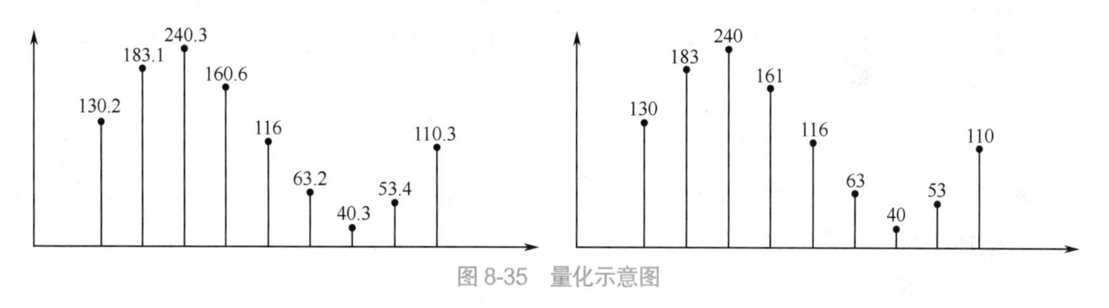

图 8-35　量化示意图

3. 编码

将量化后的信号转换为二进制数，即用 0 和 1 的组合来表示的处理过程称为编码，“1”表示有脉冲，“0”表示无脉冲。当量化级数取为 64 级时，表示这些数值的二进制位数必须是 6 位；当量化级数取为 256 级时，则必须用 8 位二进制数表示。编码示意图如图 8-36 所示。

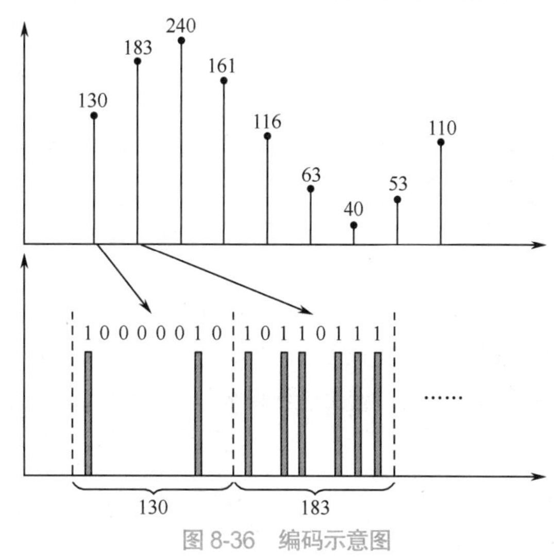

图 8-36　编码示意图

8.2.2 ADC 核心要素

掌握 ADC 核心要素，有助于根据应用场景选择合适的 ADC 芯片，避免出现性能过剩或欠缺的现象，从而提升产品的直通率。

1. 分辨率

ADC 采集芯片或外设上都会注明 8bit、16bit 或 24bit，这里的数值是指分辨率。分辨率是一个衡量 ADC 精度的非常重要的指标，如采集的电压范围是 0～5V，那么 8bit ADC 的最小刻度就是：

$$\frac{5}{2^8} \approx 0.0195\text{V}$$

16bit ADC 的最小刻度是：

$$\frac{5}{2^{16}} \approx 0.000195\text{V}$$

从这两个数值来看，16bit ADC 可以采集到更小的电压，所以这里的分辨率表征的是 ADC 的最小刻度指标。同时，分辨率只是间接衡量 ADC 采样准确性的变量，直接衡量 ADC 采集准确性的是精度。

2. 采样率

采样率一般是指芯片每秒采集信号的个数，如 1kHz/s，表示 1s 内，ADC 可以采集 1k 个点。采样率越高，采集的点数越多，对信号的还原度就越高。如图 8-37 所示，当采样率越高，获取的数据就越靠近原始波形。采样率越高，在单位时间内的数据量就越庞大，对处理器的处理效率、功耗等都有很大挑战。因此，采样率应根据项目需求进行选择，并非越高越好。

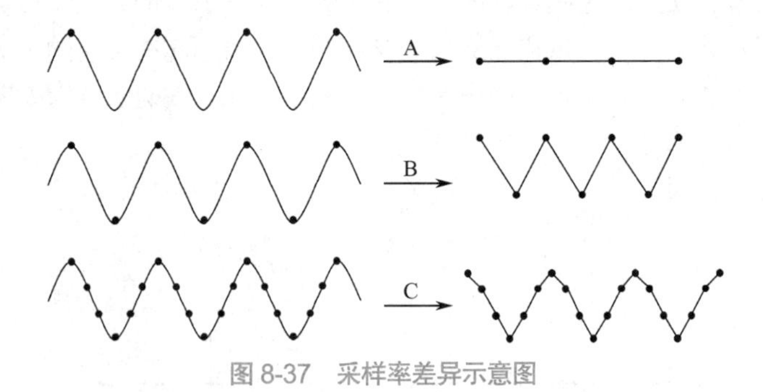

图 8-37 采样率差异示意图

3. 基准电压

基准电压是指模数转换器可以转换的最大电压，以 8 位 ADC 为例，这种转换器可以将 0V 到其基准电压范围内的输入电压转换为对应的数值表示。其输入电压范围分别对应 256 个数值（步长），计算方法为：

$$\frac{\text{参考电压}}{256} = \frac{5}{256} \approx 19.5\text{mV}$$

上述公式定义了模数转换器的转换精度，若 ADC 的转换精度低于其基准电压的精度，则提高输出精度的唯一方法只有增加定标校准电路。

现在很多 MCU 都内置 ADC，既可以使用电源电压作为基准电压，也可以使用外部基准电压。如果将电源电压作为基准电压使用的话，假设该电压为 5V，则对 3V 输入电压的测量结果为：

$$\left(\frac{\text{输入电压}}{\text{基准电压}}\right)\times 255=\left(\frac{3}{5}\right)\times 255=99\text{H}$$

显然，如果电源电压升高 1%，则输出结果为：

$$\left(\frac{3}{5.05}\right)\times 255=97\text{H}$$

实际上，典型电源电压的误差一般在 2%～3%，其变化对 ADC 的输出影响很大。

4. 转换精度

ADC 的输出精度是由基准输入和输出字长共同决定的，输出精度定义了 ADC 可以进行转换的最小电压变化。转换精度是 ADC 最小步长值，该值可以通过计算基准电压和最大转换值的比例得到。对于上面给出的使用 5V 基准电压的 8 位 ADC 来说，其分辨率为 19.5mV，也就是说，所有低于 19.5mV 输入电压的输出值都为 0，19.5～39mV 输入电压的输出值为 1，39～58.6mV 输入电压的输出值为 3，以此类推。

提高分辨率的一种方法是降低基准电压。如果将基准电压从 5V 降到 2.5V，则分辨率上升到 2.5/256≈9.7mV，但最高测量电压降到了 2.5V。不降低基准电压又能提高分辨率的唯一方法是增加 ADC 的数字位数，对于使用 5V 基准电压的 12 位 ADC 来说，其输出范围可达 4096，其分辨率为 1.22mV。由于在实际应用场合是有噪声的，因此 12 位 ADC 会将系统中 1.22mV 的噪声作为其输入电压进行转换。如果输入信号带有 10mV 的噪声电压，则只能通过对噪声样本进行多次采样并对采样结果进行平均处理，否则该转换器无法对 10mV 的真实输入电压进行响应。

8.2.3　ADS1015 芯片简介

处理器在进行模拟信号采集时有两种方案：方案一，采用处理器自带 ADC 转换器和通道；方案二，通过外部 ADC 模组进行采样，从而获取对应的模拟信号数据。不同方案可应用于不同场景，如果在对精度、速率、通道数量等要求一般的场景中，且成本有限的条件下可采用方案一；若多通道严格要求同步采样、高频模拟信号、模拟音视频采集时，则需要采用方案二。本项目结合应用场景采用方案二的案例进行教学，外部模拟信号采集芯片为 TI 的 ADS1015。

ADS1015 芯片采用 I^2C 接口，具有 4 个单端输入的 12 位高精度、低功耗模数转换器（ADC），采用了低漂移电压基准和振荡器，对于其内置的增益放大器，用户可以根据自己所需设置增益。同时它还有较宽的工作电源电压范围，从而使得它非常适合在功率受限和空间受限的传感器测量中应用。其内部结构如图 8-38 所示。

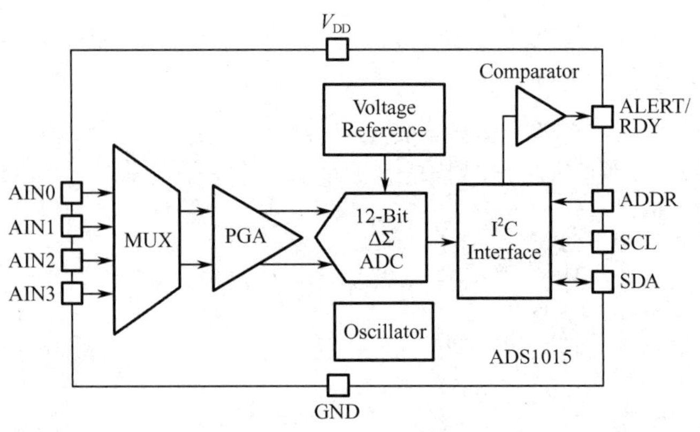

图 8-38　ADS1015 芯片内部结构

ADS1015 芯片在便携式仪表、电池电压和电流监测、温度测量系统、消费类电子产品，以及工厂自动化和过程控制领域中的应用十分广泛。

1. 硬件描述

硬件平台中的 ADS1015 采用 SSOP 封装，一共有 10 个引脚，其引脚布局和功能如表 8-26 所示。

表 8-26　ADS1015 的引脚信息

<table>
<tr><th>引　脚</th><th>功　能</th><th>引脚布局示意图</th></tr>
<tr><td>ADDR</td><td>地址引脚（配置该引脚电路，可以设置不同的地址，接 GND 则设备地址为 0x48）</td><td rowspan="7">ADDR 1　10 SCL
ALERT/RDY 2　9 SDA
GND 3　8 V_{DD}
AIN0 4　7 AIN3
AIN1 5　6 AIN2</td></tr>
<tr><td>ALERT</td><td>中断引脚，数值比较器输出或转换准备引脚</td></tr>
<tr><td>GND</td><td>地</td></tr>
<tr><td>AIN0~3</td><td>A/D 转换通道 0～3</td></tr>
<tr><td>V_{DD}</td><td>电源 2.0～5.5V</td></tr>
<tr><td>SDA</td><td>I²C 接口数据线</td></tr>
<tr><td>SCL</td><td>I²C 接口时钟线</td></tr>
</table>

2. 硬件接口和时序

ADS1015 采用 I²C 接口进行通信，不同的工作模式其时钟频率不同，详细配置参考数据手册进行设定即可。普通模式下其时钟采样频率达到 100kHz，快速模式下其时钟采样频率达到 400kHz，高速模式下其时钟主频可达 3.4MHz。

图 8-39 所示为 ADS101x 访问一个特定寄存器的时序图，主机首先确定设备地址，接着写入一个适当的值到地址指针寄存器的地址指针位 P[1:0]，在写完地址指针寄存器后，从机返回应答信号，然后主机发出一个 Stop 条件，完成要访问寄存器的选择。最后重新产生 Start 信号，发送要访问寄存器的地址和数据，待将数据发送完成后，再产生一个 Stop 信号即可。

当从 ADS101x 中读取数据时，前面写入位 P[1:0]的值决定了读取的寄存器。要更改读取的寄存器，必须向 P[1:0]写入一个新值，按照读取的时序进行设定即可，不需要传输额外的数据，并且可以由主机发出一个 Stop 条件。

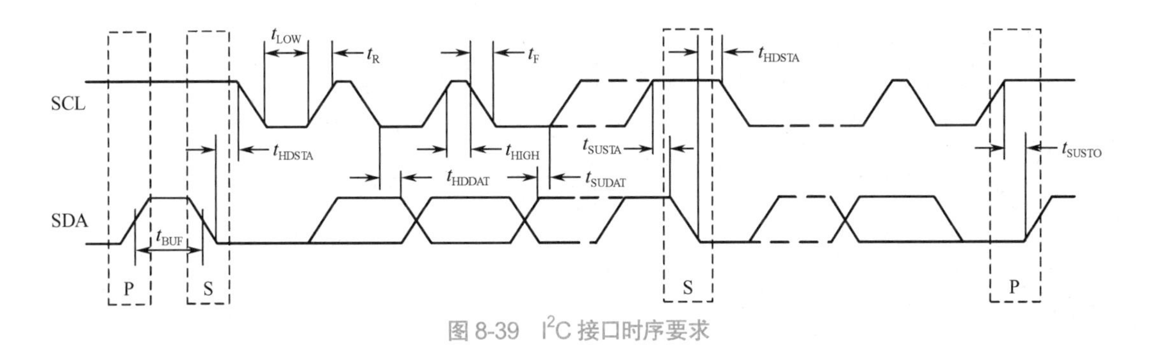

图 8-39　I²C 接口时序要求

如果重复地对同一个寄存器进行读操作时，不需要连续发送地址指针寄存器，因为 ADS101x 存储了地址指针位 P[1:0]的值，直到它被写操作修改。但是，对于每个写操作，地址指针寄存器必须用适当的值写入。图 8-40 和图 8-41 详细描述了读取和写入的时序图。

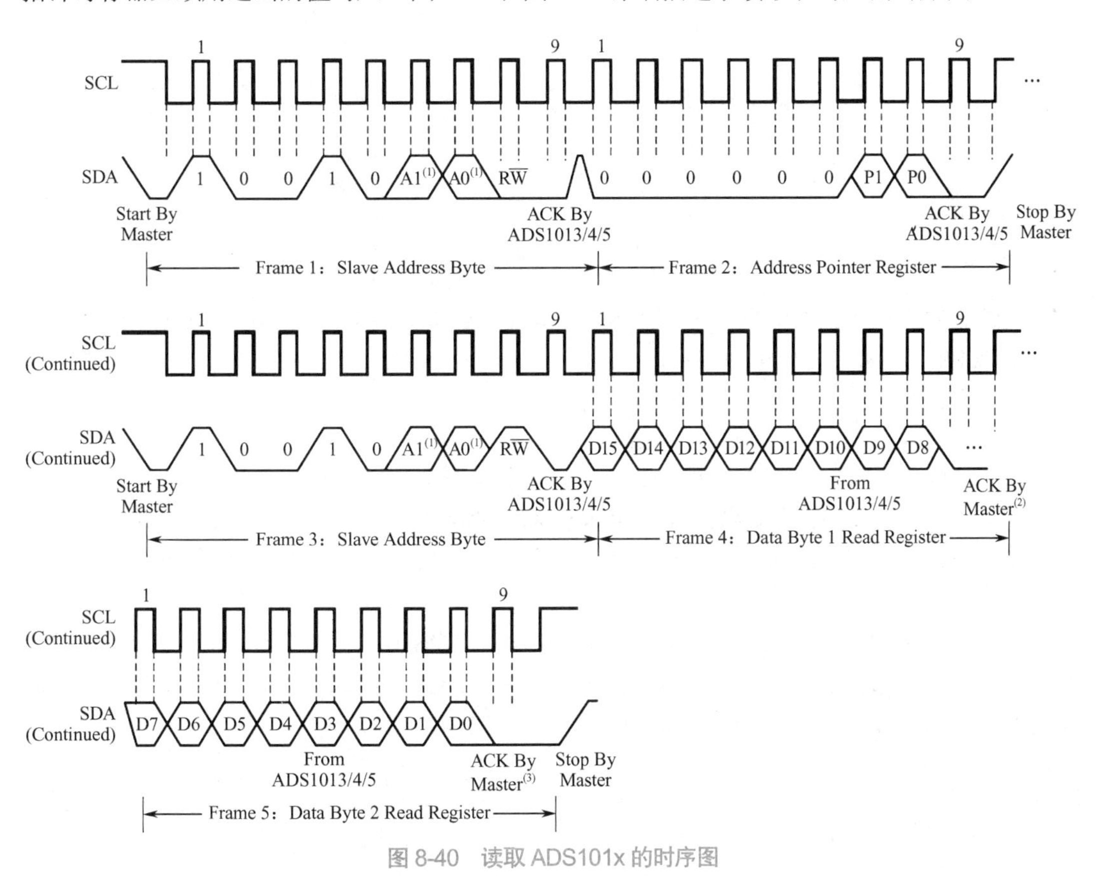

图 8-40　读取 ADS101x 的时序图

ADS1015 有一个地址引脚 ADDR，用于配置设备的 I²C 地址。该引脚可以连接到 GND、V_{DD}、SDA 或 SCL，允许用一个引脚选择 4 个不同的地址，如图 8-42 所示。如果使用 SDA 作为设备地址，在通信时，需要将 SCL 线路变为低电平至少 100ms，以确保设备在 I²C 通信时能正确解码该地址。

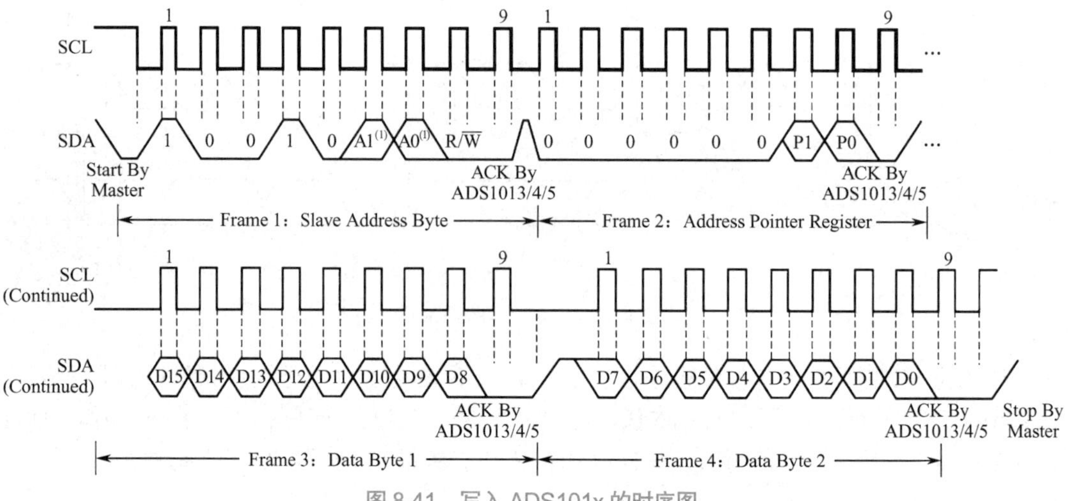

图 8-41　写入 ADS101x 的时序图

ADDR 连接引脚	从机地址
GND	1001000
V_{DD}	1001001
SDA	1001010
SCL	1001011

图 8-42　ADDR 引脚连接电路设计对应地址

由图 8-42 可知，当 ADDR 引脚接 GND 时地址为 0x48，接 V_{DD} 时地址为 0x49，接 SDA 时地址为 0x4A，接 SCL 时地址为 0x4B。

3. 寄存器介绍

ADS1015 有 4 个寄存器，可以通过 I^2C 接口使用地址在指针寄存器中访问。分别为：Conversion Register（转换寄存器）、Config Register（配置寄存器）、Lo_thresh Register（低阈值寄存器）、Hi_thresh Register（高阈值寄存器）。阅读寄存器时，R/W 表示可读可写，R 表示只能读取，-n 为复位后的值。

（1）Address Pointer Register（地址指针寄存器）。ADS1015 的 4 个寄存器进行访问和设定时，都需要通过地址指针寄存器进行数据指引，其中 7:2 位默认为 0，1:0 位可通过设定对应值，实现对相关寄存器的访问和设定。详细配置方式如图 8-43 所示。

位	字段	类型	复位	描述
7:2	Reserved	W	0h	Always write 0h
1:0	P[1:0]	W	0h	**Register address pointer** 00 : Conversion Register 01 : Config Register 10 : Lo_thresh Register 11 : Hi_thresh Register

图 8-43　地址指针寄存器字段说明

（2）Conversion Register（转换寄存器）。该寄存器是一个 16 位的只读寄存器。如图 8-44 所示，ADS1015 是一个 12 位的 ADC，其中 15:4 位为单次转换的结果，也就是采集的模拟信号值，而 3:0 位则始终为 0。获取模拟信号的值时，读取该寄存器的值即可。

15	14	13	12	11	10	9	8
D11	D10	D9	D8	D7	D6	D5	D4
R-0h	R-0h	R-0h	R-0h	R-0h	R-0h	R-0h	R-0h
7	6	5	4	3	2	1	0
D3	D2	D1	D0	Reserved			
R-0h	R-0h	R-0h	R-0h	R-0h	R-0h	R-0h	R-0h

Bit	Field	Type	Reset	Description
15:4	D[11:0]	R	000h	12-bit conversion result
3:0	Reserved	R	0h	Always Reads back 0h

图 8-44　转换寄存器

（3）Config Register（配置寄存器）。这个 16 位的寄存器用于控制操作模式、输入选择、放大增益、数据速率、满量程和比较器模式的设置。比如 ADS1015 支持 4 通道输入，但是只有一个 ADC 转换器，这时就需要配置输入选择，从而实现指定输入端口的模拟信号采集。

图 8-45 中罗列了寄存器的每一位配置的参数意义，可以在数据手册中进行研读，在此不过多赘述。

15	14	13	12	11	10	9	8
OS	MUX[2:0]			PGA[2:0]			MODE
R/W-1h	R/W-0h			R/W-2h			R/W-1h
7	6	5	4	3	2	1	0
DR[2:0]			COMP_MODE	COMP_POL	COMP_LAT	COMP_QUE[1:0]	
R/W-4h			R/W-0h	R/W-0h	R/W-0h	R/W-3h	

图 8-45　配置寄存器

（4）Lo and Hi_thresh Register（低/高阈值寄存器）。芯片特性中描述到，ADS1015 内部自带可编程比较器，就是因为有低/高阈值寄存器的存在。低/高阈值表面具备宽电压检测功能，当输入值超出阈值时，就会通过 ALERT/RDY 引脚产生中断，提示处理器进行异常处理。这两个 16 位寄存器配置，让比较器成为数字比较器。如果 PGA（可编程增益放大器）设置发生变化，这些寄存器中的值必须更新。

低/高阈值寄存器的字段说明如图 8-46 所示。

15	14	13	12	11	10	9	8
Lo_thresh11	Lo_thresh10	Lo_thresh9	Lo_thresh8	Lo_thresh7	Lo_thresh6	Lo_thresh5	Lo_thresh4
R/W-1h	R/W-0h	R/W-0h	R/W-0h	R/W-0h	R/W-0h	R/W-0h	R/W-0h
7	6	5	4	3	2	1	0
Lo_thresh3	Lo_thresh2	Lo_thresh1	Lo_thresh0	0	0	0	0
R/W-0h	R/W-0h	R/W-0h	R/W-0h	R-0h	R-0h	R-0h	R-0h

15	14	13	12	11	10	9	8
Hi_thresh11	Hi_thresh10	Hi_thresh9	Hi_thresh8	Hi_thresh7	Hi_thresh6	Hi_thresh5	Hi_thresh4
R/W-0h	R/W-1h	R/W-1h	R/W-1h	R/W-1h	R/W-1h	R/W-1h	R/W-1h
7	6	5	4	3	2	1	0
Hi_thresh3	Hi_thresh2	Hi_thresh1	Hi_thresh0	1	1	1	1
R/W-1h	R/W-1h	R/W-1h	R/W-1h	R-1h	R-1h	R-1h	R-1h

Bit	Field	Type	Reset	Description
15:4	Lo_thresh[11:0]	R/W	800h	Low threshold value
15:4	Hi_thresh[11:0]	R/W	7FFh	High threshold value

图 8-46　低/高阈值寄存器字段说明

8.2.4 RT-Thread Sensor 设备

RT-Thread 设备和驱动非常丰富，有专项的 Sensor（传感器）组件，其中包含了大量的传感器，如加速度计、磁力计、陀螺仪、气压计、湿度计等。这些传感器各大半导体厂商都有生产，虽然增加了可选择性，但也加大了开发应用程序的难度。因为对同一类型的传感器，可能因不同的厂商需要配套自己独立的驱动才能正常运转，这样在开发应用程序时就需要针对不同传感器做适配，自然加大了开发难度。

组件的特点是内部通过适配和相关接口统一来降低应用程序开发的难度，增加传感器驱动的可复用性。本任务中也采用了 RT-Thread Sensor 设备进行电池电量数据的采集。访问传感器设备的相关函数如表 8-27 所示。

表 8-27 传感器设备访问函数

函　数	描　述
rt_device_find()	根据传感器设备名称查找设备，获取设备句柄
rt_device_open()	打开传感器设备
rt_device_read()	读取数据
rt_device_control()	控制传感器设备
rt_device_set_rx_indicate()	设置接收回调函数
rt_device_close()	关闭传感器设备

1. 查找传感器

在获取传感器数据时，需要先查找传感器是否存在，再进行相关操作。应用程序根据传感器设备名称获取设备句柄，进而操作传感器设备最后返回相应的设备句柄，查找设备的函数原型如下：

```
1. rt_device_t rt_device_find(const char* name);
```

2. 打开传感器设备

通过设备句柄，应用程序可以打开和关闭设备。打开设备时，会检测设备是否已经被初始化，如果没有被初始化则会默认调用初始化接口进行设备初始化。通过如下函数打开设备：

```
1. rt_err_t rt_device_open(rt_device_t dev, rt_uint16_t oflags);
```

该函数的参数和返回值如表 8-28 所示。

表 8-28 rt_device_open()函数的参数和返回值

参　数	描　述
dev	设备句柄
oflags	设备模式标识

续表

参　　数	描　　述
返回	—
RT_OK	设备打卡成功
-RT_EBUSY	如果设备注册时指定的参数中包括 RT_DEVICE_FLAG_STANDALONE，则此设备将不允许重复打开
-RT_EINVAL	不支持的打开参数
其他错误码	设备打开失败

3. 控制传感器设备

通过命令控制字，应用程序可以对传感器设备进行配置，通过如下函数来完成：

```
1.  rt_err_t rt_device_control(rt_device_t dev, rt_uint8_t cmd, void* arg);
```

该函数的参数和返回值如表 8-29 所示。

表 8-29　rt_device_control()函数的参数和返回值

参　　数	描　　述
dev	设备句柄
cmd	命令控制字
arg	控制的参数
返回	—
RT_OK	函数执行成功
-RT_ENOSYS	执行失败，dev 为空
其他错误码	执行失败

4. 设置接收回调函数

可以通过如下函数设置数据接收指示，当传感器接收到数据时，可通知上层应用线程：

```
1.  rt_err_t rt_device_set_rx_indicate(rt_device_t dev, rt_err_t (*rx_ind) (rt_device_t dev,rt_size_t size));
```

该函数的参数和返回值如表 8-30 所示。

表 8-30　rt_device_set_rx_indicate()函数的参数和返回值

参　　数	描　　述
dev	设备句柄
rx_ind	回调函数指针
dev	设备句柄（回调函数参数）
size	缓冲区数据大小（回调函数参数）
返回	—

续表

参　数	描　述
>0	返回读取到数据的个数
0	需要读取当前线程的 errno 来判断错误状态

5. 读取数据

可调用如下函数读取传感器接收到的数据：

```
1.  rt_size_t rt_device_read(rt_device_t dev, rt_off_t pos, void* buffer, rt_size_t size);
```

该函数的参数和返回值如表 8-31 所示。

表 8-31　rt_device_read()函数的参数和返回值

参　数	描　述
dev	设备句柄
pos	读取数据偏移量，传感器未使用此参数
buffer	缓冲区指针，读取的数据将会被保存在缓冲区中
size	读取数据的个数
返回	—
>0	返回读取到的数据个数
0	需要读取当前线程的 errno 来判断错误状态

6. 关闭传感器设备

当应用程序完成传感器操作后，可以关闭传感器设备，通过如下函数来完成：

```
1.  rt_err_t rt_device_close(rt_device_t dev);
```

该函数的参数和返回值如表 8-32 所示。

表 8-32　rt_device_close()函数的参数和返回值

参　数	描　述
dev	设备句柄
返回	—
RT_EOK	关闭设备成功
-RT_ERROR	设备已经完全关闭，不能重复关闭
其他错误码	关闭设备失败

注意：关闭设备接口和打开设备接口需配对使用，即打开一次设备要对应关闭一次设备，这样设备才会被完全关闭，否则设备仍将处于未关闭状态。

任务实施

新能源汽车电量监测设计与开发

（1）功能分析。掌握 ADS1015 芯片的工作原理，在龙芯 1B 开发板上运行 RT-Thread，采用 Sensor 架构获取模拟信号值。处理采集的模拟信号，将其转换成对应的电量值，通过 CAN 总线接口将电量数据发送给主机。整体开发流程如下：

- 初始化 I²C 和 CAN 控制器；
- 使用 Sensor 架构完成传感器初始化和数据采集等；
- 使用 CAN 设备将采集的电量值发送给主机。

通过分析如图 8-47 所示的模拟信号采集电路原理图可以发现，ADDR 引脚接地则 7 位地址值为 0x48。当个人开发采用的硬件电路与模拟信号采集电路不一致时，打开 ads1015.c 文件将宏定义 ADS1015_ADDRESS 的值修订为对应的值即可。

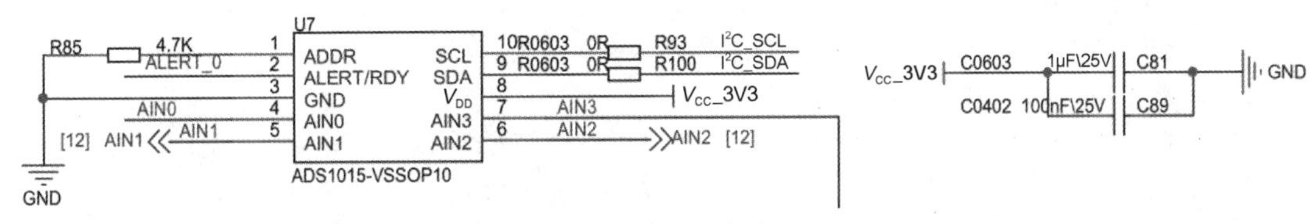

图 8-47　ADS1015 电路原理图

（2）电池模拟信号的采集。

① 引用头文件。为了方便调用相关函数进行应用开发，这里先引用下面的头文件：

```
1.  #include <stdio.h>
2.  #include "ls1x_i2c_bus.h"
3.  #include "i2c/drv_ads1015.h"
4.  #include "i2c/ads1015.h"
```

② I²C 硬件的初始化。通过调用 ls1x_i2c_initialize()函数对连接 ADS1015 的 I²C0 接口进行初始化，完成硬件 I²C0 的设备寄存器指针、速率、线程安全等的配置。

```
1.  ls1x_i2c_initialize(busI2C0);                    /* 初始化 I²C0 控制器 */
```

③ 初始化基于 Sensor 架构的传感器。使用 rt_ls1x_ads1015_install()函数将 ADS1015 芯片相关操作兼容到 Sensor 架构中，才能使用 rt_device_find()和 rt_device_open()函数完成设备信息读取和打开。

```
1.  rt_device_t devADC;
2.  rt_ls1x_ads1015_install();                         //1.基于 RTT_OS 注册龙芯 ADC 设备
3.  devADC = rt_device_find(ADS1015_DEVICE_NAME);      //2.获取 ADC 设备信息
4.  if (devADC == NULL)
```

```
5.      return -1;
6.   //3.打开设备
7.   rt_device_open(devADC, RT_DEVICE_FLAG_RDONLY);   //以只读方式打开
```

④ 电池电量的采集。设备查询和打开成功后，通过调用 rt_device_read()函数即可读取 ADS1015 采集的模拟信号，最后将采集到的模拟信号值转换为对应的电压值和电池电量值。

```
1.   uint16_t adc=0;                       //定义 ADC 采集变量
2.   char tbuf[40]= {0},sbuf[40]= {0};  //LCD 显示缓存
3.   float battery_value,in_v;//定义电池电量和电压变量
4.   while（1）
5.   {
6.       rt_device_read(devADC, ADS1015_CHANNEL_S0, (void *)&adc, 2);
7.       in_v = 4.096*2*adc/4096;                        //采集电压的转换公式
8.       battery_value=in_v/3.3*100;                     //转换电量百分比
9.       sprintf((char *)sbuf,"电池电压值：%.02fV",in_v);
10.      sprintf((char *)tbuf,"当前剩余电量：%.1f%%",battery_value);
11.      fb_textout(10, 60, "电池电压采集");
12.      fb_fillrect(10, 80, 480, 130, cidxBLACK);      //绘制矩形框填充刷屏区域
13.      fb_textout(10, 80, sbuf);                       //显示电压数据
14.      fb_textout(10, 100, tbuf);                      //显示电池电量百分比
15. }
```

（3）电量数据的传输。实现了电量检测功能后，在真实的汽车电子应用场景中电量检测只属于单个节点，最后需要通过 CAN 总线将相关数据传输至车载电脑中。RT-Thread 可使用 CAN 设备管理接口访问 CAN 硬件控制器。通过调用相关函数即可实现数据收发，在此就不再赘述。

① 引用头文件。为了方便调用相关函数进行应用开发，这里先引用下面的头文件：

```
1.  #include "ls1x_can.h"
2.  #include "ls1b_gpio.h"
```

② CAN 总线硬件配置。在启用 CAN 总线接口时，关闭 GPIO 默认引脚功能，调用 rt_ls1x_can_install()函数，使得龙芯 CAN 硬件接口兼容 RT-Thread CAN 设备管理接口。

```
1.  gpio_disable(40);           //关闭 GPIO 功能，使用 CAN
2.  gpio_disable(41);
3.  rt_ls1x_can_install();      //1.基于 RTT_OS 注册龙芯 CAN 设备
```

③ CAN 总线设备设置。与 Sensor 架构一样，通过调用 rt_device_find()、rt_device_init()、rt_device_open()和 rt_device_control()函数，实现对应 CAN 总线硬件设备的初始化和配置。同时为了方便数据收发，通过数组和结构体等实现对数据的存储和封装。

新能源汽车仪表盘 CAN 总线数据传输开发

```
1.  rt_device_t pCAN1;
2.  pCAN1 = rt_device_find(ls1x_can_get_device_name(devCAN1));        //2.获取 CAN 设备定义
3.  if (pCAN1 == NULL)
4.      return;
5.  rt_device_init (pCAN1);                                           //3.初始化 CAN 控制器
6.  rt_device_open(pCAN1, RT_DEVICE_FLAG_WRONLY);                     //4.打开 CAN 设备
7.  //5.配置 CAN 控制器模式、速度
8.  rt_device_control(pCAN1, IOCTL_CAN_SET_CORE, (void *)CAN_CORE_20B);    /* set mode: CAN_CORE_20B */
9.  rt_device_control(pCAN1, IOCTL_CAN_SET_SPEED, (void *)CAN_SPEED_250K); /* set speed: CAN_SPEED_
500K */
10. rt_device_control(pCAN1, IOCTL_CAN_START, NULL);            /* start It */
11. unsigned char s1[S_LEN+1], s2[S_LEN+1];                           //6.CAN 设备数据传输测试
12. unsigned int tx_count = 0;
13. int wr_cnt,rd_cnt;
14. CANMsg_t msg,rmsg;
15. msg.id = 2; // MSG_ID;
16. msg.extended = 1;
17. msg.rtr = 0;
18. msg.len = 8;
```

④ 传输数据。电量数据获取成功后调用 rt_device_write()函数即可实现电量数据的上传，从而使车载电脑完成电池电量监测。

```
1.  //CAN1 发送数据
2.  wr_cnt = rt_device_write(pCAN1, 0, (const void *)&msg, sizeof(msg));
```

如图 8-48 所示，电池电压和电量等数据都通过 LCD 进行显示，通过工具调节电位器的阈值，从而模拟电池电压输出的变换。

图 8-48　电池电量采集

任务拓展

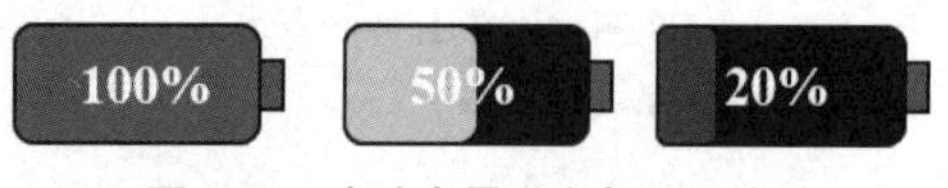

图 8-49　电池电量进度条显示效果

通过 LCD 绘制电池电量进度条，电池电量在 40%～100%为绿色，在 20%～40%为橙色，在 0%～20%为红色。编写了完整程序后，将其编译、烧录至龙芯 1B 开发板查看实验现象。电池电量进度条显示效果如图 8-49 所示。

任务 8.3　新能源汽车仪表盘设计与开发

任务分析

在电动化、智能化的推动下，新能源汽车除动力系统与传统汽油车存在差异外，汽车仪表也由机械式向虚拟化液晶仪表演进。传统机械式仪表显示方式单一，无交互界面，无法适应新消费需求，而最新的全数字化虚拟仪表，采用屏幕取代指针、数字等，用计算机模拟仪表的处理过程，信息显示更丰富、精准，同时具备多个接口，可扩展性强，外观也更富有科技感、时尚感，如图 8-50 所示。

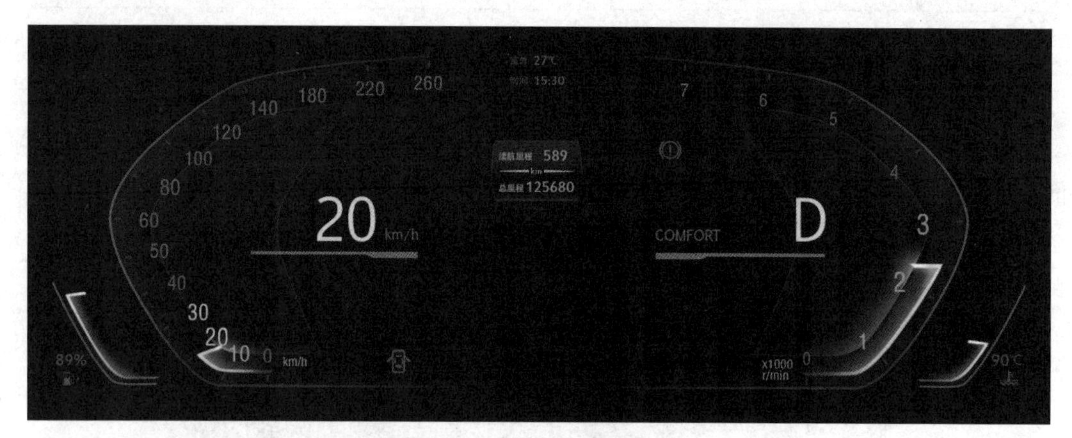

图 8-50　新能源汽车仪表盘

本任务采用开源轻量级显示框架 LVGL，实现新能源汽车仪表盘的设计与开发。通过对 LVGL 的学习，掌握 LVGL 的输入设备和输出设备的移植与配置，使用文本、进度条、滚筒、量规等组件，实现转速、电量、挡位、时间等信息的显示。

建议学生带着以下问题进行本任务的学习和实践。

- 为什么要采用显示框架？
- 什么是 LVGL？
- LVGL 标签、图像、滚筒等组件如何使用？
- 如何使用 LVGL 完成新能源汽车仪表盘的设计与开发？

新能源汽车仪表盘功能分析与系统组成

8.3.1　GUI 初识

嵌入式 GUI 介绍与应用

GUI（Graphics User Interface）的中文名称为图形用户界面，是采用图形方式显示的计算机操作用户界面，是计算机与其使用者之间的对话接口，已经成为计算机系统的重要组成部分。

早期，计算机向用户提供的是单调、枯燥、纯字符状态的“命令行界面”（CLI），也有人称之为“字符用户界面”（CUI），如图 8-51 所示。

```
Build network based on our topology.
Getting Hosts and Switches.
<class 'mininet.node.Host'>
<class 'mininet.node.Host'>
Getting controller selection:ref
<class 'mininet.node.Host'>
Getting Links.
*** Configuring hosts
h1 h3 h2
**** Starting 1 controllers
c0
**** Starting 2 switches
s1 s2
No NetFlow targets specified.
No sFlow targets specified.
  ng ι    preven         t from quitting ar  will prevent you from starting t e
network again during this sessoin.

*** Starting CLI:
mininet>
mininet>
```

图 8-51　CLI 用户界面

由于字符用户界面的操作方式需要用户牢记大量命令，非常不便，后来改为通过窗口、菜单、按键等方式进行操作。但 CLI 并非被完全摒弃，在服务器、计算机、手机中仍然采用 CLI 和 GUI 组合的方式，例如在 Windows 系统的 cmd 中，通过 date/t 命令即可查询系统时间。

20 世纪 70 年代，施乐公司 Xerox Palo Alto Research Center（PARC）的研究人员开发了第一个 GUI 图形用户界面，如图 8-52 所示，开启了计算机图形界面的新纪元。此后，操作系统的界面设计经历了众多变迁，OS/2、Macintosh、Windows、Linux、Mac OS、Symbian OS、Android、iOS 各种操作系统将 GUI 设计带进新时代。

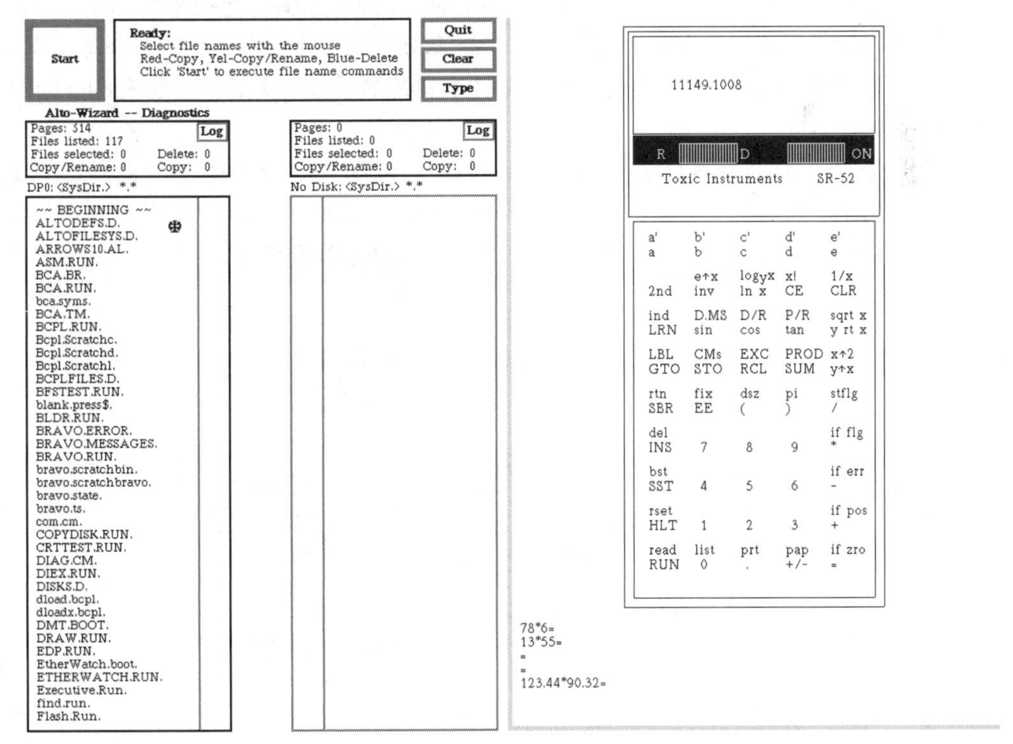

图 8-52　施乐公司的第一个 GUI 图形用户界面

然而微控制器资源有限，无法运行 Windows、Android、iOS 等大型 GUI 系统，主要使用 LVGL、TouchGFX、emWin、MiniGUI、Qt（Qt for MCUs）等 GUI，如图 8-53 所示。它们各有千秋，在应用场景、平台等方面均有差异。本项目学习采用的 LVGL 因其资源占用少、界面优美、组件丰富等优点被广泛使用。

图 8-53 嵌入式端常用 GUI

8.3.2 LVGL 简介

图 8-54 LVGL 的 Logo

LVGL（Light and Versatile Graphics Library，轻巧而多功能的图形库）是一个免费的开放源代码图形库，作者是来自匈牙利的 Gabor Kiss-Vamosikisvegabor，第一版于 2016 年在 GitHub 上发布，其 Logo 如图 8-54 所示。LVGL 用 C 语言编写，具有强大的集成控件，包括按钮、图表、列表、滑块、图像等，带有动画、抗锯齿、不透明度、平滑滚动的高级图形。同时支持多种输入设备：触摸板、鼠标、键盘、编码器等，支持使用多 TFT 和单色显示器，支持 UTF-8 编码的多语言，完全可定制的控件风格。

图 8-55 对 LVGL 的优点进行了描述，例如体积小，兼容多个操作系统、外部存储和 GPU 等优点，而且为了开发方便，还可以通过 SquareLine Studio 上位机软件，直接进行图形化编程实现相关 UI 设计，不需要任何编程知识。读者可以在后期学习研究该工具的相关知识，本书不再赘述。

图 8-55 LVGL 的优点

8.3.3　LVGL 快速入门

学习一个产品最好的资料是官方发布的技术说明文档，这里为大家提供 LVGL 项目的所有代码仓库，在 GitHub 官网可以获取源码和相关案例，方便大家学习使用。本节主要分为两个部分进行讲解：移植和组件使用。

1. LVGL 移植

LVGL 移植主要分为五个步骤：项目设置、显示接口移植、输入设备接口移植、心跳函数和任务处理器添加。龙芯 1B 开发环境中添加了 LVGL 组件，在进行项目创建时只需勾选该组件，即可完成项目设置、显示接口和输入设备的移植，然而心跳函数和任务处理器还需手动添加。目前，开发环境中的 LVGL 版本为 7.0.1，相较于市面上最新版本，该版本缺少一些组件和扩展功能，读者可自行升级 LVGL 版本。

（1）项目设置。LVGL 可在 GitHub 官网进行下载。进入该链接后，单击“master”下拉按钮选择使用的版本，单击“Download ZIP”按钮，就能获得指定版本源码的压缩文件，如图 8-56 所示。

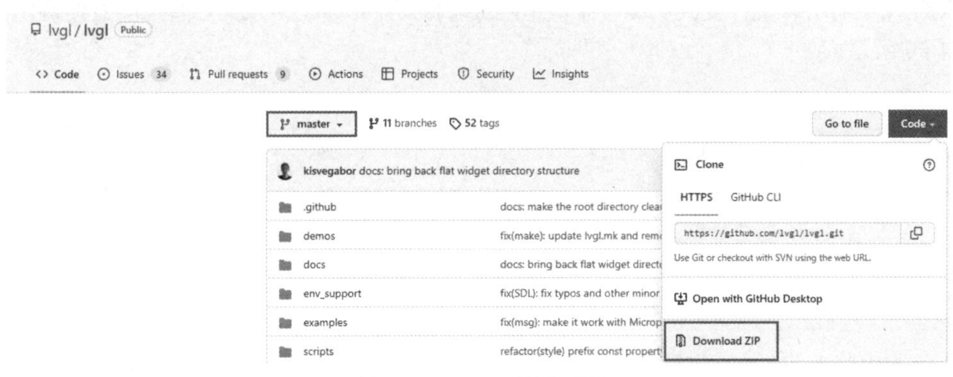

图 8-56　LVGL 源码下载

对源码文件进行解压缩以后，将 lvgl 文件中的 lv_conf_template.h 文件复制一份，并将其名称修改为 lv_conf.h。通过编辑器打开该文件，将开头的“#if 0”更改为“#if 1”以启用相关配置，如图 8-57 所示。

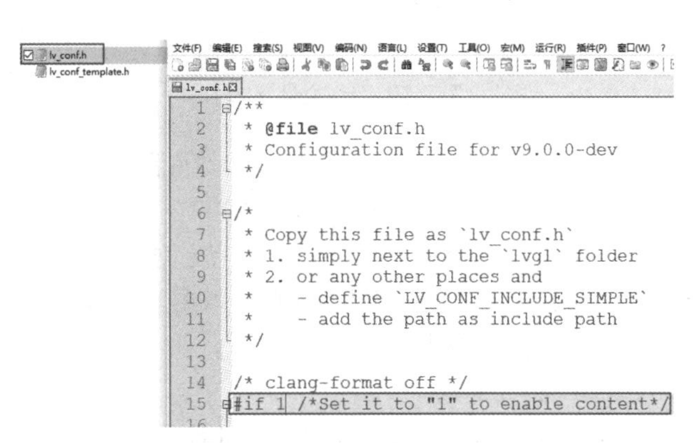

图 8-57　lv_conf.h 文件的创建与配置

lv_conf.h 是 LVGL 配置头文件。该文件采用了大量预编译和宏定义的方式，使很多功能可以自定义添加，如设置颜色深度、库的基本行为、禁用未使用的模块和功能、在编译时调整内存缓冲区的大小等。这些配置都需要结合硬件设备资源、项目需求、呈现效果等进行综合考量，如图 8-58 所示。

```
/*Color depth: 1 (1 byte per pixel), 8 (RGB332), 16 (RGB565), 32 (ARGB8888)*/
#define LV_COLOR_DEPTH 16

#define LV_COLOR_CHROMA_KEY lv_color_hex(0x00ff00)

/*=========================
   STDLIB WRAPPER SETTINGS
 *=========================*/

/*Enable and configure the built-in memory manager*/
#define LV_USE_BUILTIN_MALLOC 1
#if LV_USE_BUILTIN_MALLOC
    /*Size of the memory available for `lv_malloc()` in bytes (>= 2kB)*/
    #define LV_MEM_SIZE (128U * 1024U)          /*[bytes]*/
```

图 8-58　lv_conf.h 相关配置

lvgl 的 src 文件夹中包含了内核源码、画点、字体、布局、库、组件等。进行移植时，需要将该文件夹中的所有文件复制到工程中，并且在编辑器中添加对应文件的路径，方便调用函数，如图 8-59 所示。

› lvgl　　搜索"lvgl"

名称	类型	大小
.github	文件夹	
.idea	文件夹	
demos	文件夹	
docs	文件夹	
env_support	文件夹	
examples	文件夹	
scripts	文件夹	
src	文件夹	
tests	文件夹	
.gitignore	文本文档	1 KB
.pre-commit-config.yaml	YAML 文件	1 KB
CMakeLists.txt	文本文档	1 KB
component.mk	Makefile	3 KB
idf_component.yml	YML 文件	1 KB
Kconfig	.file	42 KB
library.json	JSON File	1 KB
library.properties	PROPERTIES 文件	1 KB
lv_conf_template.h	H 文件	26 KB
lvgl.h	H 文件	5 KB
lvgl.mk	Makefile	1 KB
README.md	Markdown File	23 KB
SConscript	.file	1 KB

名称	类型	大小
core	文件夹	
draw	文件夹	
font	文件夹	
hal	文件夹	
layouts	文件夹	
libs	文件夹	
misc	文件夹	
others	文件夹	
themes	文件夹	
widgets	文件夹	
lv_api_map.h	H 文件	2 KB
lv_conf_internal.h	H 文件	77 KB
lv_conf_kconfig.h	H 文件	7 KB
lvgl.h	H 文件	1 KB

图 8-59　src 文件复制

最后将 lvgl 文件中的 lvgl.h 和 lv_conf.h 文件添加到工程中，再添加文件路径，并通过 lv_conf.h 文件配置相关参数，至此，完成了 LVGL 工程文件的移植。

（2）显示接口移植。将工程文件移植成功以后，还无法驱动屏幕进行相关数据的显示，此时需要进行显示接口的移植。需要自定义一个 lv_port_disp_init()函数，第一步初始化显示屏硬件函数，第二步初始化 lv_disp_draw_buf_t 和 lv_disp_drv_t 变量。

嵌入式 GUI 移植-显示接口移植

lv_disp_draw_buf_t：包含被称为绘制缓冲区的内部图形缓冲区。

lv_disp_drv_t：包含与显示交互和操作绘图相关事物的回调函数。

绘制缓冲区是 LVGL 用来渲染屏幕内容的数组。一旦渲染准备就绪，则使用显示驱动程序中设置的 flush_cb()函数将绘制缓冲区中的内容发送到显示器，更新显示内容。

绘制缓冲区可以通过初始化 lv_disp_draw_buf_t 变量来实现，示例代码如下：

```
1.  /*用于存储绘制缓冲区中的静态或全局变量*/
2.  static lv_disp_draw_buf_t disp_buf;
3.  /*静态或全局缓冲区。第二个缓冲区是可选的*/
4.  static lv_color_t buf_1[MY_DISP_HOR_RES * 10];
5.  static lv_color_t buf_2[MY_DISP_HOR_RES * 10];
6.  /*用缓冲区初始化 disp_buf。如果只有一个缓冲区，则使用 NULL 代替 buf_2 */
7.  lv_disp_draw_buf_init(&disp_buf, buf_1, buf_2, MY_DISP_HOR_RES*10);
```

请注意，lv_disp_draw_buf_t 变量要求是静态的、全局的或动态分配的，而不是超出范围时销毁的局部变量。

通过程序分析可见，绘制缓冲区可以小于屏幕，与局部刷新有一定的关系。当只有一个小区域发生变化时（如按下按钮），则只会刷新该区域，不会进行整个屏幕的内容刷新。

更大的缓冲区会导致更好的性能，但超过 1/10 屏幕大小的缓冲区就没有显著的性能改进了。因此，建议选择的绘制缓冲区大小至少为屏幕的 1/10。

如果只使用一个缓冲区，LVGL 将屏幕内容绘制到该绘制缓冲区中并将其发送到显示器；如果使用两个缓冲区，LVGL 可以将屏幕内容绘制到一个缓冲区中，而另一个缓冲区的内容被发送到后台更新，实现渲染和刷新并行。

当缓冲区被初始化好后，lv_disp_drv_t 显示驱动程序需要用 lv_disp_drv_init(&disp_drv)函数先完成初始化，再配置缓冲区、显示刷新和屏幕像素参数，并使用 lv_disp_drv_register(&disp_drv)函数完成配置更新。

显示驱动更新的示例代码如下，其中，my_flush_cb()函数是需要开发者自定义的屏幕显示更新函数：

```
1.  static lv_disp_drv_t disp_drv;           /* 一个保存驱动程序的变量，必须是静态或全局的 */
2.  lv_disp_drv_init(&disp_drv);             /* 基本初始化 */
3.  disp_drv.draw_buf = &disp_buf;           /* 设置一个初始化的缓冲区 */
4.  disp_drv.flush_cb = my_flush_cb;         /* 设置刷新回调函数，屏幕显示更新 */
5.  disp_drv.hor_res = 480;                  /* 设置水平分辨率，单位为像素 */
6.  disp_drv.ver_res = 800;                  /* 设置垂直分辨率，单位为像素 */
7.  lv_disp_t * disp;
8.  disp = lv_disp_drv_register(&disp_drv); /* 注册驱动程序并保存创建的显示对象 */
9.  void my_flush_cb(lv_disp_drv_t * disp_drv, const lv_area_t * area, lv_color_t * color_p)
10. {  /* put_px 只是一个例子，需要结合屏幕的画点函数去设定 */
11.     int32_t x, y;
12.     for(y = area->y1; y <= area->y2; y++) {
13.         for(x = area->x1; x <= area->x2; x++) {
14.             put_px(x, y, *color_p)
```

```
15.         color_p++; }
16.     }
17.     lv_disp_flush_ready(disp_drv);/* 通知图形库，您已经准备显示内容刷新 */
18. }
```

（3）输入设备接口移植。LVGL 支持多种输入设备，如触摸板、鼠标、键盘、编码器（带有左/右转和推动选项）或外部按钮。需要自定义一个 lv_port_indev_init()函数，实现输入设备硬件的初始化和 LVGL 输入设备接口的注册，其中输入设备硬件的初始化就不做过多讲解。

嵌入式 GUI 移植-触摸接口移值

LVGL 输入设备注册，必须初始化一个 lv_indev_drv_t 变量。整个配置和注册流程如下：

```
1.  lv_indev_drv_t indev_drv;
2.  lv_indev_drv_init(&indev_drv);          /*基础初始化*/
3.  indev_drv.type =...                     /*输入设备类型*/
4.  indev_drv.read_cb =...                  /*输入设备状态获取回调函数*/
5.  /*在 LVGL 中注册驱动，并保存已创建的输入设备对象*/
6.  lv_indev_t * my_indev = lv_indev_drv_register(&indev_drv);
```

其中的 indev_drv.type 要与实际使用的输入设备所对应。目前，LVGL 支持的设备类型如下，其中，触摸板属于 LV_INDEV_TYPE_POINTER 这一类。

```
1.  LV_INDEV_TYPE_POINTER       //触摸板或鼠标
2.  LV_INDEV_TYPE_KEYPAD        //键盘或小键盘
3.  LV_INDEV_TYPE_ENCODER       //编码器，带有左/右转和推动选项
4.  LV_INDEV_TYPE_BUTTON        //外部按钮虚拟按下屏幕
```

indev_drv.read_cb 是一个函数指针对象，LVGL 会自动定期调用该函数，这里的赋值对象是屏幕坐标检测函数，示例代码如下：

```
1.  indev_drv.type = LV_INDEV_TYPE_POINTER;          //输入设备类型
2.  indev_drv.read_cb = my_input_read;               //按键回调函数
3.  ...
4.  void my_input_read(lv_indev_drv_t * drv, lv_indev_data_t*data)
5.  { //检测是否有按压
6.    if(touchpad_pressed) {
7.      data->point.x = touchpad_x;                  //保存采集的 x 轴坐标
8.      data->point.y = touchpad_y;                  //保存采集的 y 轴坐标
9.      data->state = LV_INDEV_STATE_PRESSED;        //有按压
10.   } else {
11.     data->state = LV_INDEV_STATE_RELEASED;       //已释放
12.   }
```

```
13. }
```

至此，基本上完成了输入设备接口驱动的移植，如果想使用其他输入设备，可参考 LVGL 官方提供的 lv_port_indev_template.c 文件，里面有其他输入设备移植的案例，读者可根据设备硬件进行对应的选择。

（4）心跳函数添加。LVGL 需要系统计时器才能知道动画和其他任务的经过时间，而心跳包则可为系统提供时钟节拍。只需要定期调用 lv_tick_inc(tick_period)函数，并以毫秒为单位告知调用周期，如 lv_tick_inc(1)用于每毫秒调用一次。

为了精确地知道经过的毫秒数，lv_tick_inc()应该在比 lv_task_handler()更高优先级的例程中被调用（如在中断中），即使得 lv_task_handler()的执行花费较长时间。

在裸机程序中，将心跳函数放置在定时器中断服务函数中即可；如果在嵌入式实时操作系统中，则需要创建一个线程用于执行该函数，代码如下：

```
1.  void * tick_thread (void *args)
2.  {
3.      while(1) {
4.          rt_thread_delay(5);  /*  延时 5ms */
5.          lv_tick_inc(5);       /*  心跳包执行，5ms 调用一次  */
6.      }
7.  }
```

（5）任务处理器添加。LVGL 具有内置的任务系统，可以通过注册一个函数以使其定期被调用，在 lv_task_handler()函数中处理和调用任务，该任务需要每几毫秒定期调用一次，例如前面调用 lv_indev_drv_register()函数注册的显示和输入设备检测任务。

任务处理器（Task Handler）要处理 LVGL 的任务，则需要定期通过以下方式之一调用 lv_task_handler()函数：

- main()函数的 while(1)；
- 定时器定期中断（比 lv_tick_inc()优先级低）；
- 定期执行操作系统任务。

至此，基本上完成了 LVGL 的移植，考虑到 LVGL 的更新，读者后期可以按照教材的思路去理解官方技术文档。

2. 组件使用

LVGL 的组件非常丰富，表 8-33 中展示了部分 LVGL 组件的效果图，这里选择几种经典的组件和项目中常用的组件进行讲解学习，读者可在本节学习后，再举一反三开展新的其他组件学习。

表 8-33　LVGL 组件示意表

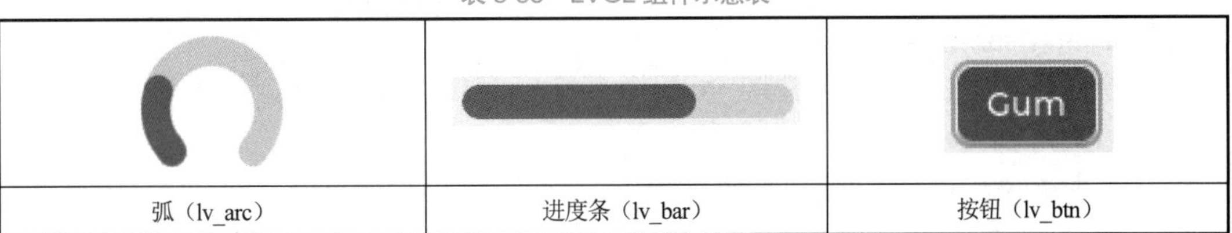

弧（lv_arc）	进度条（lv_bar）	按钮（lv_btn）

续表

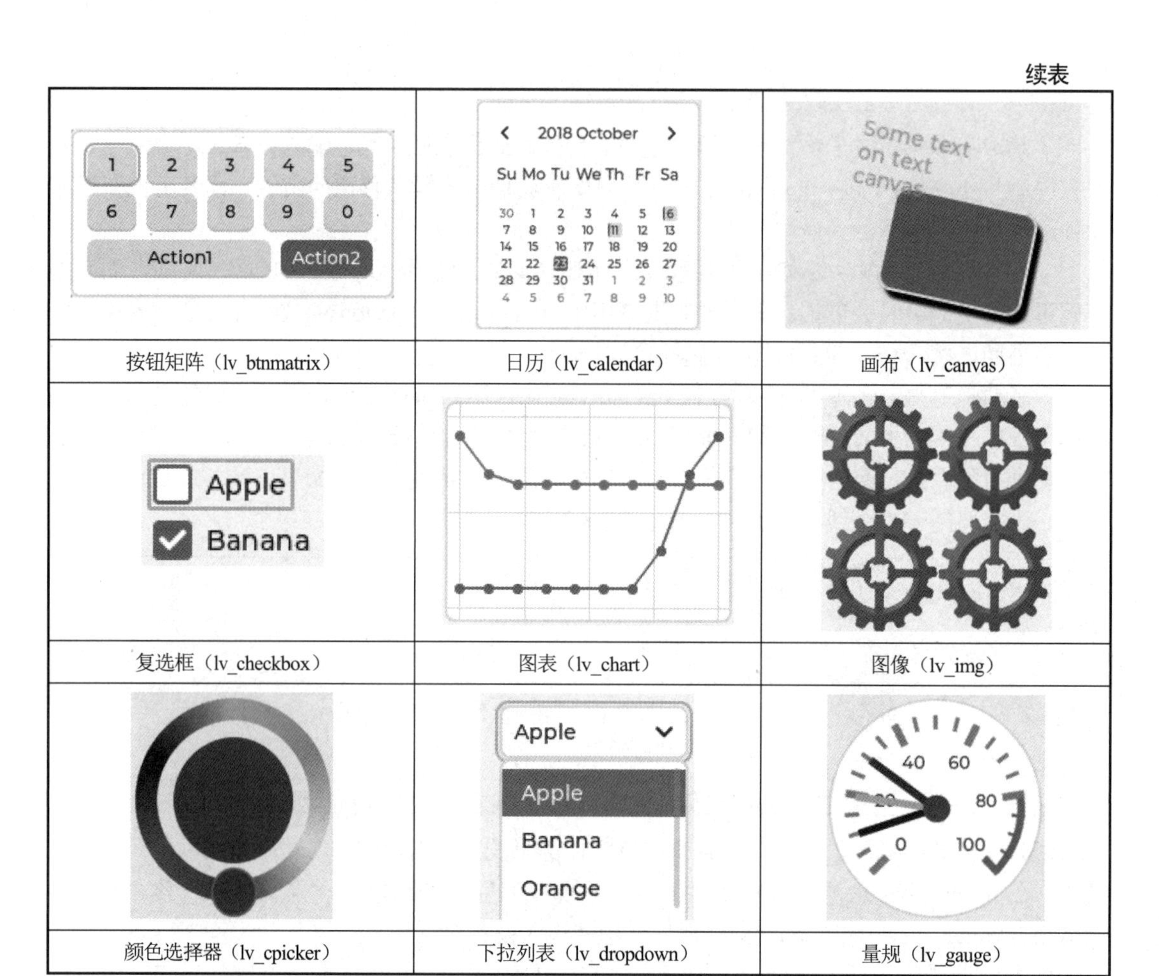

按钮矩阵（lv_btnmatrix）	日历（lv_calendar）	画布（lv_canvas）
复选框（lv_checkbox）	图表（lv_chart）	图像（lv_img）
颜色选择器（lv_cpicker）	下拉列表（lv_dropdown）	量规（lv_gauge）

（1）标签（lv_label）。标签是用于显示文本的基本对象类型，文本显示是 GUI 系统中最重要也是最基础的一个功能。

① 设定文本。使用 lv_label_set_text(label, "New text")，可以在标签上设置文本内容。入口函数参数当中的 label，是通过 lv_obj_t 声明的一个指针变量，如 lv_obj_t * label。

使用 lv_label_set_text_fmt(label, "Value: %d", 15)，可以使用 printf 格式设置文本。

如果标签用于显示来自\0 终止的静态字符缓冲区的文本，需要使用 lv_label_set_static_text (label,"Text")。在这种情况下，文本不会存储在动态存储器中，而是直接使用给定的缓冲区，这意味着数组不能为在函数退出时超出范围的局部变量。常数字符串可以安全地与 lv_label_set_static_text()一起使用（除非与 LV_LABEL_LONG_DOT 一起使用，因为它可以就地修改缓冲区），因为它们存储在 ROM 存储器中，该存储器始终可以被访问。

也可以使用原始数组作为标签文本，数组不必以\0 终止。在这种情况下，文本将与 lv_label_set_text()一样保存到动态存储器中。要设置原始字符数组，请使用 lv_label_set_array_text (label,char_array, size)函数。

② 换行符。标签文本内容支持自动识别换行符，可以在文本中直接使用\n 进行换行，如 "line1\nline2\n\nline4"。

③ 文本显示模式。可以使用 lv_label_set_long_mode(label, LV_LABEL_LONG_...)函数设定

文本显示模式。默认情况下，标签对象的宽度自动扩展为文本大小。否则，文本可以进行以下几项模式选择：

- LV_LABEL_LONG_EXPAND：将对象大小扩展为文本大小（默认）；
- LV_LABEL_LONG_BREAK：保持对象宽度，自动换行并扩大对象高度；
- LV_LABEL_LONG_DOT：保持对象大小，打断文本，写在最后一行（使用 lv_label_set_static_text 时不支持）；
- LV_LABEL_LONG_SROLL：保持大小并来回滚动标签；
- LV_LABEL_LONG_SROLL_CIRC：保持大小并循环滚动标签；
- LV_LABEL_LONG_CROP：保持大小并裁剪文本。

④ 文本对齐。文本的行可以使用 lv_label_set_align(label,LV_LABEL_ALIGN_LEFT/RIGHT/CENTER)左、右、中心对齐。这里的对齐，仅限文本内容在标签组件中的对齐方式，而不对齐标签对象本身。

⑤ 文本颜色自定义。在文本中，可以使用命令来重新着色部分文本，如"Write a #ff0000 red# word"。可以通过 lv_label_set_recolor()函数分别为每个标签启用此功能。

请注意，重新着色只能在一行中进行。因此，\n 不能在自定义颜色的文本中使用，或者用 LV_LABEL_LONG_BREAK 换行，否则，新行中的文本将不会被重新着色。

⑥ 超长文本内容兼容。LVGL 可以有效地处理非常长的字符（> 40K 字符），如很长的文章内容展示。如果要启用该特性，请在 lv_conf.h 中设置 LV_LABEL_LONG_TXT_HINT 1。

⑦ 符号。标签支持特殊字体显示，其中图 8-60 所示为 LVGL 自带的内置符号，可以通过 lv_label_set_text (my_label, LV_SYMBOL_OK)函数实现显示，并且支持单符号、符号与字符串串联和多个符号同时使用。

这里展示一个简单的标签显示范例，如图 8-61 所示。

LV_SYMBOL_AUDIO
LV_SYMBOL_VIDEO
LV_SYMBOL_LIST
LV_SYMBOL_OK
LV_SYMBOL_CLOSE
LV_SYMBOL_POWER
LV_SYMBOL_SETTINGS
LV_SYMBOL_TRASH
LV_SYMBOL_HOME
LV_SYMBOL_DOWNLOAD
LV_SYMBOL_DRIVE
LV_SYMBOL_REFRESH
LV_SYMBOL_MUTE
LV_SYMBOL_VOLUME_MID
LV_SYMBOL_VOLUME_MAX
LV_SYMBOL_IMAGE
LV_SYMBOL_EDIT
LV_SYMBOL_PREV
LV_SYMBOL_PLAY
LV_SYMBOL_PAUSE
LV_SYMBOL_STOP
LV_SYMBOL_NEXT
LV_SYMBOL_EJECT
LV_SYMBOL_LEFT
LV_SYMBOL_RIGHT
LV_SYMBOL_PLUS
LV_SYMBOL_MINUS
LV_SYMBOL_EYE_OPEN
LV_SYMBOL_EYE_CLOSE
LV_SYMBOL_WARNING
LV_SYMBOL_SHUFFLE
LV_SYMBOL_UP
LV_SYMBOL_DOWN
LV_SYMBOL_LOOP
LV_SYMBOL_DIRECTORY
LV_SYMBOL_UPLOAD
LV_SYMBOL_CALL
LV_SYMBOL_CUT
LV_SYMBOL_COPY
LV_SYMBOL_SAVE
LV_SYMBOL_CHARGE
LV_SYMBOL_PASTE
LV_SYMBOL_BELL
LV_SYMBOL_KEYBOARD
LV_SYMBOL_GPS
LV_SYMBOL_FILE
LV_SYMBOL_WIFI
LV_SYMBOL_BATTERY_FULL
LV_SYMBOL_BATTERY_3
LV_SYMBOL_BATTERY_2
LV_SYMBOL_BATTERY_1
LV_SYMBOL_BATTERY_EMPTY
LV_SYMBOL_USB
LV_SYMBOL_BLUETOOTH
LV_SYMBOL_BACKSPACE
LV_SYMBOL_SD_CARD
LV_SYMBOL_NEW_LINE

图 8-60　LVGL 自带的内置符号

Re-color words of a label, align the lines to the center and wrap long text automatically.

olling text.　It is a circ

图 8-61　标签显示范例

上述效果的示例代码如下：

```
1.  void lv_ex_label_1(void)
2. {
3.  lv_obj_t * label1 = lv_label_create(lv_scr_act(), NULL);            //创建标签组件 1
4.  lv_label_set_long_mode(label1, LV_LABEL_LONG_BREAK);               //短行显示模式
5.  lv_label_set_recolor(label1, true);                                //允许自定义文本颜色
6.  lv_label_set_align(label1, LV_LABEL_ALIGN_CENTER);                 //文本中心对齐
7.  lv_label_set_text(label1, "#0000ff Re-color# #ff00ff words# #ff0000 of a# label "
8.                        "and   wrap long text automatically.");       //设定显示内容和颜色
9.  lv_obj_set_width(label1, 150);   //设定标签组件宽度为 150px，与一行显示内容多少有关
10. lv_obj_align(label1, NULL, LV_ALIGN_CENTER, 0, -30);               //标签组件屏幕水平居中
11. lv_obj_t * label2 = lv_label_create(lv_scr_act(), NULL);            //创建标签组件 2
12. lv_label_set_long_mode(label2, LV_LABEL_LONG_SROLL_CIRC);//保持标签大小并循环滚动
13. lv_obj_set_width(label2, 150);  //设定标签组件宽度为 150px，与一行显示内容多少有关
14. lv_label_set_text(label2, "It is a circularly scrolling text. ");     //标签文本内容
15. lv_obj_align(label2, NULL, LV_ALIGN_CENTER, 0, 30);                //标签组件屏幕水平居中
16. }
```

（2）按钮（lv_btn）。按钮是简单的矩形对象。它们源自容器，因此也可以提供布局和配合。此外，可以启用它以在单击时自动进入检查状态。

① 获取按钮状态。为了简化按钮的使用，可以使用 lv_btn_get_state(btn)来获取按钮的状态，返回以下值之一：

- LV_BTN_STATE_RELEASED：松开；
- LV_BTN_STATE_PRESSED：被点击；
- LV_BTN_STATE_CHECKED_RELEASED：点击后松开；
- LV_BTN_STATE_CHECKED_PRESSED：重复点击；
- LV_BTN_STATE_DISABLED：禁用；
- LV_BTN_STATE_CHECKED_DISABLED：选中但禁用。

使用 lv_btn_set_state(btn, LV_BTN_STATE_...)函数可以手动更改按钮状态。如果需要状态的更精确的描述（如重点突出），则可以使用 lv_obj_get_state(btn)。

② 可检查设置。可以使用 lv_btn_set_checkable(btn, true)将按钮配置为切换按钮。在这种情况下单击时，按钮将自动进入 LV_STATE_CHECKED 状态，或再次单击时返回 LV_STATE_CHECKED 状态。

③ 布局和适配。按钮具有布局和适配属性：

- lv_btn_set_layout(btn, LV_LAYOUT_...)：设置布局，默认值为 LV_LAYOUT_CENTER。因此，如果添加标签，则标签将自动与中间对齐，并且无法通过 lv_obj_set_pos()移动。可以使用 lv_btn_set_layout(btn, LV_LAYOUT_OFF)禁用布局。
- lv_btn_set_fit/fit2/fit4(btn, LV_FIT_..)：允许根据子代、父代和适配类型自动设置按钮的宽度和/或高度。

Button

Toggled

图 8-62　按钮显示范例

这里展示一个简单的按钮显示范例，如图 8-62 所示。

上述效果的示例代码如下：

```
1.  static void event_handler(lv_obj_t *obj, lv_event_t event)//按钮检测回调函数
2.  {
3.      if (event == LV_EVENT_CLICKED)
4.      {
5.          printf("Clicked\n");
6.      }
7.      else if (event == LV_EVENT_VALUE_CHANGED)
8.      {
9.          printf("Toggled\n");
10.     }
11. }
12. void lv_ex_btn_1(void)
13. {
14.     lv_obj_t *label;                                        //创建 label 对象
15.     lv_obj_t *btn1 = lv_btn_create(lv_scr_act(), NULL);     //创建一个按钮 1 组件
16.     lv_obj_set_event_cb(btn1, event_handler);               //在按钮 1 上添加检测回调函数
17.     lv_obj_align(btn1, NULL, LV_ALIGN_CENTER, 0, -40);      //设定按钮 1 位置
18.     label = lv_label_create(btn1, NULL);                    //在按钮 1 上添加文本
19.     lv_label_set_text(label, "Button");                     //文本内容
20.
21.     lv_obj_t *btn2 = lv_btn_create(lv_scr_act(), NULL);     //创建一个按钮 2 组件
22.     lv_obj_set_event_cb(btn2, event_handler);               //在按钮 2 上添加检测回调函数
23.     lv_obj_align(btn2, NULL, LV_ALIGN_CENTER, 0, 40);       //设定按钮 2 位置
24.     lv_btn_set_checkable(btn2, true);                       //将按钮 2 设定为切换模式
25.     lv_btn_toggle(btn2);                                    //重点显示
26.     lv_btn_set_fit2(btn2, LV_FIT_NONE, LV_FIT_TIGHT);       //自动设置按钮的大小
27.     label = lv_label_create(btn2, NULL);                    //在按钮 2 上添加文本
28.     lv_label_set_text(label, "Toggled");                    //文本内容
29. }
```

（3）弧（lv_arc）。弧由背景弧和前景弧（指示器弧）组成，两者都可以具有起始角度、终止角度及厚度，如图 8-63 所示，常用该组件进行阈值设定、数据展示等。

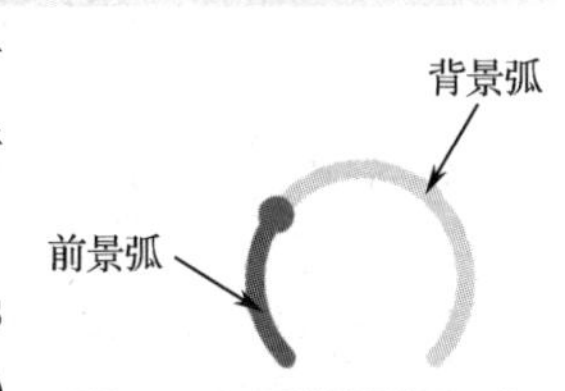

图 8-63　弧的图像组成

① 角度。要设置背景弧的角度，可以使用 lv_arc_set_bg_angles (arc,start_angle,end_angle) 或 lv_arc_set_bg_start/end_angle(arc,start_angle) 函数。0°位于对象的右中间（3 点钟方向），并且角度沿顺时针方向增加。角度应在[0;360]范围内。

同样，可以使用 lv_arc_set_angles(arc,start_angle,end_angle)或 lv_arc_set_start/end_angle(arc, start_angle)函数设置指示器弧的角度。

嵌入式 GUI 图表控件应用

② 回转。可以使用 lv_arc_set_rotation(arc,deg)函数添加到 0° 位置的偏移量。

图 8-64 圆弧显示范例

③ 范围和值。除手动设置角度外，弧还可以具有范围和值。要设置范围，可以使用 lv_arc_set_range(arc, min,max)函数，并使用 lv_arc_set_value(arc, value)函数设置一个值。设置了范围和值后，指示器弧的角度将在背景弧角度之间映射。

④ 事件。除通用事件外，弧还支持 LV_EVENT_VALUE_CHANGED，可设置按下或拖动时，进行更新值发送。

这里展示一个简单的圆弧显示范例，如图 8-64 所示。

上述效果的示例代码如下：

```
1.  void lv_ex_arc_1(void)
2.  {     /* 创建一个 Arc（圆弧）组件 */
3.      lv_obj_t * arc = lv_arc_create(lv_scr_act(), NULL);          //创建一个圆弧对象
4.      lv_arc_set_end_angle(arc, 200);                              //设置圆弧的停止角度
5.      lv_obj_set_size(arc, 150, 150);                              //设置圆弧组件的大小
6.      lv_obj_align(arc, NULL, LV_ALIGN_CENTER, 0, 0);              //设置圆弧组件位于屏幕中心
7.  }
```

（4）进度条（lv_bar）。进度条对象上有一个背景和一个指示器，如图 8-65 所示。指示器的宽度根据进度条的当前值进行设置。如果需要进度条垂直显示，只需要设置对象的宽度小于其高度即可。同时，进度条不仅可以设定结束值，还可以设置起始值，从而改变指示器的起始位置。很多项目通过进度条来显示电池容量。

① 值和范围。使用 lv_bar_set_value(bar, new_value,LV_ANIM_ON/OFF)函数设置新值；使用 lv_bar_set_range (bar, min, max)函数可以设定范围（最小值和最大值），默认范围为 1～100。

② 模式。使用 lv_bar_set_type(bar,LV_BAR_TYPE_SYMMETRICAL)函数，使得条形可以对称地进行绘制（从零开始，从左至右绘制）。

这里展示一个简单的进度条显示范例，如图 8-66 所示。

图 8-65 进度条的图像组成

图 8-66 进度条显示范例

上述效果的示例代码如下：

```
1.  void lv_ex_bar_1(void)
2.  {
3.      lv_obj_t * bar1 = lv_bar_create(lv_scr_act(), NULL);     //创建进度条组件
4.      lv_obj_set_size(bar1, 200, 20);          //设置进度条的大小，宽度为 200，高度为 20
5.      lv_obj_align(bar1, NULL, LV_ALIGN_CENTER, 0, 0);         //将进度条置于屏幕中心
6.      lv_bar_set_anim_time(bar1, 2000);                        //设置进度条动画时间
7.      lv_bar_set_value(bar1, 70, LV_ANIM_ON);                  //设置进度条新值为 70
8.  }
```

（5）滚筒（lv_roller）。滚筒是一种通过滚动操作，简单地从多个选项中选择一个选项的组件。

① 设置选项。使用 lv_roller_set_options (roller, options, LV_ROLLER_MODE_NORMAL/INFINITE)函数，可以进行滚筒选项的设定，选项之间使用\n 分隔，如"First\nSecond\nThird"。

- LV_ROLLER_MODE_NORMAL 选项：单向滚动；
- LV_ROLLER_MODE_INFINITE 选项：循环圆形滚动。

也可以使用 lv_roller_set_selected (roller, id, LV_ANIM_ON/OFF)函数手动选择选项，其中 id 是选项的索引。

② 获取被选中的选项。在滚筒波动后的回调函数中，如果得知最终的选项，需要使用 lv_roller_get_selected (roller)函数获取当前选定的选项，它将返回选定选项的索引。

lv_roller_get_selected_str(roller, buf, buf_size) 函数同样也是获取选项，区别在于该函数是将所选定选项的名称复制到 buf 后，再进行判断。

③ 选项对齐。使用 lv_roller_set_align(roller, LV_LABEL_ALIGN_LEFT/CENTER/ RIGHT)函数，控制选项滚筒中是居中、居左，还是居右对齐。

④ 可见行数。可见行数是指在滚筒组件中能同时完整显示的行数的多少。该参数可以通过 lv_roller_set_visible_row_count(roller, num)函数进行调整，可见行数越多，组件的面积就会越大。

⑤ 动画时间。当滚轴滚动且未完全停在某个选项上时，它将自动滚动到最近的有效选项。可以使用 lv_roller_set_anim_time(roller, anim_time)函数更改此滚动动画的时间。动画时间为零则表示没有动画。

这里展示一个简单的滚筒显示范例，如图 8-67 所示。

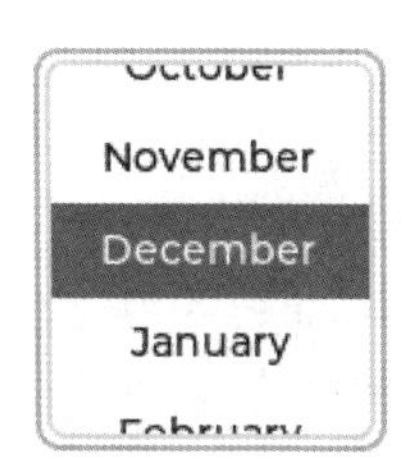

图 8-67　滚筒显示范例

上述效果的示例代码如下：

```
1.  void lv_ex_roller_1(void)
2.  {
3.      lv_obj_t *roller1 = lv_roller_create(lv_scr_act(), NULL);//创建滚筒组件
4.      //设置滚筒的选项和相关模式
5.      lv_roller_set_options(roller1,
6.                          "January\n"
7.                          "February\n"
8.                          "March\n"
9.                            ...
10.                         "October\n"
11.                         "November\n"
12.                         "December",
13.                         LV_ROLLER_MODE_INFINITE);
14.     lv_roller_set_visible_row_count(roller1, 4);           //设置滚筒同时可见 4 行内容
15.     lv_obj_align(roller1, NULL, LV_ALIGN_CENTER, 0, 0);  //设置滚筒位于屏幕中心
16.     lv_obj_set_event_cb(roller1, event_handler);           //注册滚筒事件的回调函数
17. }
18. //设置滚筒选项中的对象被选中后，执行相应的功能
19. static void event_handler(lv_obj_t * obj, lv_event_t event)
20. {  //判断是否有进行滚筒对象的选择
21.     if(event == LV_EVENT_VALUE_CHANGED) {
```

```
22.         char buf[32];
23.         lv_roller_get_selected_str(obj, buf, sizeof(buf));        //获取水平对齐的标签
24.         printf("Selected month: %s\n", buf);
25.     }
26. }
27.
```

（6）图像（lv_image）。图像是 LVGL 的一个基础功能，图像数据可以源于 Flash（作为数组）或外部文件，同时图像也可以显示符号（LV_SYMBOL_...）。使用图像解码器接口，还支持自定义图像格式，如 GIF、BMP、PNG、JPG 等。

① 图像来源。为提供最大的灵活性，图像的来源可以是：

- 代码中的变量（带有像素的 C 数组）；
- 外部存储的文件（如 SD 卡上的文件）；
- 符号文字。

要设置图像的来源，可以使用 lv_img_set_src(img, src)函数。要从 PNG、JPG 或 BMP 图像中生成像素阵列，可使用在线图像转换器工具，并使用指针设置转换后的图像，需使用 lv_img_set_src(img1, &converted_img_var)函数。要使变量在 C 文件中可见，需要使用 LV_IMG_DECLARE (converted_img_var)函数进行声明。

如果要使用外部图形文件，不仅需要使用在线转换器工具转换图像文件，还要使用 LVGL 的文件系统模块，并为基本文件操作注册具有某些功能的驱动程序，可以进入文件系统以了解更多信息。要设置来自文件的图像，需使用 lv_img_set_src(img, "S:folder1/my_img.bin")函数。

② 标签作为图像。图像和标签有时用于传达相同的内容，如描述按钮的作用。因此，图像和标签可以互换，需使用 lv_img_set_src(img1, LV_SYMBOL_OK)函数。

同时为了处理图像，可以使用 LV_SYMBOL_OK 作为文本的前缀来显示文本，需使用 lv_img_set_src(img, LV_SYMBOL_OK "Some text") 函数。

③ 透明度。内部（可变）和外部图像支持两种透明度处理方法：

- Chrome keying：具有 LV_COLOR_TRANSP(lv_conf.h)颜色的像素将是透明的；
- Alpha byte：将一个 alpha 字节添加到每个像素中。

④ 重新着色。根据像素的亮度，可以在运行时将图像重新着色为任何颜色。在不存储同一图像的更多版本的情况下，显示图像的不同状态（选中、未激活、按下等）非常有用。可以通过在 LV_OPA_TRANSP（不重新着色，值：0）和 LV_OPA_COVER（完全重新着色，值：255）之间设置 img.intense 来启用该样式，默认值为 LV_OPA_TRANSP，因此默认情况下此功能被禁用。

⑤ 自动调整尺寸。使用 lv_img_set_auto_size(image, true)函数，可将图像对象的大小自动设置为图像源的宽度和高度。如果启用了自动调整尺寸功能，则在设置新文件时，对象的大小将自动更改，以后可以手动修改大小。如果图像不是屏幕，默认情况下将启用自动调整尺寸功能。

⑥ 镶嵌。使用 lv_img_set_offset_x(img, x_ofs)和 lv_img_set_offset_y(img, y_ofs)函数，可以为显示的图像添加一些偏移量。如果图像对象尺寸小于图像源尺寸，则此功能非常有用。使用 offset 参数，可以通过对 x 或 y 的偏移量进行动画处理，来创建纹理图集或“运行中的图像”的效果。

⑦ 转换。使用 lv_img_set_zoom(img,factor)函数，图像将被缩放。img：指向图像控件的指针，为要缩放的目标图像控件。factor：缩放因子，用于指定缩放的大小。缩放因子是一个 uint16_t 类型的值，表示百分比乘以 256。例如，如果想要将图像放大到原始大小的 2 倍，factor 应该设置为 2×256；如果想要将图像缩小到原始大小的 50%，则 factor 应该设置为 0.5×256。将 factor 设置为 256 或 LV_IMG_ZOOM_NONE 可禁用缩放。分数倍放大时保留整数，例如：放大到 110%，factor 值为 1.1×256=281。

要旋转图像，可以使用 lv_img_set_angle(img, angle)函数，角度精度为 0.1°，因此若要旋转 45.8°，则需将 angle 的值设置为 458。默认情况下，旋转的枢轴点是图像的中心，可以使用 lv_img_set_pivot(img, pivot_x, pivot_y)函数进行更改，pivot_x, pivot_y 为(0,0)时，坐标位置为左上角。

可以使用 lv_img_set_antialias(img,true/false)函数调整转换的质量。启用抗锯齿功能后，转换的质量更高，但速度较慢。

这个转换过程要求整个图像数据是可用的，适用于转换存储为 C 数组的真彩色图像，或者是由自定义图像解码器返回的完整图像数据。具体来说，这包括转换索引图像（LV_IMG_CF_INDEXED_...）和仅含 alpha 通道的图像（LV_IMG_CF_ALPHA_...），以及直接从文件中读取的图像。简而言之，这种转换主要适用于整个图像数据已经加载到内存中的情况。

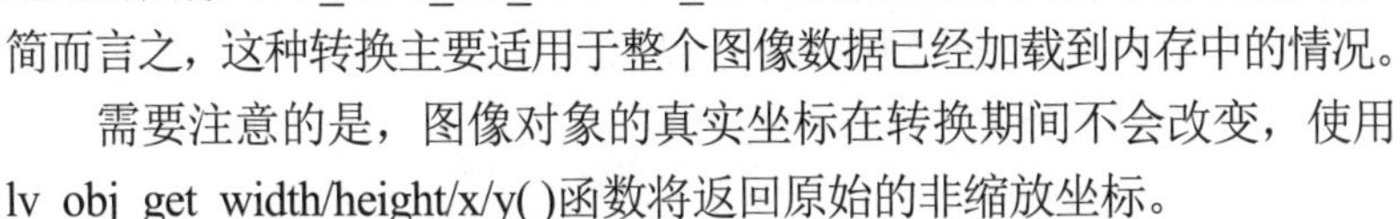

需要注意的是，图像对象的真实坐标在转换期间不会改变，使用 lv_obj_get_width/height/x/y( )函数将返回原始的非缩放坐标。

图 8-68　图像显示范例

这里展示一个简单的图像显示范例，如图 8-68 所示。

上述效果的示例代码如下：

```
1.  LV_IMG_DECLARE(img_cogwheel_argb);                                    //声明图像
2.  void lv_ex_img_1(void)
3.  {
4.      lv_obj_t * img1 = lv_img_create(lv_scr_act(), NULL);              //创建图像显示组件 1
5.      lv_img_set_src(img1, &img_cogwheel_argb);                         //转换图像
6.      lv_obj_align(img1, NULL, LV_ALIGN_CENTER, 0, -20);                //将图像位于屏幕中心
7.      lv_obj_t * img2 = lv_img_create(lv_scr_act(), NULL);              //创建图像显示组件 2
8.      lv_img_set_src(img2, LV_SYMBOL_OK "Accept");                      //叠加图标与文本信息
9.      lv_obj_align(img2, img1, LV_ALIGN_OUT_BOTTOM_MID, 0, 20);         //将组件 2 位于组件 1 的正下方
10. }
```

（7）量规（lv_gauge）。量规是一种带有刻度标签和一根或多根指针的仪表，如图 8-69 所示。

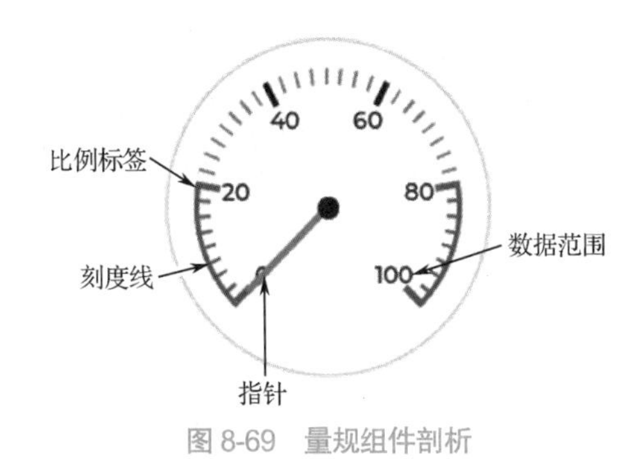

图 8-69　量规组件剖析

① 设定指针和初始值。使用 lv_gauge_set_needle_count(gauge, needle_num, color_array)函数，可以设定量规针数、每根针颜色的数组。数组必须是静态或全局变量，因为它仅存储其指针。使用 lv_gauge_set_value(gauge, needle_id, value) 函数可以设置指针的初始值。

② 规模。使用 lv_gauge_set_scale(gauge, angle, line_num, label_cnt)函数可以调整刻度角度，以及刻度线和比例标签的数量，默认设置分别为 220°、21 条刻度线和 6 个比例标签。

③ 范围。量规的范围可以使用 lv_gauge_set_range(gauge, min, max)函数来指定，默认范围是 0～100。

图 8-70　量规显示范例

④ 针图。图像也可用作指针，使用 lv_gauge_set_needle_img (gauge1, &img, pivot_x, pivot_y)函数进行设置，pivot_x 和 pivot_y 是旋转中心距左上角的偏移量。图像将使用来自 LV_GAUGE_PART_NEEDLE 中样式的 image_recolor_opa 强度重新着色为指针的颜色。

⑤ 临界值。设置临界值时可使用 lv_gauge_set_critical_value (gauge, value)函数，设置后，可通过样式类型参数.line.color:设置关键数值点之后的刻度线的颜色。默认临界值为 80。

这里展示一个简单的量规显示范例，如图 8-70 所示。

上述效果的示例代码如下：

```
1.  void lv_ex_gauge_1(void)
2.  {   /* 设定指针颜色 */
3.      static lv_color_t needle_colors[3];
4.      needle_colors[0] = LV_COLOR_BLUE;                        //蓝色
5.      needle_colors[1] = LV_COLOR_ORANGE;                      //橙色
6.      needle_colors[2] = LV_COLOR_PURPLE;                      //紫色
7.      /* 量规组件设计 */
8.      lv_obj_t * gauge1 = lv_gauge_create(lv_scr_act(), NULL);    //创建一个量规组件
9.      lv_gauge_set_needle_count(gauge1, 3, needle_colors);     //设置量规指针数量和颜色
10.     lv_obj_set_size(gauge1, 200, 200);                       //设置量规组件大小
11.     lv_obj_align(gauge1, NULL, LV_ALIGN_CENTER, 0, 0);       //将量规组件位于屏幕中心
12.     /* 设置指针的值 */
13.     lv_gauge_set_value(gauge1, 0, 10);
14.     lv_gauge_set_value(gauge1, 1, 20);
15.     lv_gauge_set_value(gauge1, 2, 30);
16. }
```

本小节简单讲解了基于 LVGL7.0.1 版本的标签、按钮、圆弧、图像、进度条、滚圆和量规这七个组件的使用，关于最新和最全的组件使用方法可参考官网教程。

任务实施

1. 新能源汽车仪表盘设计与开发

（1）功能分析。通过对 LVGL 的学习，掌握了相关组件的使用，结合新能源汽车仪表盘设

计，通过相关组件进行仪表盘的实现，例如图像用于显示仪表盘背景、滚筒用于显示汽车挡位，以及量规作为时速表等。整体的开发主要分为以下几个环节：

- 在龙芯 1B 处理器上添加 LVGL 组件；
- 使用 LVGL 实现汽车仪表盘的设计；
- 仪表盘相关数据采集与可视化。

嵌入式 GUI 仪表控件应用

为此，我们基于 RT-Thread 系统设计了 3 个线程，分别用于 LVGL 异常处理、新能源汽车仪表盘页面的更新和汽车数据的采集，下面开始项目实战吧！

（2）LVGL 组件的添加。

① 在项目中添加 LVGL 组件。创建工程时，MCU 型号、工具链和 RTOS 版本都按照前面任务的选择保持一致即可，但是在 RT-Thread 组件栏目中，需要先选中 LVGL 组件，再单击“下一页”按钮，如图 8-71 所示。

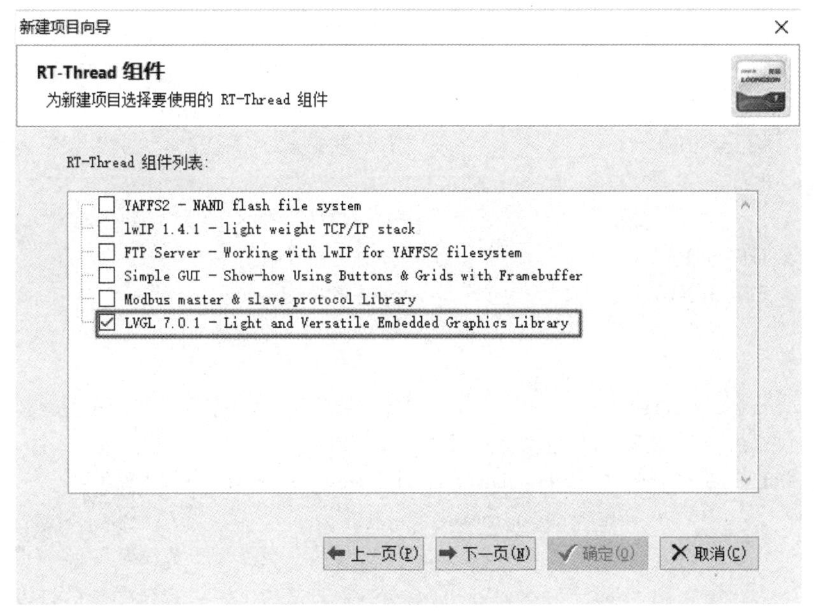

图 8-71　添加 LVGL 组件

待工程创建完成后，单击“⚙”图标进行编译，因为没有进行 bsp 配置，会存在相关错误。此时，需要在 include 文件夹中打开 bsp.h 文件，在该文件中将 I^2C0、USE_FB、I^2C0 设备的相关注释取消，如图 8-72 所示。

```
#define BSP_USE_I2C0
//#define BSP_USE_I2C1
//#define BSP_USE_I2C2
```

```
#define BSP_USE_FB
```

```
#ifdef BSP_USE_I2C0
#ifdef BSP_USE_FB
//#define GP7101_DRV          // LCD 亮度控制
#define GT1151_DRV           // 竖屏触摸芯片
```

图 8-72　bsp.h 文件配置

关于显示设备和输入设备的移植内容，在组件内部已经完成，无须再进行移植，读者可以在图 8-73 所示的 disp.c 和 indev.c 文件中进行研阅。fs.c 文件则是关于文件系统的相关内容，因篇幅有限不做过多讲解，读者可自行阅读源码进行学习。

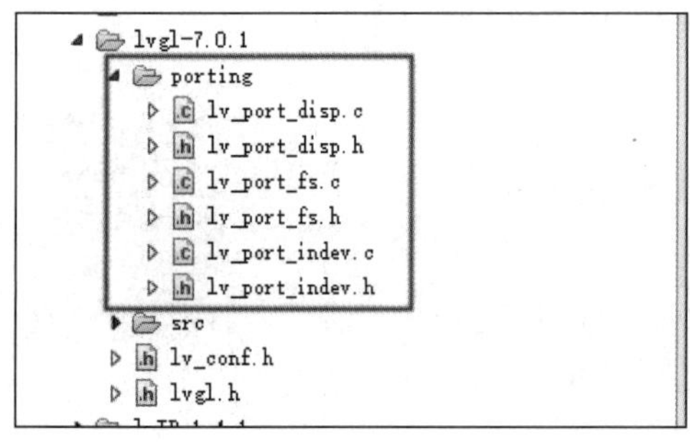

图 8-73　输入输出设备接口移植文件

② 添加 LVGL 运行机制。前面完成了 LVGL 组件的添加和相关配置，还需要添加心跳包和异常处理才能进行 UI 开发。需在 main.c 文件中创建两个线程：一个用于心跳包和 UI 数据显示，另外一个用于异常事件处理。如果要使用 LVGL 相关组件的功能函数，则需要调用 LVGL 的头文件，如 #include "lvgl-7.0.1/lvgl.h"。

a．心跳包 UI 显示线程。心跳包 UI 显示线程中首先运行了 lv_ex_gauge_1()函数，该函数在独立创建的文件中进行新能源汽车仪表盘的设计，后面会详细讲解该函数的相关内容。然后在 while(1)中调用心跳函数 lv_tick_inc(10)，其周期设置为 10ms。

```
1. static rt_thread_t p_data_show_ui_thread=NULL;      //创建新能源汽车仪表盘人机交互线程句柄
2. static void data_show_ui_thread(void *arg)           //创建新能源汽车仪表盘人机交互线程入口函数
3.  {
4.      lv_ex_gauge_1();                                 //创建新能源汽车仪表盘人机交互接口函数
5.      while ( 1 )
6.      {
7.          lv_tick_inc(10);                             //LVGL 心跳函数
8.          rt_thread_delay(10);                         //延时 10ms
9.      }
10. }
11. int data_show_ui_create()                            //新能源汽车仪表盘人机交互线程初始化函数
12. {   /* 新能源汽车仪表盘人机交互线程注册 */
13.     p_data_show_ui_thread = rt_thread_create("data_show_ui_thread",   //线程名称
14.                         data_show_ui_thread,                          //线程入口函数
15.                         NULL,                                         //线程无传入参数
16.                         1024*20,                                      //设置线程栈大小
17.                         4,                                            //设置线程优先级
18.                         10);                                          //设置线程时间片长度
19.
20.     if (p_data_show_ui_thread == NULL))                               //检测线程是否注册成功
21.     {   //注册失败，打印提示信息，并完成新能源汽车仪表盘人机交互初始化函数的执行
22.         rt_kprintf("create data_show_ui thread fail!\r\n");
23.         return -1;
24.     }   //注册成功，挂起新能源汽车仪表盘人机交互线程，等待调度执行
25.     rt_thread_startup(p_data_show_ui_thread);
26.     return 0;
27. }
```

b．LVGL 异常处理线程。异常处理线程是 LVGL 能正常运行必不可少的条件，这里专门设计了一个线程用于运行 lv_task_handler()函数，以确保 LVGL 异常事件能被正常处理。

```
1. static rt_thread_t p_lvgl_core_thread = NULL;        //创建 LVGL 异常处理线程句柄
2. static void lvgl_core_thread_thread(void *arg)       //创建 LVGL 异常处理线程入口函数
3. {
4.     while ( 1 )
5.     {
6.         lv_task_handler();                           //LVGL 异常处理函数
7.         rt_thread_delay(5);                          //延时 5ms
8.     }
9. }
10. int lvgl_core_thread_create()                       //LVGL 异常处理线程初始化函数
11. { /*  进行 LVGL 异常处理线程注册  */
12.     p_lvgl_core_thread = rt_thread_create("lvgl_core_thread"  ,//线程名称
13.                               lvgl_core_thread_thread, //线程入口函数
14.                               NULL,                 //线程无传入参数
15.                               1024*4,               //设置线程栈大小
16.                               5,                    //设置线程优先级
17.                               10);                  //设置线程时间片长度
18.     if (p_lvgl_core_thread == NULL)                 //检测线程是否注册成功
19.     {    //注册失败，打印提示信息，并完成 LVGL 异常处理初始化函数的执行
20.         rt_kprintf("p_lvgl_core_thread fail!\r\n");
21.         return -1;
22.     }  //注册成功，挂起 LVGL 异常处理线程，等待调度执行
23.     rt_thread_startup(p_lvgl_core_thread);
24.     return 0;
25. }
```

新能源汽车仪表盘系统框架搭建

（3）新能源汽车仪表盘设计。在工程中添加 LVGL 组件以后，结合前面学习的相关组件，即可进行新能源汽车仪表盘的设计。为了方便管理工程和代码，可独立创建 lvgl_ui.c/h 文件并进行如下功能函数设计，最后在心跳包 UI 显示线程中运行。

① 绘制仪表盘背景。通过软件设计一张新颖、现代化的汽车仪表盘背景图，在大背景的基础上，添加相关组件，再进行相关数据的展示，使得仪表盘整体设计有科技风和工艺美感。

```
1. extern const lv_img_dsc_t image_bg2;                  //声明背景图像
2. lv_obj_t * img1 = lv_img_create(parent, NULL);        //创建图像组件
3. lv_img_set_src(img1, &image_bg2);                     //设置图像来源
4. lv_obj_align(img1, NULL, LV_ALIGN_CENTER, 0, 0);      //将图像位于屏幕中心显示
```

② 转速表。通过量规组件实现电机转速和汽车运行时速的显示，代替传统机械式指针结构，具备优异的数据展示效果。示例代码如下所示：

```
1. static lv_color_t needle_colors[3];                          //仪表盘指针颜色
2. needle_colors[0] = LV_COLOR_BLUE;
```

```
3.  /* 创建电机转速表 */
4.  gauge1 = lv_gauge_create(parent, NULL);                    //创建仪表盘
5.  lv_gauge_set_needle_count(gauge1, 1, needle_colors);       //设置指针
6.  lv_obj_set_size(gauge1, 300, 300);                         //设置大小
7.  lv_gauge_set_range(gauge1, 0, 8);                          //设置刻度
8.  lv_gauge_set_critical_value(gauge1,6);                     //设置红线区域
9.  /* 因篇幅有限，代码较多，此处仅截取部分，更多内容可参考配套源码 */
10. lv_label_set_text(label1, "#ffffff x1000r/min# ");
11. lv_obj_set_width(label1, 150);
12. lv_obj_align(label1, gauge1, LV_ALIGN_IN_BOTTOM_MID, 0, -25);
13. /* 创建汽车时速表 */
14. gauge2 = lv_gauge_create(parent, NULL);                    //创建仪表盘
15. lv_gauge_set_needle_count(gauge2, 1, needle_colors);       //设置指针
16. lv_obj_set_size(gauge2, 300, 300);                         //设置大小
17. lv_gauge_set_range(gauge2, 0, 260);                        //设置刻度
18. /* 因篇幅有限，代码较多，此处仅截取部分内容，更多内容可参考配套源码 */
19. lv_label_set_text(label2, "#ffffff km/h# ");
20. lv_obj_set_width(label2, 150);
21. lv_obj_align(label2, gauge2, LV_ALIGN_IN_BOTTOM_MID, 0, -25);
22. //创建定时任务，更新指针数据
23. lv_task_create(my_task2, 100, LV_TASK_PRIO_LOW, NULL);
24. void my_task2(lv_task_t * task)
25. {  //仪表指针数据由大至小，再由小至大，周期更新
26.      if(dir==0)       //指针数据由小变大
27.      {    i++;if(i==8) {  dir=1; }
28.      }
29.      else if(dir==1)  //指针数据由大变小
30.      {    i--;  if(i==0) { dir=0; } }
31.      lv_gauge_set_value(gauge1, 0, i);                      //设置转速显示
32.      lv_gauge_set_value(gauge2, 0, i*32);                   //设置速度显示
33. }
```

电机转速表和汽车时速表的效果如图 8-74 所示。

新能源汽车仪表盘时速与转速显示 UI 开发

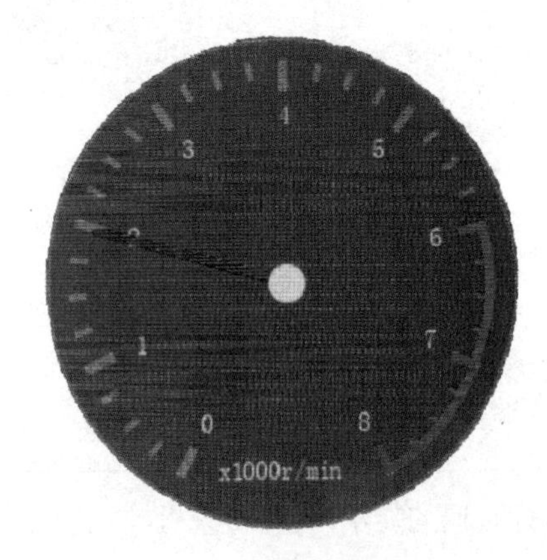

(a) 电机转速表

(b) 汽车时速表

图 8-74 电机转速表和汽车时速表效果图

③ 运行模式提示。通过滚筒组件提示汽车的运行模式，如 P 代表停车挡、R 代表倒车挡等。示例代码如下所示：

```
1.  lv_obj_t *roller1 = lv_roller_create(parent, NULL);  //创建滚筒组件
2.  //设置滚筒组件参数，提示信息为汽车挡位
3.  lv_roller_set_options(roller1,
4.                      " P\n"
5.                      " R\n"
6.                      " N\n"
7.                      " D\n"
8.                      " S",
9.                      LV_ROLLER_MODE_INIFINITE);
10. lv_roller_set_visible_row_count(roller1, 3);            //设置挡位栏中只能显示 3 个挡位
11. lv_obj_align(roller1, parent, LV_ALIGN_CENTER, 23, 50);    //设置挡位栏位于屏幕中心
12. lv_obj_set_size(roller1,80,100);                        //设置挡位栏的大小
```

挡位设定效果如图 8-75 所示。

图 8-75　挡位设定效果图

④ 电池电量检测。电池电量检测采用前面介绍的进度条组件，为了让进度条与仪表盘背景更加融合，需进行组件的背景色、进度条色、电量提示信息等的属性设置。最后通过 battery_value_show()函数使电池电量数据不同时，其进度条的颜色不同。

```
1.  /* 添加电池电量进度条组件*/
2.  battery_lable = lv_label_create(parent, NULL);              //创建电池电量进度条对象
3.  lv_style_list_t * list1 = lv_obj_get_style_list(battery_lable, LV_LABEL_PART_MAIN);//设置电池电量进度条对象
4.  _lv_style_list_add_style(list1, &style_myfont);             //设置显示数据的字体大小和风格设计
5.  ...  /* 因篇幅有限，代码较多，此处仅截取部分内容，更多内容可参考配套源码 */
6.  lv_obj_add_style(battery_bar, LV_BAR_TYPE_NORMAL, &battery_style);//样式更新
7.  lv_obj_set_size(battery_bar, 20, 100);          //设置进度条大小
8.  battery_value_show(battery_bar,86);             //设置电池电量
9.  /* 设定电池电量数据和颜色*/
10. void battery_value_show(lv_obj_t* bar,int16_t value)
11. {
12.     if(value<21)        //判断电池电量低于 21 时，切换为红色
13.     { lv_obj_set_style_local_bg_color(bar, LV_BAR_PART_INDIC, LV_STATE_ DEFAULT, LV_COLOR_RED); }
14.     else                //判断电池电量高于 21 时，切换为绿色
15.     { lv_obj_set_style_local_bg_color(bar, LV_BAR_PART_INDIC, LV_STATE_ DEFAULT, LV_COLOR_GREEN);}
```

```
16.     lv_obj_set_style_local_radius(bar, LV_BAR_PART_INDIC, LV_STATE_ DEFAULT, 0);
17.     lv_bar_set_value(bar, value, LV_ANIM_ON); // 设置值，开启动画
18.     lv_label_set_text_fmt(battery_lable,"%d%%",value);
19. }
```

电池电量检测效果如图 8-76 所示。

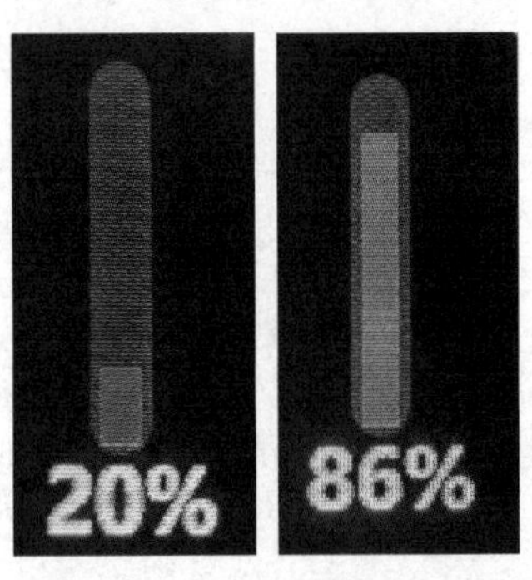

图 8-76　电池电量检测效果图

环境温湿度采集与显示功能开发

⑤ 车外环境。通过 HDC2080 传感器进行环境温湿度采集，读取邮箱中的温湿度数据，并通过标签组件实现温湿度数据的显示。示例代码如下所示：

```
1.  lv_obj_t * btn1 = lv_btn_create(parent, NULL);//创建一个按钮组件，显示车外温湿度数据
2.   lv_obj_align(btn1, parent, LV_ALIGN_IN_BOTTOM_MID, -40, -45);          //设置按钮组件位于屏幕中心下方
3.   lv_obj_set_size(btn1,200,60);                                          //设置按钮大小
4.   temp_show_label1 = lv_label_create(parent, NULL);                      //在按钮中进行温湿度数据的显示
5.   lv_label_set_long_mode(temp_show_label1, LV_LABEL_LONG_BREAK);         //设置长文本显示模式
6.   lv_label_set_recolor(temp_show_label1, true);                          //设置字体颜色
7.   lv_label_set_align(temp_show_label1, LV_LABEL_ALIGN_CENTER);           //设置文字位于按钮中心
8.   lv_obj_set_width(temp_show_label1, 200);                               //设置文本显示宽度
9.   lv_obj_align(temp_show_label1, parent, LV_ALIGN_IN_BOTTOM_MID, 0, -68);
10.  lv_style_list_t * list = lv_obj_get_style_list(temp_show_label1, LV_LABEL_PART_MAIN);
11.  _lv_style_list_add_style(list, &style_myfont);                         //设定文本风格
12.  lv_obj_refresh_style(temp_show_label1, LV_STYLE_PROP_ALL);
13.  void my_task1(lv_task_t * task)
14.  {
15.      char str[50];
16.      int wr_cnt,rd_cnt;
17.      if (rt_mq_recv(&mq, &str, sizeof(str), 20) == RT_EOK) /* 从消息队列中接收消息 */
18.      {  lv_label_set_text(temp_show_label1,str); }
19.  }
```

车外环境检测的效果图如图 8-77 所示。

temp 23.00℃
hum 50.00RH

图 8-77　车外环境检测效果图

新能源汽车仪表盘环境温湿度显示 UI 开发

⑥ 行车时间。驾驶者除了需要观察汽车行驶状态，也要关注当前时间。这里使用学习过的 RTC 时钟，配合标签组件实时更新时间，方便获取时间信息。示例代码如下所示：

```
1.  date_lable = lv_label_create(parent, NULL); /* 年 月 日 信息显示 */
2.  lv_label_set_long_mode(date_lable, LV_LABEL_LONG_BREAK);         //设置长文本模式
3.  lv_label_set_recolor(date_lable, true);                          //设置使能文本颜色切换
4.  lv_label_set_align(date_lable, LV_LABEL_ALIGN_CENTER);           //设置文本居中
5.  lv_obj_set_width(date_lable, 400);                               //设置文字显示宽度
6.  lv_obj_align(date_lable, parent, LV_ALIGN_IN_TOP_LEFT, 0, 25);
7.  time_lable = lv_label_create(parent, NULL); /* 时 分 秒 信息显示 */
8.  lv_label_set_long_mode(time_lable, LV_LABEL_LONG_BREAK);         //设置长文本模式
9.  lv_label_set_recolor(time_lable, true);                          //设置使能文本颜色切换
10. lv_label_set_align(time_lable, LV_LABEL_ALIGN_CENTER);           //设置文本居中
11. lv_obj_set_width(time_lable, 400);
12. lv_obj_align(time_lable, parent, LV_ALIGN_IN_TOP_MID, 0, 20);
13. ...    /* 因篇幅有限，代码较多，此处仅截取部分内容，更多内容可参考配套源码 */
14. //创建定时任务，获取当前时间
15. lv_task_create(my_task3, 100, LV_TASK_PRIO_LOW, NULL);
16. void my_task3(lv_task_t * task)
17. {   //获取时间
18.  ls1x_rtc_get_datetime(&tmp);
19.  lv_label_set_text_fmt(time_lable,"%02d:%02d",tmp.tm_hour,tmp.tm_min);//设置显示时间
20.  lv_label_set_text_fmt(date_lable,"%d/%d/%d",tmp.tm_year+1900,tmp.tm_mon,tmp.tm_mday);//设置显示日期
21. }
```

行车时间效果如图 8-78 所示。

2021/10/30　10:07

图 8-78　行车时间效果图

至此，新能源汽车仪表盘中常见的车机背景、转速表、挡位信息、电池电量检测、车外环境检测和行车时间等均已设计完成，整体效果如图 8-79 所示。本案例仅设计了单一的仪表盘页面，相较于真实的新能源汽车仪表盘，还需要再扩展开发相关功能，读者可在深入学习 LVGL 相关组件的基础上进行优化。

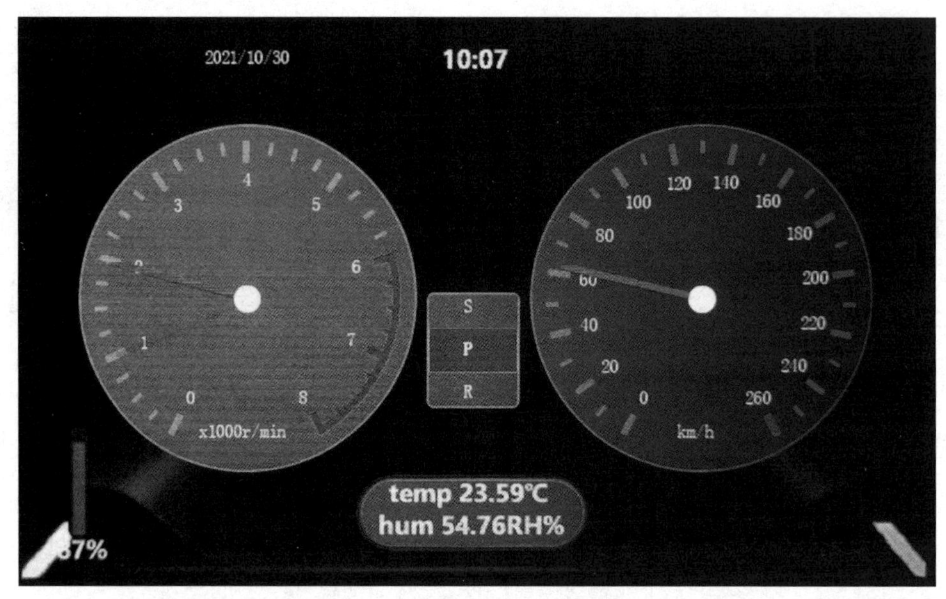

图 8-79　新能源汽车仪表盘界面

（4）仪表数据获取。仪表中的环境温湿度、电池电量等数据都是通过传感器和相关设备反馈得知的，其中包含了 I^2C、CAN 总线接口技术和传感器相关内容。通过线程间通信的方法，将采集的数据在 UI 显示线程中不断更新，确保数据实时有效，具体方法如下。

新能源汽车仪表盘行车电脑数据显示 UI 开发

① 消息队列。在嵌入式操作系统中，数据传递可采用消息队列实现。本任务中创建了传感器数据传递的消息队列，用于 UI 显示线程实时更新数据。示例代码如下所示：

```
1.  /* 消息队列控制块 */
2.  struct rt_messagequeue mq;
3.  /* 消息队列中用到的放置消息的内存池 */
4.  static rt_uint8_t msg_pool[2048];
5.  rt_err_t result;
6.  /* 初始化消息队列 */
7.  result = rt_mq_init(&mq,
8.              "mqt",
9.              &msg_pool[0],          /* 内存池指向 msg_pool */
10.             50,                    /* 每条消息的大小是 1 字节 */
11.             sizeof(msg_pool),      /* 内存池的大小是 msg_pool 的大小 */
12.             RT_IPC_FLAG_PRIO);     /* 有多个线程等待时根据优先级分配消息 */
```

② 环境检测。这里单独创建了 sensor_data_get_thread 线程用于采集车外温湿度，其中环境采集使用的是 HDC2080 传感器，初始化和功能函数编写在 hdc2080.c/h 文件中，这里不做过多赘述。示例代码如下所示：

```
1.  static rt_thread_t sensor_data_get_thread = NULL;          //环境温湿度采集线程句柄
2.  static void sensor_data_get(void *arg)                     //环境温湿度采集线程入口函数
3.  {
4.       char str[50];
5.       rt_err_t result;
6.       float temp_value=0.0,hum_value=0.0;
7.       unsigned int tickcount;
8.       I2C1_init();         //I²C1 接口初始化
9.       while ( 1 )
10.      {
11.          HDC_Get_Temp_Hum(&temp_value,&hum_value);//读取环境温湿度数据
12.          sprintf(str,"  temp %.02f\xE2\x84\x83    hum %.02f%RH%%\r\n", temp_value,hum_value);//数据转换
13.          result = rt_mq_send(&mq, &str, sizeof(str)); /*  发送消息到消息队列中  */
14.          if (result != RT_EOK)
15.          { rt_kprintf("rt_mq_send ERR\n"); }
16.          rt_thread_delay(500);
17.      }
18. }
19. int sensor_data_get_create()
20. {  //环境温湿度检测线程注册
21.      sensor_data_get_thread = rt_thread_create("sensor_data_get_thread",
22.              sensor_data_get,        //入口函数
23.              NULL,                   //入口函数参数
24.              1024*4,                 //堆栈大小
25.              11,                     //优先级
26.              10);                    //时间片
27.
28.      if (sensor_data_get_thread == NULL)                        //判断线程注册是否成功
29.      { rt_kprintf("sensor_data_get_ thread fail!\r\n");}         //注册失败
30.      else{ rt_thread_startup(sensor_data_get_thread); }         //注册成功
31.      return 0;
32. }
```

③ 电池电量数据获取。通过前面任务的学习，完成了新能源汽车电量检测系统的开发，并且任务中留有悬念，只做了电池电量数据的发送，这是因为汽车的每个单元都是可以独立运行工作，以确保实时可靠，同时每个独立单元最终都会将数据传输至行车电脑中，其采用的是 CAN 总线接口。这里将新能源汽车仪表盘拟订为行车电脑通过 CAN 总线接口采集各单元传输的数据，并通过 UI 显示线程进行数据更新，其中 my_task1()是在 UI 显示线程中定时执行的功能函数。示例代码如下所示：

```
1.  void my_task1(lv_task_t * task)
2.  {
3.       char str[50];
4.       int wr_cnt,rd_cnt;
```

```
5.      if (rt_mq_recv(&mq, &str, sizeof(str), 20) == RT_EOK) /*  从消息队列中接收消息  */
6.      {  lv_label_set_text(temp_show_label1,str); }
7.      //CAN1 接收电量数据
8.      rd_cnt = rt_device_read(pCAN1, 0, (const void *)&rmsg, sizeof(rmsg));
9.      if (rd_cnt > 0)
10.     {    snprintf(s2, 64+1, " %02x %02x %02x %02x %02x %02x %02x %02x",
11.                 rmsg.data[0], rmsg.data[1], rmsg.data[2], rmsg.data[3],
12.                 rmsg.data[4], rmsg.data[5], rmsg.data[6], rmsg.data[7]);}
13.     battery_value_show(battery_bar,rmsg.data[0]);//设置电池电量
14. }
```

在进行程序固化之前，需要准备好相关硬件设备。这里需要使用两个龙芯 1B 开发板，并通过连接线直接连接平台的 CAN1 接口。当系统的功能程序开发完成以后，编译无误分别下载到开发板中，就可以看到如图 8-80 所示的效果。

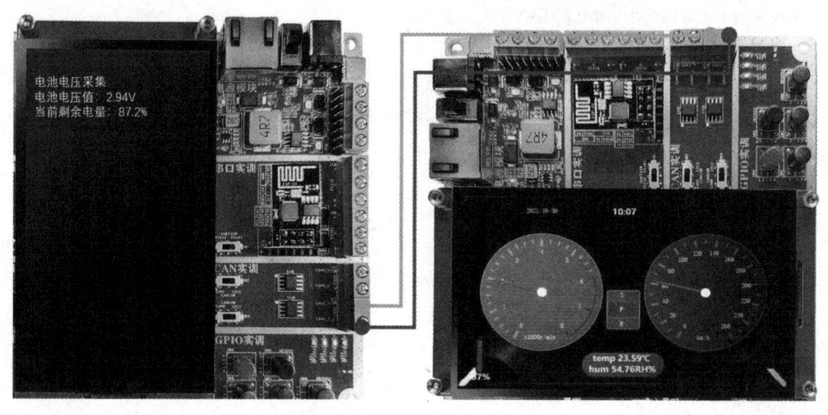

图 8-80　任务效果示意图

任务拓展

拓展学习 LVGL 的图像组件，通过设定图像的属性，如渐变、放大、缩小等形式，为新能源汽车仪表盘设计增加一个开机动画。

总结与思考

1. 项目总结

新能源汽车仪表盘项目涉及的知识点非常丰富，如嵌入式实时操作系统、嵌入式 GUI、传感器、总线通信接口技术和模数转换器等，这些都是嵌入式技术所包含的内容。当今电子技术的飞速发展和传统产业的升级改造，都离不开嵌入式技术的应用。作为新时代的技术技能人才，只有紧跟行业和市场发展需要，学习相关技术技能，才能与时代共舞。

根据完成新能源汽车仪表盘项目的情况，填写项目任务单和项目评分表，分别如表 8-34 和表 8-35 所示。

表 8-34　项目任务单

任 务 单

班级：__________　学号：__________　姓名：__________

任务要求	1．完成 LCD 人机交互设计与显示； 2．掌握嵌入式实时操作系统应用开发； 3．完成新能源汽车电量检测应用开发； 4．完成新能源汽车仪表盘应用开发
任务实施	
任务完成情况记录	
已掌握的知识与技能	
遇到的问题及解决方法	
得分	

表 8-35　项目评分表

评 分 表

班级：__________　学号：__________　姓名：__________

考 核 内 容		自　评	互　评	教 师 评	得　分
素质考核（25%）	出勤率（10%）				
	学习态度（30%）				
	语言表达能力（10%）				
	职业行为能力（20%）				
	团队合作精神（20%）				
	个人创新能力（10%）				
任务考核（75%）	方案确定（15%）				
	程序开发（40%）				
	软硬件调试（30%）				
	总结（15%）				
总分					

2. 思考进阶

可以在新能源汽车仪表盘中基于 LVGL 增加一个汽车能量统计窗口，进行使用时长、可用时长、电量消耗等的历史轨迹显示。

课后习题

1. 龙芯 1B LCD 控制接口有什么特点？

2. 进行嵌入式实时操作系统 RT-Thread 线程初始化的方法有几种？其对应的函数名称分别是什么？

3. 采样保持器的作用是什么？是否所有的模拟量输入通道中都需要采样保持器？为什么？

4. 嵌入式 GUI LVGL 的移植主要分为哪几部分？其分别有什么意义？

项目 9　新基建智慧灯杆设计与应用

随着 5G 建设的发展，新基建也逐渐成为城市建设的主流。新基建涉及诸多产业链，是一个以新发展理念为引领，以技术创新为驱动，以信息网络为基础，面向高质量发展需要，提供数字转型、智能升级、融合创新等服务的基础设施体系。智慧灯杆作为物联网时代的新兴产物，深度融合了物联网、大数据、人工智能等技术，是新基建"融合基础设施"的重要载体。

本项目结合新基建智慧灯杆的实际应用，使用龙芯 1B 处理器实现智慧灯杆的环境监测、智能照明、云端互联、信息发布等主要功能。本项目有 3 个任务，通过任务 1 环境感知系统设学习环境感知传感器及 RS485 通信设备的使用；通过任务 2 NB-IoT 接入物联网云平台学习 NB-IoT 模组的使用及物联网云平台的接入方法；通过任务 3 智慧灯杆综合设计与开发学习 LVGL 扩展组件的应用。

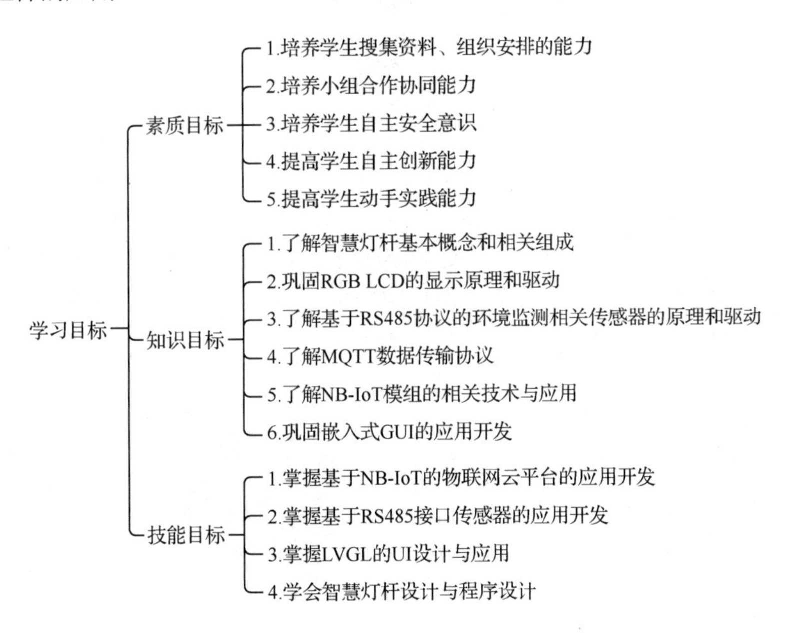

任务 9.1　环境感知系统设计与实现

任务分析

路灯作为城市中密度最大、数量最多的市政设施之一，以其"固定"和"易实施"的特点，成为资源整合和接收物联网信息的重要载体。智慧灯杆系统除实现节能、环保、智能的照明功能外，还搭载有各种环境监测系统，可监测温度、湿度、光照度、噪声、空气质量、风速、气压等环境指标，实现高密度的城市微环境监测能力，如图 9-1 所示。

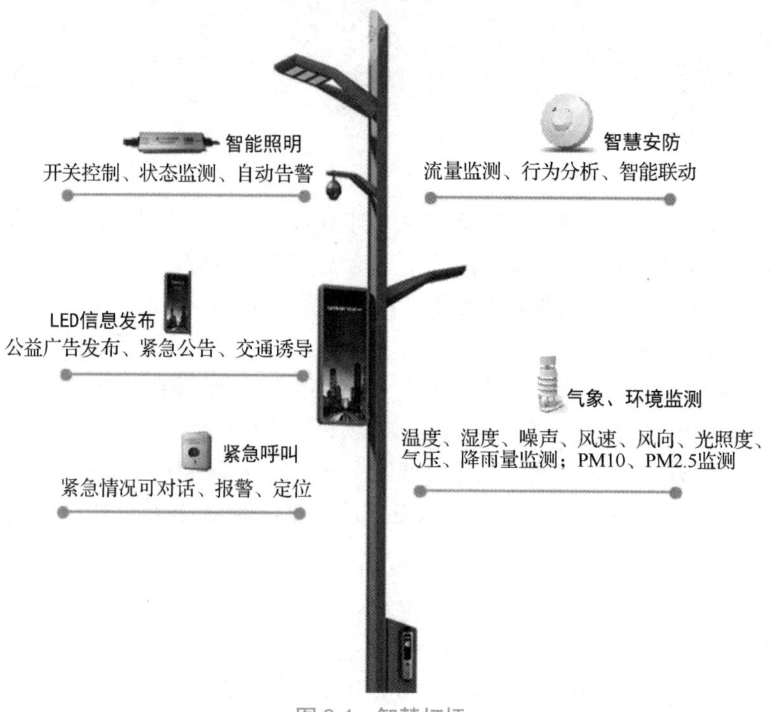

图 9-1　智慧灯杆

本任务要求实现智慧灯杆的气压、噪声、风速、光照度、PM2.5、PM10 等环境数据的监测功能，以及路灯控制功能，使用龙芯 1B 处理器和气象站传感器、RGB-LED 灯等 RS485 设备实现这些功能。完成这个任务，需要知道所使用的传感器类型和传感器的通信原理。

建议学生带着以下问题进行本任务的学习和实践。

- 什么是 RS485 总线？
- 什么是 Modbus 协议？
- 龙芯 1B 处理器是如何进行 RS485 通信的？
- 如何根据协议控制 RGB 灯光颜色？
- 如何根据协议获取传感器信息？

智慧灯杆功能分析与系统组成

智慧灯杆系统框架搭建

9.1.1　RS485 总线

RS（Recommended Standard）是推荐标准的意思，485 是标准标识号，RS485 又称为 ANSI/TIA/EIA 485，这几个前缀是标准协会的名称缩写，比如 EIA 是电子工业协会（Electronics Industries Association）的缩写。1983 年，RS485 通信接口被 EIA 批准为一种通信接口标准。

RS485 采用半双工工作方式，支持多点数据通信，一般采用终端匹配的总线型结构，即采用一条总线将各个节点串接起来，不支持环形或星形网络。

RS485 采用平衡发送和差分接收方式实现通信，因此具有抑制共模干扰的能力，加上总线收发器具有较高灵敏度，能检测低至 200mV 的电压，故传输信号能在千米以外得到恢复。

采用共模传输方式时，共模噪声将会叠加在最终的输出信号上，原始信号会受到干扰，如图 9-2 所示。

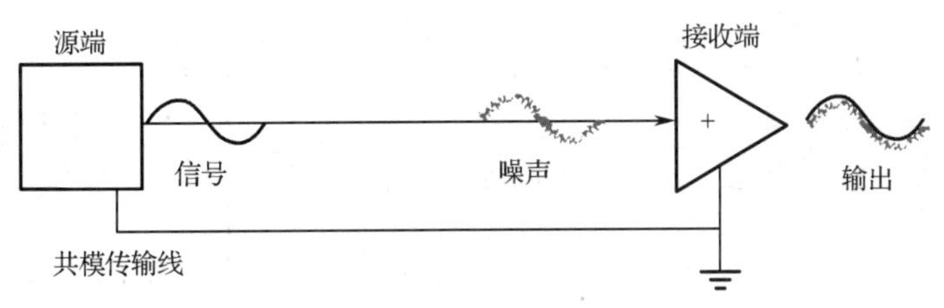

图 9-2　共模传输方式

采用差模（也称为差分）传输方式时，源端发出的“信号+”与“信号−”相位是相反的，对于共模噪声而言，其在+/−两条信号线上都会存在，理想情况下是等幅同相的，而接收端相当于一个减法器，有用信号由于相位相反经过减法器后仍然保留，而噪声则会被抵消。因此在实际电路中，能大幅度削弱噪声产生的影响，如图 9-3 所示。

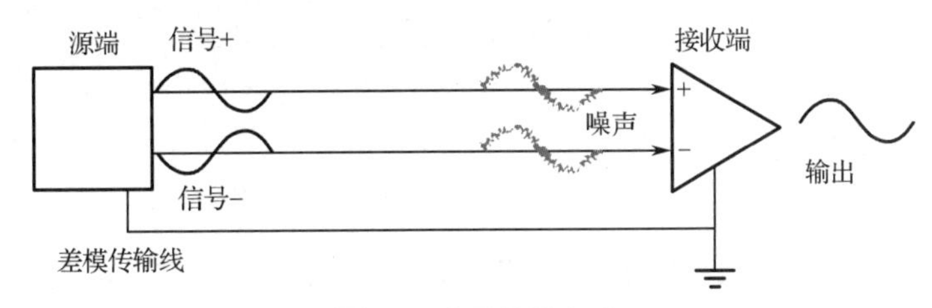

图 9-3　差模传输方式

RS485 采用差分信号，发送端 AB 间的电压差+2～+6V 表示逻辑“1”，−6～−2V 表示逻辑“0”。接收端 AB 间的电压差大于+200mV 表示逻辑“1”，小于−200mV 表示逻辑“0”，如图 9-4 所示。

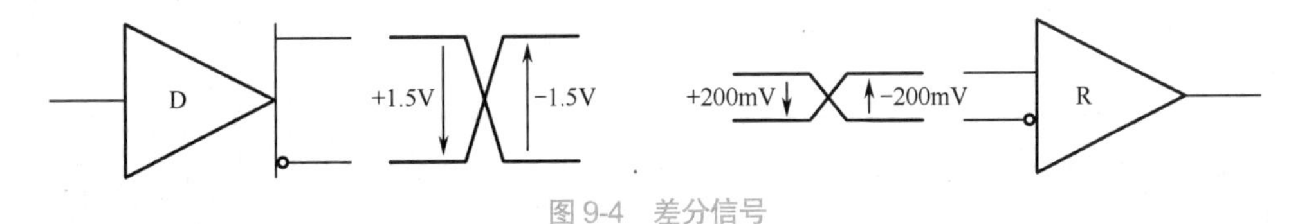

图 9-4　差分信号

RS485 总线接口电路的发送端将串行口的 TTL 电平信号转换成差分信号 A、B 两路输出，经过线缆传输后在接收端将差分信号还原成 TTL 电平信号。图 9-5 中的 DIR 脚就是控制当前 RS485 是处于“收”还是处于“发”模式。$\overline{RE}$：接收器低电平使能，DE：驱动输出高电平使能。信号 A 在空闲时为高电平，信号 B 在空闲时为低电平，所以有的设备上会标识 485_A+，485_B−。

龙芯 1B 开发板上的 RS485 接口电路采用自动收发设计，电路空闲状态时 A 为高电平，B 为低电平，默认输出逻辑“1”，根据 $\overline{RE}$ 接收器低电平使能，DE 驱动输出高电平使能原理，如图 9-6 所示。

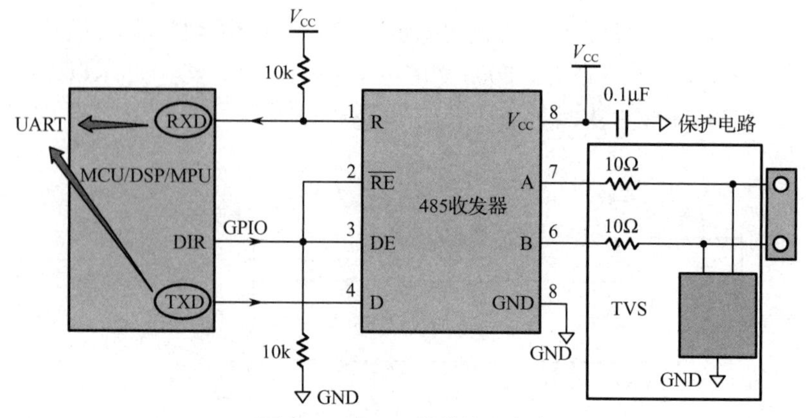

图 9-5　RS485 总线接口电路

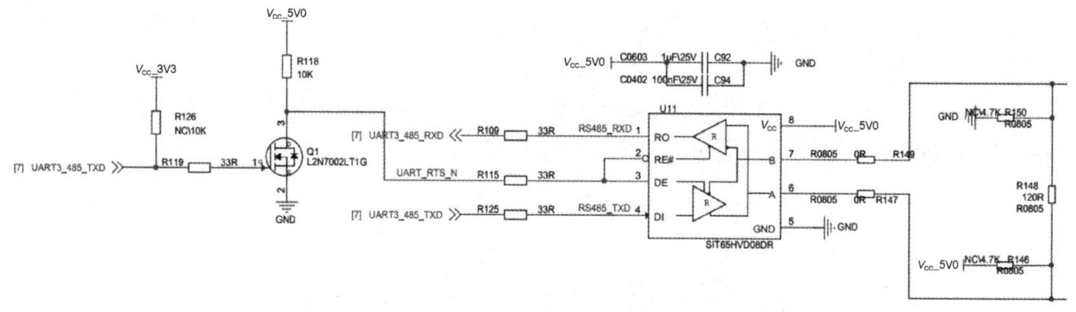

图 9-6　龙芯 1B 开发板上的 RS485 接口原理图

采用 RS485 进行数据输出，当输出“1”时，进行$\overline{RE}$输入使能，电路保持默认输出逻辑“1”状态；当输出“0”时，进行 DE 输出使能，输出逻辑“0”。UART3_485_TXD 引脚接有上拉电阻，空闲状态时输出“1”，保持在接收模式。

为了进一步减少外界干扰对总线通信的影响，RS485 总线通常使用屏蔽双绞线进行布线、组网，如图 9-7 所示。

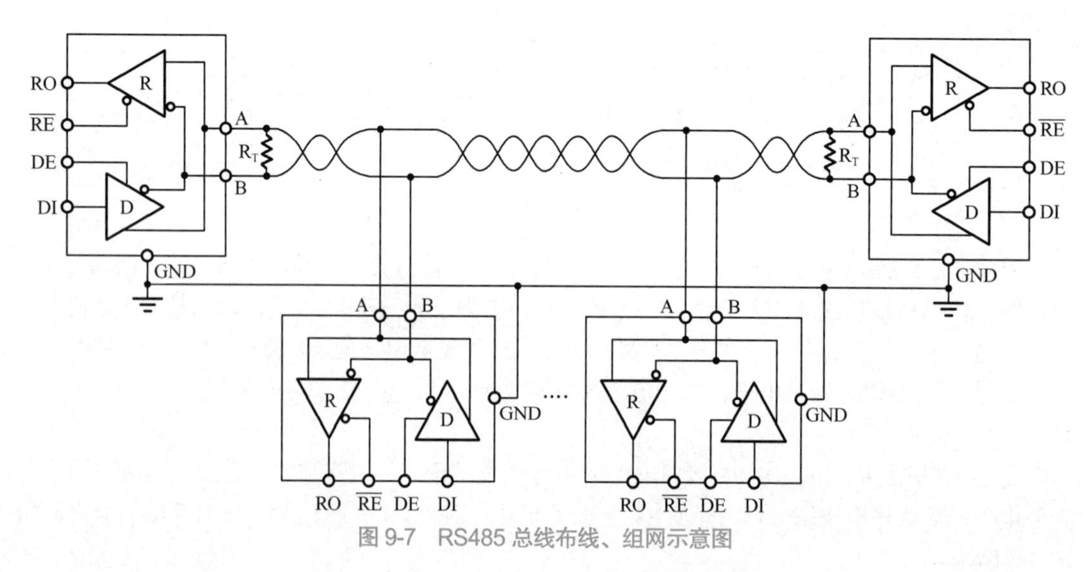

图 9-7　RS485 总线布线、组网示意图

9.1.2　Modbus 协议介绍

Modbus 是一种在数据链路层中的协议，它规定了一种开源的通用数据帧格式，按照这种格式两个设备之间能较为稳定地通信。

该协议采用报文传输协议，包括 ASCII、RTU、TCP 三种报文类型。标准的 Modbus 协议物理层接口有 RS232、RS422、RS485 和以太网接口，采用 Master/Slave 方式通信。

Modbus 有两种传输模式。

（1）ASCII 模式。

① 每个 8 位的字节被拆分成两个 ASCII 字符进行发送，如十六进制数 OxAF，会被分解成 ASCII 字符“A”和“F”进行发送，发送的字符量比 RTU 增加一倍；

② 传输格式：1 个起始位、7 个数据位、1 个奇偶校验位和 1 个停止位（或 2 个停止位）；

③ 采用纵向冗余校验（Longitudinal Redundancy Check，LRC）；

④ 两个字符之间发送的时间间隔可达到 1 秒，而不会产生错误。

（2）RTU 模式。

① 每个 8 位的字节可以传输两个十六进制字符，如十六进制数 OxAF，会直接以十六进制 OxAF（二进制为 10101111）进行发送，因此它的发送密度比 ASCII 模式高一倍；

② 传输格式：1 个起始位、8 个数据位、1 个奇偶校验位和 1 个停止位（或 2 个停止位）；

③ 采用循环冗余校验（Cyclic Redundancy Check，CRC）；

④ 消息发送至少要有 3.5 个字符的停顿间隔，消息帧必须连续进行传输，1.5～3.5 个字符间隔会被判断为接收异常，超过 3.5 个字符间隔被判断为帧结束。

Modbus 采用主从（Master/Slave）通信模式，仅有主设备（Master）能对传输进行初始化，从设备（Slave）根据主设备的请求进行应答。在串行链路的主从通信中，Modbus 主设备理论上可以连接一个或 *N*（最大为 247）个从设备。

主从设备之间的通信包括广播模式和单播模式。在广播模式中，Modbus 主设备可同时向多个从设备发送请求（设备地址 0 用于广播模式），从设备对广播请求不进行响应。在单播模式中，主设备发送请求至某个特定的从设备（每个 Modbus 从设备具有唯一地址），请求的消息帧中包含功能代码和数据，从设备接到请求后，进行应答并把消息反馈给主设备。

如图 9-8 所示为典型的主从设备请求-应答机制。

9.1.3　RGB-LED 灯介绍

智慧灯杆照明
功能开发

RGB-LED 灯是一种集成红、绿、蓝三种颜色的 LED 于一体的 LED 灯，通过对红（R）、绿（G）、蓝（B）三种颜色的变化及它们相互之间的叠加可以得到各式各样的颜色，如图 9-9 所示。RS485-RGB-LED 可通过 Modbus 指令进行远程控制显示效果，并可通过 RS485 总线进行级联，实现多 LED 的控制。

根据 RGB-LED 产品参数（见表 9-1）可知，RGB-LED 采用 RS485 Modbus-RTU 通信协议，波特率为 9600bps，8 个数据位、1 个停止位、无校验位，默认 485 设备地址为 0x01。

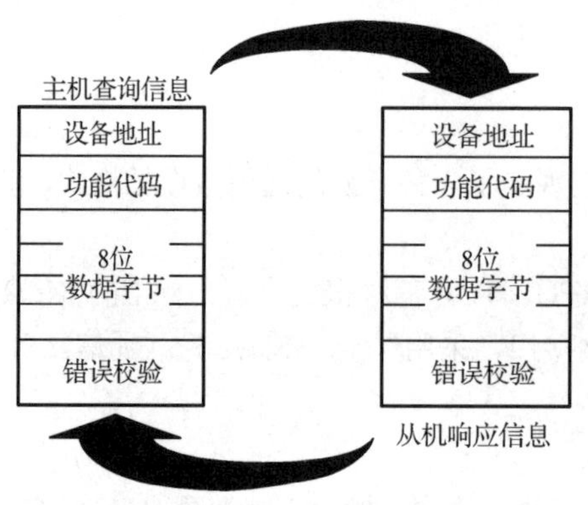

图 9-8　主从设备请求-应答机制

图 9-9　RGB-LED 灯

表 9-1　RGB-LED 产品参数

类　别	参　数
工作电压	DC12V
额定功率	<1W
硬件接口	RS485
通信协议	Modbus-RTU
显示颜色	RGB 混色，256×256×256 种颜色
波特率	9600bps
数据位	8
停止位	1
校验位	None
地址	01（用户可修改）

根据表 9-2，可通过修改 R、G、B 数值，实现指示灯显示不同的颜色。R、G、B 的数值均为 0 时，指示灯不显示。

表 9-2　RGB-LED 控制协议

字节	0	1	2	3	4	5	6	7	8	9	10	11	12	13	14
指令	01	10	00	00	00	03	06	00	FF	00	FF	00	FF	82	E4
说明	模块 ID	RTU 指令	起始地址		固定 0x03		数据长度	R(0～0xFF)		G(0～0xFF)		B(0～0xFF)		CRC16 校验低位	CRC16 校验高位

图 9-10　气象站传感器

9.1.4　气象站传感器介绍

气象站传感器适用于多种场景，可进行风速、风向、温湿度、噪声、PM2.5 和 PM10、大气压力、光照度、雨量等数据的检测，采用标准 Modbus-RTU 通信协议，RS485 信号输出，通信距离最远可达 2000 米，如图 9-10 所示。

环境 PM2.5 监测功能开发

PM2.5 和 PM10 测量问询帧和应答帧如表 9-3 所示。

检测量程：0～1000μg/m^3，分辨率 1μg/m^3，返回的两位数据分别为测量值的高八位和低八位数据。

PM2.5：0023 (十六进制)=35μg/m^3

PM10：0032 (十六进制)=50μg/m^3

空气污染监测功能开发

表 9-3　PM2.5 和 PM10 测量问询帧和应答帧

PM2.5 问询帧					
地址码	功能码	起始地址	数据长度	校验码低字节	校验码高字节
0x01	0x03	0x01　0xFB	0x00　0x01	0xF4	0x07
PM2.5 应答帧					
地址码	功能码	返回有效字节数	PM2.5 值	校验码低字节	校验码高字节
0x01	0x03	0x02	0x00　0x23	0xF9	0x9D
PM10 问询帧					
地址码	功能码	起始地址	数据长度	校验码低字节	校验码高字节
0x01	0x03	0x01　0xFC	0x00　0x01	0x45	0xC6
PM10 应答帧					
地址码	功能码	返回有效字节数	PM10 值	校验码低字节	校验码高字节
0x01	0x03	0x02	0x00　0x32	0x39	0x91

风速测量问询帧和应答帧如表 9-4 所示。

风速计算：007D (十六进制)=125→风速=1.25m/s。

表 9-4　风速测量问询帧和应答帧

风速问询帧					
地址码	功能码	起始地址	数据长度	校验码低字节	校验码高字节
0x01	0x03	0x01　0xF4	0x00　0x01	0xC4	0x04
风速应答帧					
地址码	功能码	返回有效字节数	风速值	校验码低字节	校验码高字节
0x01	0x03	0x02	0x00　0x7D	0x78	0x65

噪声测量问询帧和应答帧如表 9-5 所示。

噪声计算：01b0 (十六进制)= 432/10.0 =43.2dB。

表 9-5　噪声测量问询帧和应答帧

噪声问询帧					
地址码	功能码	起始地址	数据长度	校验码低字节	校验码高字节
0x01	0x03	0x01　0xFA	0x00　0x01	0xA5	0xC7
噪声应答帧					
地址码	功能码	返回有效字节数	噪声值	校验码低字节	校验码高字节
0x01	0x03	0x02	0x01　0xb0	0xb8	0x60

光照度测量问询帧和应答帧如表 9-6 所示。

光照度计算：0066 (十六进制)= 101Lx。

表 9-6　光照度测量问询帧和应答帧

光照度问询帧					
地址码	功能码	起始地址	数据长度	校验码低字节	校验码高字节
0x01	0x03	0x01　0xFF	0x00　0x01	0xB5	0xC6
光照度应答帧					
地址码	功能码	返回有效字节数	光照值	校验码低字节	校验码高字节
0x01	0x03	0x02	0x00　0x66	0x38	0x6E

任务实施

1. 环境感知系统设计与实现

（1）功能分析。根据 RS485 通信原理，通过设置龙芯 1B 开发板串口与 RS485 设备之间进行通信，根据相关协议进行指定数据帧的发送，完成 RGB 灯光的控制和传感器数据的读取。

- 初始化串口（设置波特率）;
- 创建串口发送协议数组;
- 发送数据 CRC 校验位计算;
- 串口接收解析数组协议。

由图 9-11 所示的切换开关原理图可知，SW1 可进行 RS232 和 RS485 接口的切换选择，在进行 RS485 通信时，首先需要将双联切换开关拨到 RS485 位置。

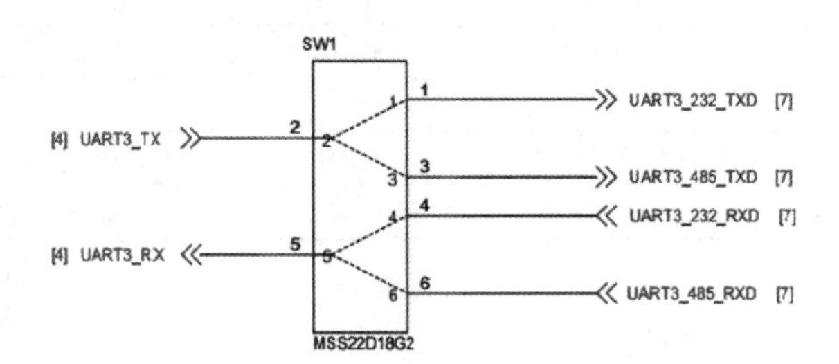

图 9-11　切换开关原理图

（2）RGB-LED 灯光控制。

① 编写 RS485 的初始化程序。初始化 UART3，设置波特率为 9600bps，打开串口。

```
1.  void RS485_Init(void)
2.  {
3.      unsigned int baud = 9600;
4.      ls1x_uart_init(devUART3, (void *)baud);
5.      ls1x_uart_open(devUART3, NULL);
6.  }
```

② RGB-LED 灯控制协议。由表 9-2 可知 RGB 指示灯控制命令的组成：ID（设备地址，1 个字节），指令（0x10：控制指示灯组合颜色显示），起始地址（0x00，0x00，2 个字节），固定值（0x00，0x03，2 个字节），数据长度（0x06，1 个字节），R（数值范围为 0～255，2 个字节），G（数值范围为 0～255，2 个字节）、B（数值范围为 0～255，2 个字节）、CRC16_LOW、CRC16_HIGH。

```
1.  unsigned char RGB_Ctrl_Data[15] = { 0x00,0x10,0x00,0x00,0x00,0x03,0x06, 0x00,0x00,0x00,0x00,0x00,0x00,
0x00,0x00 };
```

③ CRC 校验计算。Modbus 协议一般采用 16 位的 CRC 校验，通过校验位来判断该帧是否正确发送和接收。

对于相对固定的协议，可通过在线计算网址进行计算，如图 9-12 所示。

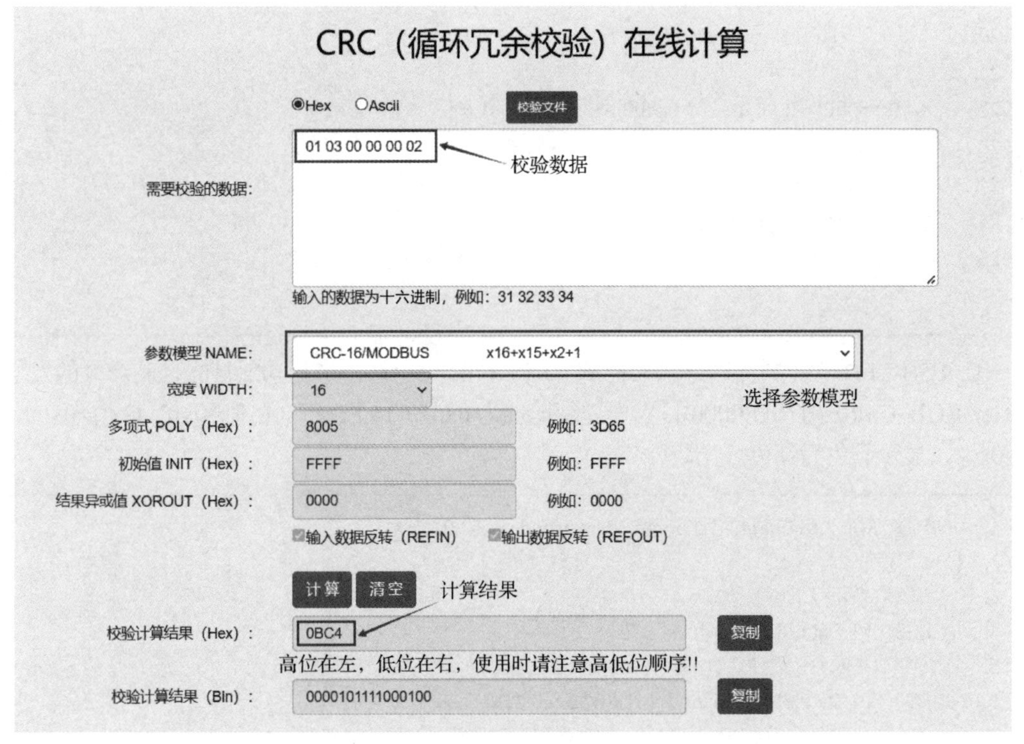

图 9-12　在线计算

对于数据可变的控制命令，需要在程序中通过公式计算出数据校验位，函数中 Array 为输入数组，Rcvbuf[0]为 CRC 校验高 8 位，Rcvbuf[1]为 CRC 校验低 8 位，Len 为输入数组长度。

```
1.  unsigned short crc_16(unsigned char *Array, unsigned char *Rcvbuf,unsigned int Len)
2.  {
3.          unsigned int   ix,iy,CRC_data;
4.          CRC_data = 0xFFFF;//set all 1
5.          if (Len<=0)
```

```
6.            CRC_data = 0;
7.        else
8.        {
9.            Len--;
10.           for (ix=0;ix <= Len;ix++)
11.           {
12.               CRC_data = CRC_data^(unsigned int)(Array[ix]);
13.               for(iy=0;iy<=7;iy++)
14.               {
15.                   if ((CRC_data & 1)!=0 )
16.                       CRC_data = (CRC_data>>1)^0xA001;
17.                   else
18.                       CRC_data = CRC_data >>1;
19.               }
20.           }
21.       }
22.       Rcvbuf[0] = (CRC_data & 0xff00)>>8;   //CRC 高 8 位
23.       Rcvbuf[1] = (CRC_data & 0x00ff);      //CRC 低 8 位
24.       CRC_data= Rcvbuf[0]<<8;
25.       CRC_data+= Rcvbuf[1];
26.       return CRC_data;
27. }
```

④ RGB-LED 灯控制。通过输入控制 ID 和 RGB 颜色值，进行 485 灯光控制命令的发送，如 Get_RGB_Ctrl(0x01, 0xff0000)，代表控制地址为 0x01 的 LED 灯，R 值=0xff，G 值=0x00，B 值=0x00，显示颜色为红色灯光。

```
1.  void Get_RGB_Ctrl(unsigned char rgb_id,unsigned int RGB)
2.  {
3.      //获取指示灯 ID
4.      RGB_Ctrl_Data[0] = rgb_id;
5.      //获取指示灯颜色 R、G、B
6.      RGB_Ctrl_Data[8] = (unsigned char)((RGB & 0xff0000) >> 16);
7.      RGB_Ctrl_Data[10] = (unsigned char)((RGB & 0x00ff00) >> 8);
8.      RGB_Ctrl_Data[12] = (unsigned char)(RGB & 0x0000ff);
9.      //获取 CRC 校验码
10.     crc_16( RGB_Ctrl_Data, RGB_buf_2,13);
11.     RGB_Ctrl_Data[13] = RGB_buf_2[1];
12.     RGB_Ctrl_Data[14] = RGB_buf_2[0];
13.     //发送控制命令
14.     RS485_Send_Data(RGB_Ctrl_Data,15);
15.     delay_ms(100);
16. }
```

发送控制命令函数 RS485_Send_Data()即为 UART3 发送函数，参数为要发送的数组和发送数据长度。

```
1.  void RS485_Send_Data(unsigned char *buf,unsigned char len)
2.  {
3.      ls1x_uart_write(devUART3,buf,len,NULL);
4.  }
```

⑤ RGB 灯光控制。在下载程序前需要进行实验接线，由表 9-1 参数可知，RGB-LED 灯的工作电压为 12V，可将 LED 灯的电源线接入开发板上 OUT_V_{CC} 输出接口进行供电。关于 RGB-LED 灯的 A、B 数据线需要根据实际情况确定，将对应的 A、B 线与龙芯 1B 开发板上 RS485 的 A、B 接口进行连接（见图 9-13），注意将开关 SW1 拨到 RS485 位置。

图 9-13　RGB-LED 灯连接

下载完程序后，可通过控制指令进行 RGB 灯光颜色的切换，如 Get_RGB_Ctrl(0x01, 0xff0000)切换为红色灯光，如图 9-14 所示。

图 9-14　红色灯光

（3）气象站数据采集。

① 传感器获取指令。同 RGB-LED 灯光控制一样，首先需要进行 RS485 的初始化，初始化 UART3，设置波特率为 9600bps。初始化完成后可根据传感器协议进行对应请求数组的创建。

```
1.  const unsigned char pm25_get_data[8]= {0x01, 0x03 ,0x01 ,0xfb, 0x00, 0x01 ,0xf4 ,0x07};     //PM2.5 获取指令
2.  const unsigned char wind_speed_get_data[8]= {0x01, 0x03 ,0x01 ,0xf4, 0x00, 0x01 ,0xc4 ,0x04};  //风速获取指令
3.  const unsigned char noise_get_data[8]= {0x01, 0x03 ,0x01 ,0xfa, 0x00, 0x01 ,0xa5 ,0xc7};     //噪声获取指令
4.  const unsigned char pm10_get_data[8]= {0x01, 0x03 ,0x01 ,0xfc, 0x00, 0x01 ,0x45 ,0xc6};     //PM10 获取指令
5.  const unsigned char light_get_data[8]= {0x01, 0x03 ,0x01 ,0xff, 0x00, 0x01 ,0xb5 ,0xc6};     //光照度获取指令
```

② 传感器数据采集。通过 RS485 接口发送传感器数据获取指令，然后等待接收返回数据，将接收到的数据进行解析，得到对应的采集数据，可通过气象站传感器的问询帧和应答帧进行数据解析。

通过发送 PM2.5 数据协议获取 PM2.5 的采集数据，将接收到的数组进行遍历输出打印，并将 PM2.5 的值提取到 pm25_value 中，通过串口打印转换后的数据。

```
1.  len=0;
2.  memset(str,0,sizeof(str));
3.  ls1x_uart_write(devUART3,pm25_get_data,8,NULL);          //发送获取 PM2.5 数据协议
4.  delay_ms(100);
5.  len = ls1x_uart_read(devUART3, str, 20, NULL);          //读取 RS485 返回数据
6.  if(len > 0)
7.  {
8.      printk("len = %d,The data received:\n",len);
9.      for(i=0; i<len; i++)
10.         printk("0x%02x ",str[i]);
11.     printk("\n");
12.     pm25_value=str[3]*256+str[4];
13.     printk("PM2.5: %d ug/m3\n\r",pm25_value);
14. }
```

通过发送 PM10 数据协议获取 PM10 的采集数据，将接收到的数组进行遍历输出打印，并将 PM10 的值提取到 pm10_value 中，通过串口打印转换后的数据。

```
1.  len=0;
2.  memset(str,0,sizeof(str));
3.  ls1x_uart_write(devUART3,pm10_get_data,8,NULL);          //发送获取 PM10 数据协议
4.  delay_ms(100);
5.  len = ls1x_uart_read(devUART3, str, 20, NULL);          //读取 RS485 返回数据
6.  if(len > 0)
7.  {
8.      printk("len = %d,The data received:\n",len);
```

```
9.      for(i=0; i<len; i++)
10.         printk("0x%02x ",str[i]);
11.     printk("\n");
12.     pm10_value=str[3]*256+str[4];
13.     printk("PM10: %d ug/m3\n\r",pm10_value);
14. }
```

依次获取风速、噪声、光照度数据，将数据提取到对应的数值中。

```
1.  len=0;
2.  memset(str,0,sizeof(str));
3.  ls1x_uart_write(devUART3,wind_speed_get_data,8,NULL);      //发送获取风速数据协议
4.  delay_ms(100);
5.  len = ls1x_uart_read(devUART3, str, 20, NULL);              //读取 RS485 返回数据
6.  if(len > 0)
7.  {
8.      printk("len = %d,The data received:\n",len);
9.      for(i=0; i<len; i++)
10.         printk("0x%02x ",str[i]);
11.     printk("\n");
12.     wind_speed_value=(str[3]*256+str[4]) /100.0;
13.     printk("Wind Speed: %.02f m/s\n\r",wind_speed_value);
14. }
```

```
1.  len=0;
2.  memset(str,0,sizeof(str));
3.  ls1x_uart_write(devUART3,noise_get_data,8,NULL);       //发送获取噪声数据协议
4.  delay_ms(100);
5.  len = ls1x_uart_read(devUART3, str, 20, NULL);         //读取 RS485 返回数据
6.  if(len > 0)
7.  {
8.      printk("len = %d,The data received:\n",len);
9.      for(i=0; i<len; i++)
10.         printk("0x%02x ",str[i]);
11.     printk("\n");
12.     noise_value=(str[3]*256+str[4]) /10.0;
13.     printk("Noise Data: %.02f dB\n\r",noise_value);
14. }
```

```
1.  len=0;
2.  memset(str,0,sizeof(str));
3.  ls1x_uart_write(devUART3,light_get_data,8,NULL);       //发送获取光照度数据协议
```

```
4.  delay_ms(100);
5.  len = ls1x_uart_read(devUART3, str, 20, NULL);              //读取 RS485 返回数据
6.  if(len > 0)
7.  {
8.      printk("len = %d,The data received:\n",len);
9.      for(i=0; i<len; i++)
10.         printk("0x%02x ",str[i]);
11.     printk("\n");
12.     light_value=(str[3]*256+str[4]);
13.     printk("Light: %d lx\n\r",light_value);
14. }
```

③ 传感器连接。将气象站传感器连接到龙芯 1B 开发板的 A、B 接口上，如图 9-15 所示。

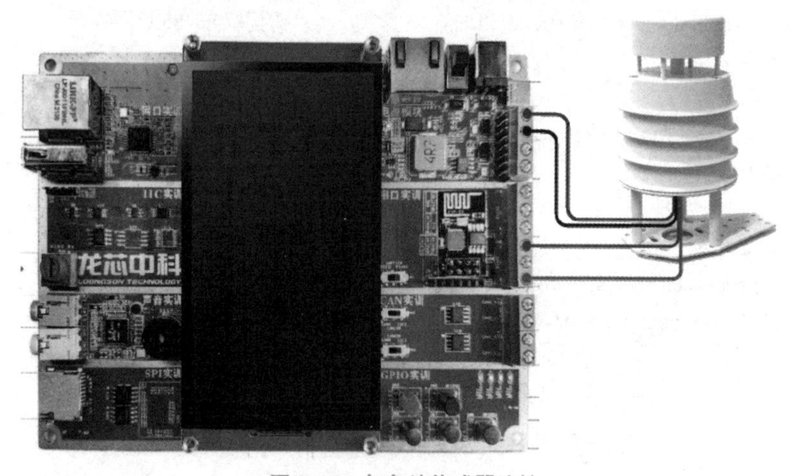

图 9-15　气象站传感器连接

连接调试串口 UART5，打开调试助手，设置波特率为 115200bps，可以看到程序打印的信息，如图 9-16 所示。可以根据返回数据进行验证。

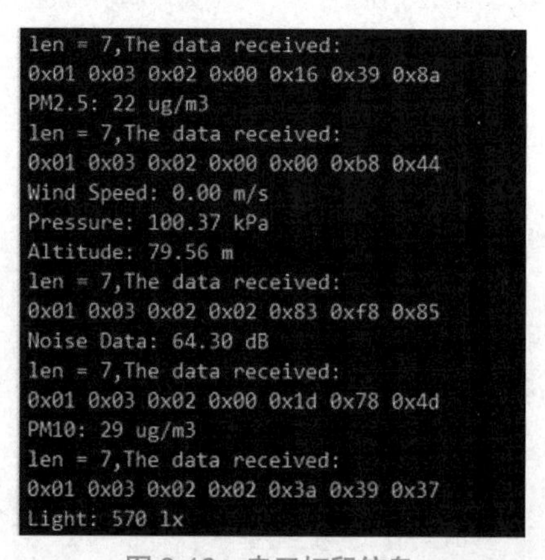

图 9-16　串口打印信息

任务拓展

1．查看 RGB 值对应颜色表，写出控制地址为 01 的 RGB 灯显示紫色灯光的控制指令，注意 CRC 校验低位在前。

2．观察气象站传感器获取地址，更改获取协议，使传感器能同时返回 PM2.5 和 PM10 数据，注意 CRC 校验低位在前。

3．根据传感器获取到的光照度数据，设定相关阈值，进行 RGB 灯光亮度的智能控制，编写完整程序，并将其编译、烧写至龙芯 1B 开发板查看现象。

任务 9.2　NB-IoT 接入物联网云平台

任务分析

为了有效实现人、物、城市功能系统之间的无缝连接，以及协同联动的智能自感知、自适应、自优化功能，智慧路灯需要一套强大的智慧路灯云平台控制系统（见图 9-17）作为支撑，以实现对智慧路灯杆的平台资源管理、设备控制、远程监测和智能维护等服务。

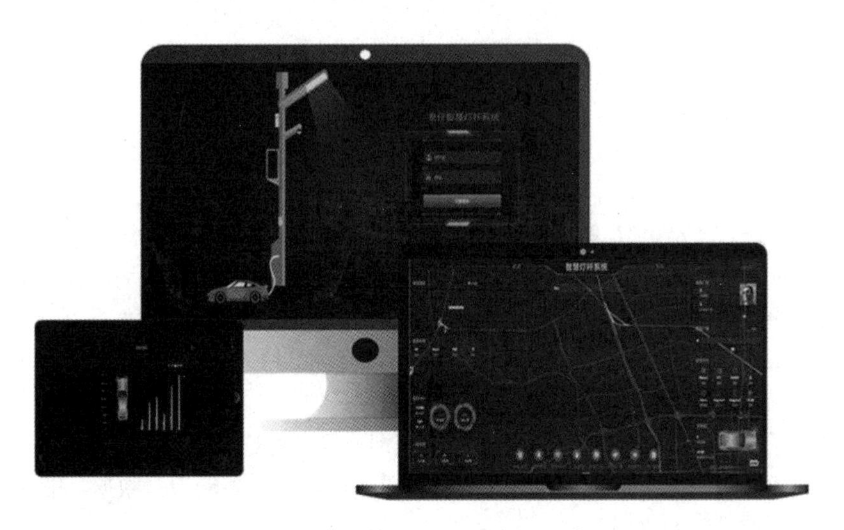

图 9-17　智慧路灯云平台控制系统

本任务要求实现物联网云平台的数据接入功能，使用龙芯 1B 开发板外接 NB-IoT 无线通信模组，将需要发送的数据进行 JSON 格式转换，再通过 MQTT 通信协议进行数据传输，实现数据上云功能。完成这项任务，首先需要在云平台上创建相关设备，清楚 NB-IoT 模组的工作模式，以及 MQTT 接入配置。

建议学生带着以下问题进行本任务的学习和实践。

- 如何创建使用物联网云平台？
- 如何使用 NB-IoT 模组接入云平台？
- 如何在程序中构建 JSON 格式数据？

9.2.1 物联网云平台介绍

物联网云平台处于物联网四个逻辑层（感知层、网络层、平台层、应用层，见图 9-18）中的平台层，平台层在物联网中的作用主要是收集数据和处理数据等。

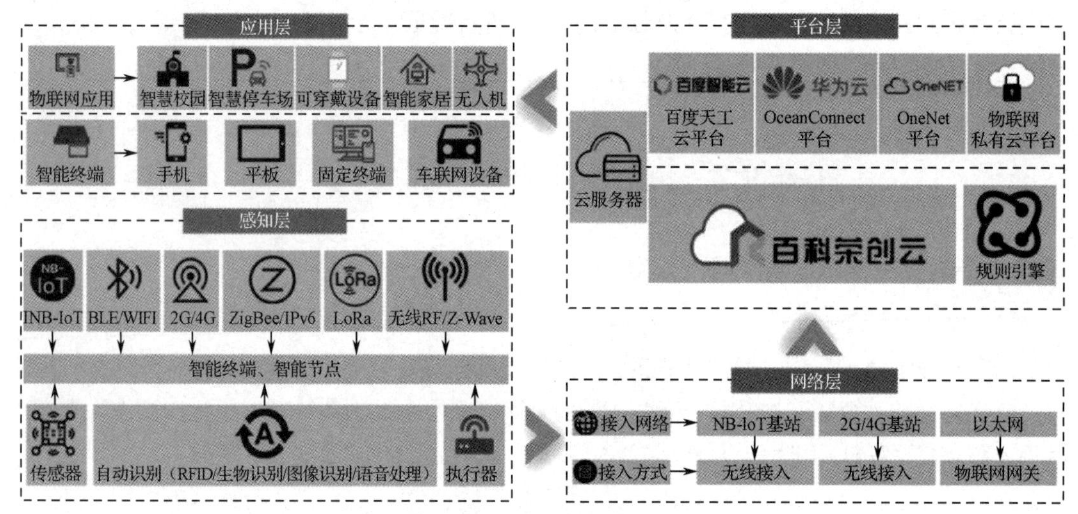

图 9-18 物联网逻辑层

物联网云平台功能如下。

（1）设备接入。智能设备与云端之间建立安全的双向连接；支持 MQTT、HTTP、UDP、TCP、CoAP 等多种典型的通信协议。

（2）设备管理。支持创建设备、创建模块、创建模型、数据模拟及数据存储等，具有完整的设备生命周期管理能力；具有设备上/下线变更通知服务及数据存储能力，方便实时获取设备状态和查看历史数据。

（3）规则引擎。灵活处理设备数据，通过对设备数据进行简单的规则设定，即可让触发规则的消息进行预警通知，或各设备间消息的转发。

（4）规则条件。设备上/下线、模块数据阈值判断等多种规则条件的设置。

（5）数据模拟。数据模拟生成和发送服务，可生成当前设备的模拟数据，能够减少开发流程，降低数据测试带来的负担。

（6）数据可视化。通过多种可视化图表、动画等，实现数据的多元化展示效果，以便于对上行数据进行查看和分析。

9.2.2　NB-IoT 介绍

1. NB-IoT

基于蜂窝的窄带物联网（Narrow Band Internet of Things，NB-IoT）是万物互联网络的一个重要分支。NB-IoT 构建于蜂窝网络，只消耗大约 180kHz 的带宽，可直接部署于 GSM 网络、UMTS 网络或 LTE 网络，以降低部署成本，实现平滑升级。

NB-IoT 是 IoT 领域的一个新兴技术，支持低功耗设备在广域网的蜂窝数据连接，也被称为低功耗广域网（LPWAN），支持待机时长、对网络连接要求较高设备的高效连接，同时还能提供非常全面的室内蜂窝数据连接覆盖。

2. NB-IoT 模组

EA01-S NB-IoT 模组，支持 B3、B5、B8 频段，支持 TCP、UDP、MQTT、COAP、LwM2M 等协议，支持电信云 CTWING、华为云 OceanConnect、联通云、中移 onenet 云平台、阿里云、百度云、私有云平台和亿佰特云平台等，如图 9-19 所示。

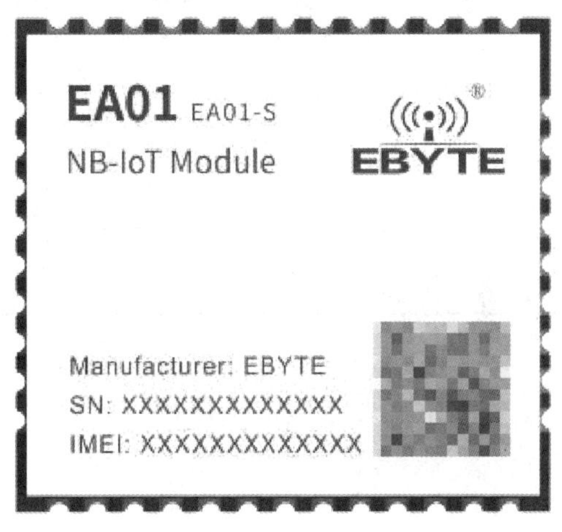

图 9-19　NB-IoT 模组

NB-IoT 模组可通过 AT 指令进行芯片功能设置。AT（Attention）指令是应用于终端设备与 PC 应用之间的连接与通信的指令。每行 AT 命令中只能包含一条 AT 指令，每条指令执行成功与否都有相应的返回值。

模式切换 AT 指令及响应如表 9-7 所示。

表 9-7　模式切换

AT 指令	响　应
ATD*98/r/n	CONNECTING OK
+++	OK

上电默认工作于 AT 指令模式。在 AT 指令模式下，发送 ATD*98/r/n 或 ATD*99/r/n，将切换到透传模式。在透传模式下，用户数据最后三个字节为“+++”，或用户数据传输结束完成后发送三个字节“++t”，将结束透传模式。

软重启 AT 指令及响应如表 9-8 所示。

表 9-8　软重启

AT 指令	响　应
AT+NRB/r/n	REBOOTING

输入 AT+NRB/r/n AT 指令后设备将软重启，同时会把 AT 参数保存到 Flash 中。AT 参数需要掉电记忆时，先通过 AT 指令配置参数，然后必须输入 AT+NRB，参数才会被记忆到 Flash 中。

TCP/UDP 通道 AT 指令及响应如表 9-9 所示。

表 9-9　TCP/UDP 通道

AT 指令	响　　应
AT+SOCKONOFF = <enable>,<on-off>/r/n	+XSSTATE:<id>,<state> OK

<enable>，表示是否使能 TCP/UDP 通道，1 表示使能，0 表示不使能。默认是使能打开 TCP/UDP 通道。

<on-off>，表示打开或关闭 socket0，1 表示打开，0 表示关闭。

通信协议类型 AT 指令及响应如表 9-10 所示。

表 9-10　通信协议类型

AT 指令	响　　应
AT+PDUTYPE= <pdu_type>/r/n	OK
AT+PDUTYPE/r/n	Type:<pdu_type> OK

目前支持 MQTT、COAP、TCP/UDP 和亿佰特云协议。

<pdu_type>，0 表示基于 TCP 或 UDP 协议，1 表示基于 MQTT 协议，2 表示基于 COAP 协议，3 表示基于亿佰特云协议。

9.2.3　MQTT 协议介绍

MQTT 协议构建于 TCP/IP 协议上，由 IBM 于 1999 年发布。MQTT 最大的优点在于，可以用极少的代码和有限的带宽，为连接远程设备提供实时可靠的消息服务。作为一种低开销、低带宽占用的即时通信协议，MQTT 在物联网、小型设备、移动应用等方面有较广泛的应用。

MQTT 协议是一种消息列队传输协议，采用订阅、发布机制，订阅者只接收自己已经订阅的数据，不接收非订阅数据，这样既保证了必要的数据交换，又避免了无效数据的储存与处理。

在 MQTT 协议中，一个控制报文（数据包）的结构按照前后顺序分为三部分，如图 9-20 所示。

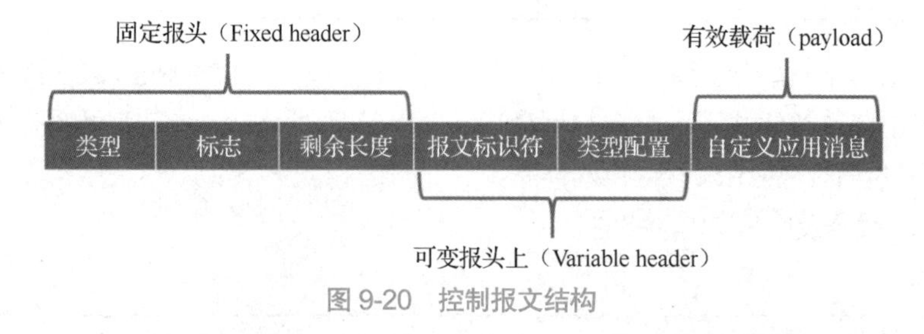

图 9-20　控制报文结构

payload 消息体位于 MQTT 数据包的第三部分，包含 CONNECT、SUBSCRIBE、SUBACK、UNSUBSCRIBE 四种类型的消息。

- CONNECT：客户端的 ClientID、订阅的 Topic、Message 及用户名和密码。

- SUBSCRIBE：订阅的主题及 QoS。
- SUBACK：服务器对于 SUBSCRIBE 所申请的主题及 QoS 进行确认和回复。
- UNSUBSCRIBE：要订阅的主题。

QoS：发布消息的服务质量，即保证消息传递的次数，MQTT 协议有三种消息发布服务质量。

- 00：最多一次，即 QoS=0。
- 01：至少一次，即 QoS=1。
- 10：一次，　即 QoS=2。
- 11：预留。

为 NB-IoT 模组配置 MQTT 协议接入云平台。MQTT 地址和端口的 AT 指令及响应如表 9-11 所示。

表 9-11　MQTT 地址和端口

AT 指令	响　应
AT+MQTTADDR =<addr>,<port>/r/n	OK
AT+MQTTADDR/r/n	OK address:<addr>,port:<port>

<addr>，表示服务器的 IP 地址或域名，最长 50 字节；

<port>，表示服务器端口。

MQTT 连接三要素的 AT 指令及响应如表 9-12 所示。

表 9-12　MQTT 连接三要素

AT 指令	响　应
AT+MQTTCONN =<value0>,<value1>,<value2>/r/n	OK
AT+MQTTADDR/r/n	OK <value0> <value1> <value2>

<value0>，客户端 ID；

<value1>，用户名；

<value2>，密码。

各个平台三要素值均存在差异，需根据平台信息调整。

MQTT 订阅主题的 AT 指令及响应如表 9-13 所示。

表 9-13　MQTT 订阅主题

AT 指令	响　应
AT+MQTTSUBTOP =<topicName>,<qos>/r/n	OK
AT+MQTTSUBTOP/r/n	OK qos: <qos> <topicName>

<topicName>：订阅主题内容，200 字节以内；

<qos>：服务质量，qos=0，qos=1，qos=2。

MQTT 发布主题的 AT 指令及响应如表 9-14 所示。

表 9-14　MQTT 发布主题

AT 指令	响　应
AT+MQTTPUBTOP =<topicName>,<qos>/r/n	OK
AT+MQTTPUBTOP/r/n	OK qos: <qos> <topicName>

<topicName>：发布主题内容，200 字节以内；

<qos>：服务质量，qos=0，qos=1，qos=2。

服务器保活时间的 AT 指令及响应如表 9-15 所示。

表 9-15　服务器保活时间

AT 指令	响　应
AT+MQTTALIVE =<alive_time>/r/n	OK
AT+MQTTALIVE/r/n	OK Keep alive time: <alive_time>

<alive_time>：服务器保活的时间，单位为秒，数据范围为 2 字节，默认为 600 秒（10 分钟）。

9.2.4　JSON 格式介绍

JSON（JavaScript Object Notation）是一种轻量级的数据交换格式，易于人阅读和编写，也易于机器解析和生成，可以在多种语言之间进行数据交换，并有效地提升网络传输效率。

JSON 的结构可以理解成无序的、可嵌套的 key-value 键值对集合，这些 key-value 键值对是以结构体或数组的形式来储存的。

在数据中，花括号“{}”包围的是对象，中括号“[]”包围的是数组，冒号“:”分隔的是元素。元素 key 只能是字符串。元素 value 的数据类型可以是：

- number：整数和浮点数都属于 number 类型，可以是正负数；
- string：字符串；
- bool：true/false；
- array：中括号包围的是数组；
- object：花括号包围的是对象；
- null：空。

9.2.5　cJSON 库介绍

cJSON 是一个使用 C 语言编写的 JSON 数据解析器，具有超轻便、可移植、单文件的特点，使用 MIT 开源协议。

cJSON 对象的实现采用了树形结构，每个对象都是树中的一个节点，每个节点都由 cJSON 结构体组成，对象中的元素也由 cJSON 结构体组成。同一层的对象或元素是双向链表结构，由 next 和 prev 指针链接；不同层的对象或元素由 child 指针链接起来。type 表示对象或元素类型，string 表示对象或节点的名称。元素的值存储在 valuestring、valueint 和 valuedouble 中。

cJSON 库可从 GitHub 中下载。

```
1.  typedef struct cJSON //cJSON 结构体
2.  {
3.          struct cJSON *next,*prev;          /* 遍历数组或对象链的前向或后向链表指针*/
4.          struct cJSON *child;               /* 数组或对象的子节点*/
5.          int type;                          /* key 的类型*/
6.          char *valuestring;                 /* 字符串值*/
7.          int valueint;                      /* 整数值*/
8.          double valuedouble;                /* 浮点数值*/
9.          char *string;                      /* key 的名字*/
10. } cJSON;
```

1. 常用 cJSON 构造函数

```
//创建对象
cJSON_CreateObject(void);
//创建数组
cJSON_CreateArray(void);
//创建整型数组
cJSON_CreateIntArray(const int *numbers, int count);
//创建双浮点型数组
cJSON_CreateDoubleArray(const double *numbers, int count);
//在对象中添加 null
cJSON_AddNullToObject(cJSON * const object, const char * const name);
//在对象中添加 true
cJSON_AddTrueToObject(cJSON * const object, const char * const name);
//在对象中添加 false
cJSON_AddFalseToObject(cJSON * const object, const char * const name);
//在对象中添加数字
cJSON_AddNumberToObject(cJSON * const object, const char * const name, const double number);
//在对象中添加字符串
cJSON_AddStringToObject(cJSON * const object, const char * const name, const char * const string);
//在对象中添加项目
cJSON_AddItemToObject(cJSON *object, const char *string, cJSON *item);
//在数组中添加项目
cJSON_AddItemToArray(cJSON *array, cJSON *item);
//将 JSON 数据结构转换为 JSON 字符串——有格式
cJSON_Print(const cJSON *item);
```

```
//将 JSON 数据结构转换为 JSON 字符串——无格式
cJSON_PrintUnformatted(const cJSON *item);
//清除结构体
cJSON_Delete(cJSON *item);
```

使用 cJSON 构造 JSON 数据。

```
1.  double grade[4] = {66.51, 118.52, 61.53, 128.54};          //数组 1
2.  int time[4] = {123, 456, 789, 150};                        //数组 2
3.  cJSON *TCP = cJSON_CreateObject();                         //创建一个对象
4.
5.  cJSON_AddStringToObject(TCP, "name", "MQ");                //添加字符串
6.  cJSON_AddNumberToObject(TCP, "age", 25);                   //添加整型数字
7.  cJSON_AddNumberToObject(TCP, "height", 183.52);            //添加浮点型数字
8.  cJSON_AddFalseToObject(TCP, "gender");                     //添加逻辑值 False
9.
10. cJSON *ADD = cJSON_CreateObject();                         //创建一个对象
11. cJSON_AddStringToObject(ADD, "country", "China");          //添加字符串
12. cJSON_AddNumberToObject(ADD, "zip-code", 123456);          //添加整型数字
13. cJSON_AddItemToObject(TCP, "address", ADD);                //添加对象到对象
14.
15. cJSON *SUB = cJSON_CreateArray();                          //创建一个数组
16. cJSON_AddStringToObject(SUB, "", "政治");                  //添加字符串到数组
17. cJSON_AddStringToObject(SUB, "", "数学");
18. cJSON_AddStringToObject(SUB, "", "英语");
19. cJSON_AddStringToObject(SUB, "", "专业课");
20. cJSON_AddItemToObject(TCP, "subject", SUB);                //添加数组到对象
21.
22. cJSON *TIM = cJSON_CreateIntArray(time, 4);                //创建一个整型数组
23. cJSON_AddItemToObject(TCP, "time", TIM);
24.
25. cJSON *GRA = cJSON_CreateDoubleArray(grade, 4);            //创建一个双浮点型数组
26. cJSON_AddItemToObject(TCP, "grade", GRA);
27.
28. cJSON *STU = cJSON_CreateArray();                          //创建一个数组
29.
30. cJSON *Z3 = cJSON_CreateObject();                          //创建一个对象
31. cJSON_AddStringToObject(Z3, "name", "张三");               //添加字符串
32. cJSON_AddNumberToObject(Z3, "age", 24);                    //添加整型数字
33. cJSON_AddTrueToObject(Z3, "gender");                       //添加逻辑值
34. cJSON_AddItemToArray(STU, Z3);                             //添加对象到数组中
35.
36. cJSON *L4 = cJSON_CreateObject();                          //创建一个对象
37. cJSON_AddStringToObject(L4, "name", "李四");               //添加字符串
38. cJSON_AddNumberToObject(L4, "age", 25);                    //添加整型数字
```

```
39. cJSON_AddTrueToObject(L4, "gender");                //添加逻辑值
40. cJSON_AddItemToArray(STU, L4);                      //添加对象到数组中
41.
42. cJSON *W5 = cJSON_CreateObject();                   //创建一个对象
43. cJSON_AddStringToObject(W5, "name", "王五");         //添加字符串
44. cJSON_AddNumberToObject(W5, "age", 26);             //添加整型数字
45. cJSON_AddTrueToObject(W5, "gender");                //添加逻辑值
46. cJSON_AddItemToArray(STU, W5);                      //添加对象到数组中
47.
48. cJSON_AddItemToObject(TCP, "student", STU);         //添加数组到对象中
49.
50. char *json_data = cJSON_Print(TCP);                 //将 JSON 数据结构转换为 JSON 字符串
51. printf("%s\n", json_data);                          //输出字符串
52. cJSON_Delete(TCP);                                  //清除结构体
```

输出的 JSON 数据内容。

```
1.  {
2.      "name":"MQ",                //字符串
3.      "age":25,                   //整数
4.      "height":183.5,             //浮点数
5.      "gender":false,             //逻辑值
6.      "address":{                 //对象
7.          "country":"China",
8.          "zip-code":123456
9.      },
10.     "subject":["政治","数学","英语","专业课"],     //字符型数组
11.     "time":[123,456,789,150],                    //整型数组
12.     "grade":[66.51,118.52,61.53,128.54],         //浮点型数组
13.     "student":[                                  //对象型数组
14.         {
15.             "name":"张三",
16.             "age":24,
17.             "gender":true
18.         },
19.         {
20.             "name":"李四",
21.             "age":25,
22.             "gender":true
23.         },
24.         {
25.             "name":"王五",
26.             "age":26,
27.             "gender":true
```

```
28.         }
29.     ]
30. }
```

2. cJSON 解析库函数介绍

```
/*作用：将一个 JSON 数据包按照 cJSON 结构体的结构序列化整个数据包，并在堆中开辟一块内存存储 cJSON 结构体
返回值：成功时返回一个指向内存块中的 cJSON 的指针，失败时返回 NULL*/
cJSON *cJSON_Parse(const char *value);
/*作用：获取 JSON 字符串字段值
返回值：成功时返回一个指向 cJSON 类型的结构体指针，失败时返回 NULL*/
cJSON *cJSON_GetObjectItem(cJSON *object,const char *string);
/*作用：获取数组成员对象个数
返回值：数组成员对象个数*/
int cJSON_GetArraySize(cJSON *array);
/*作用：释放位于堆中的 cJSON 结构体内存
返回值：无*/
void   cJSON_Delete(cJSON *c);
```

使用 cJSON 解析 JSON 数据，从 JSON 数据中提取要获取的数据，然后进行分析和处理。

```
1.  char json_string[]=
2.  "{\"name\":\"MQ\",\"age\":25,\"height\":183.5,\"gender\":false,\
3.     \"address\":{\"country\":\"China\",\"zip-code\":123456},\
4.      \"subject\":[\"政治\",\"数学\",\"英语\",\"专业课\"],\
5.       \"time\":[123,456,789,150],\"grade\":[66.51,118.52,61.53,128.54],\
6.        \"student\":[{\"name\":\"张三\",\"age\":24,\"gender\":false},\
7.                      {\"name\":\"李四\",\"age\":25,\"gender\":true},\
8.                      {\"name\":\"王五\",\"age\":26,\"gender\":null}]}";
9.                                              //定义 JSON 字符串
10.     cJSON* cjson = cJSON_Parse(json_string); //将 JSON 字符串转换成 JSON 结构体
11.     if(cjson == NULL)                        //判断转换是否成功
12.     {
13.         printf("cjson error...\r\n");
14.     }
15.     else
16.     {
17.         printf("%s\n",cJSON_Print(cjson));      //打包成功调用 cJSON_Print 打印输出
18.     }
19.
20.     printf("/******************以下是提取的数据*******************/\n");
21.     char *name = cJSON_GetObjectItem(cjson,"name")->valuestring;          //解析字符串
```

```
22.     printf("%s\n",name);
23.     int age = cJSON_GetObjectItem(cjson,"age")->valueint;                  //解析整型
24.     printf("%d\n",age);
25.     double height = cJSON_GetObjectItem(cjson,"height")->valuedouble;      //解析双浮点型
26.     printf("%.1f\n",height);
27.     int gender = cJSON_GetObjectItem(cjson,"gender")->type;               //解析逻辑值——输出逻辑值
对应的宏定义数值
28.     printf("%d\n",gender);
29.     cJSON* ADD = cJSON_GetObjectItem(cjson,"address");                    //解析对象
30.     char * country = cJSON_GetObjectItem(ADD,"country")->valuestring;     //解析对象中的字符串
31.     printf("%s\n",country);
32.     int zip = cJSON_GetObjectItem(ADD,"zip-code")->valueint;              //解析对象中的整型数字
33.     printf("%d\n",zip);
34.
35.     cJSON* SUB = cJSON_GetObjectItem(cjson,"subject");                    //解析数组
36.     int SUB_size = cJSON_GetArraySize(SUB);                               //获取数组成员个数
37.     int i=0;
38.     for(i=0;i<SUB_size;i++)
39.     {
40.         printf("%s ",cJSON_GetArrayItem(SUB,i)->valuestring);             //解析数组中的字符串
41.     }
42.     printf("\n");
43.     cJSON* TIM = cJSON_GetObjectItem(cjson,"time");                       //解析数组
44.     int TIM_size = cJSON_GetArraySize(TIM);                               //获取数组成员个数
45.     for(i=0;i<TIM_size;i++)
46.     {
47.         printf("%d ",cJSON_GetArrayItem(TIM,i)->valueint);                //解析数组中的整型数字
48.     }
49.     printf("\n");
50.     cJSON* GRA = cJSON_GetObjectItem(cjson,"grade");                      //解析数组
51.     int GRA_size = cJSON_GetArraySize(GRA);                               //获取数组成员个数
52.     for(i=0;i<GRA_size;i++)
53.     {
54.         printf("%f ",cJSON_GetArrayItem(GRA,i)->valuedouble);             //解析数组中的浮点型数字
55.     }
56.     printf("\n");
57.     cJSON* STU = cJSON_GetObjectItem(cjson,"student");                    //解析数组
58.     int STU_size = cJSON_GetArraySize(STU);                               //获取数组成员个数
59.     cJSON* STU_item = STU->child;                                         //获取子对象
60.     for(i=0;i<STU_size;i++)
61.         {
62.         //解析数组中对象的字符串
63.     printf("%s ",cJSON_GetObjectItem(STU_item,"name")->valuestring);
64.         //解析数组中对象的整型数字
```

```
65.         printf("%d ",cJSON_GetObjectItem(STU_item,"age")->valueint);
66.         //解析数组中对象的逻辑值——输出逻辑值对应的宏定义数值
67.         printf("%d\n",cJSON_GetObjectItem(STU_item,"gender")->type);
68.         STU_item = STU_item->next;     //跳转到下一个对象中
69.     }
70.     cJSON_Delete(cjson);               //清除结构体
```

JSON 数据中提取出的有效信息。

```
1.   /********************以下是提取的数据*********************/
2.   MQ
3.   25
4.   183.5
5.   1
6.   China
7.   123456
8.   政治  数学  英语  专业课
9.   123 456 789 150
10.  66.510000 118.520000 61.530000 128.540000
11.  张三  24 1
12.  李四  25 2
13.  王五  26 4
```

任务实施

物联网云平台设备创建

1. NB-IoT 接入物联网云平台

（1）功能分析。根据 NB-IoT 工作原理，通过龙芯 1B 开发板发送 AT 配置指令，完成工作模式配置和 MQTT 的连接，并根据平台协议发送指定 JSON 格式数据，完成传感器数据的云接入。

图 9-21　百科荣创云平台

- 物联网云平台设备创建；
- 初始化串口（设置波特率）；
- 发送 NB-IoT 的模式切换 AT 指令；
- 发送 MQTT 连接的 AT 指令；
- 使用 cJSON 创建 JSON 格式数据；
- 接收云平台下发的数据；
- 使用 cJSON 解析 JSON 数据。

（2）物联网云平台设备创建。

① 登录百科荣创物联网云平台，如图 9-21 所示。

② 添加物联网设备。登录成功后单击“设备管理”按钮，进入设备管理界面，在管理界面单击“增加设备”按钮，进行云平台接入设备的创建。

图 9-22　设备管理界面

在设备添加界面，首先填写设备名称“新基建智慧灯杆”，然后选择设备类型“智慧城市”便于分类查找，协议类型支持 TCP\HTTP\MQTT\UDP 等，这里选择 MQTT 协议，数据报文类型支持 JSON 格式和二进制码流，这里选择 JSON 格式，还可以单击“更换图片”按钮，进行自定义图片的更换，配置完成后单击“确认提交”按钮，即可完成设备创建，如图 9-23 所示。

添加完设备后，返回设备管理界面后可以看到新创建的设备，单击“设备编辑”按钮进行设备内模块的创建及模型编辑，如图 9-24 所示。

图 9-23　设备添加界面

图 9-24　新基建智慧灯杆设备

进入编辑界面后，可以看到设备名称及设备标识（设备标识具有唯一性），还可以显示设备状态是否在线。

模块是平台中“传感器”和“执行器”的总称，例如可以把“温湿度传感器”想象为一个模块。一般来说，设备会包含多个模块，各模块下可能存在多个数据。在模块模型界面中单击“增加新模块”按钮，进行模块的添加，如图 9-25 所示。

图 9-25　增加新模块

在模块设置界面填写模块名称“PM25 传感器”，以及模块标识“pm25_drv”。注意模块标识由英文/数字/下画线组成，且在同设备中模块标识具有唯一性，需避免重复。选择展示图表，可在数据大屏界面展示获取的数据，如图 9-26 所示。

新基建智慧灯杆

模块增加

设备列表 / 新基建智慧灯杆 / 模块添加

模块名称　　2-20个字符，必填

PM25传感器

模块标识　　2-20个英文/数字/下划线字符，必填

pm25_drv

是否展示图表　　必选

展示图表

确认提交

图 9-26　模块设置界面

模块设置完成后，可在模块列表界面查看模块名称和模块标识，在右上角单击“增加模型”按钮，为模块添加数据模型，如图 9-27 所示。

模块中不同的数据规格就是模型，例如一个简单的光照度传感器，就只有“光照度”这一个数据模型，在该模块下建立一个模型即可；但也存在例如“温湿度传感器”一类包含“温度”“湿度”等多个值的传感器，这时就需要建立多个模型。

增加新模块
- 折叠所有模块
什么是模块?
什么是模型?
PM25传感器
模块标识:pm25_drv　HEX标识:0X00
编辑模块
X 删除模块
+ 增加模型
该模块还未创建任何模型~

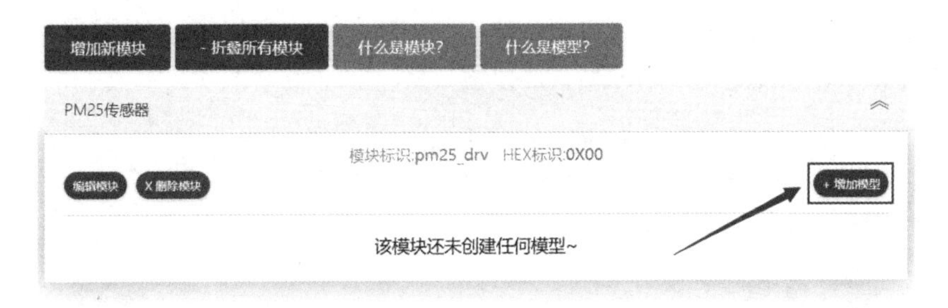

图 9-27　增加模型

因为设备在上传数据时以“模块”为单位，需要提前告知云平台以何种方式解析设备数据，以及其中包含几种数据。

在模型设置界面，填写模型名称“PM25 传感器数据”，以及模型标识“pm25_data”。注意模型标识由英文/数字/下画线组成，且在单个模块中具有唯一性。还可以添加计量单位（μg/m^3），为了便于数据大屏展示，数据类型选择整数型，还提供浮点型、布尔型、ASCII 字符串型等多种解析类型，如图 9-28 所示。

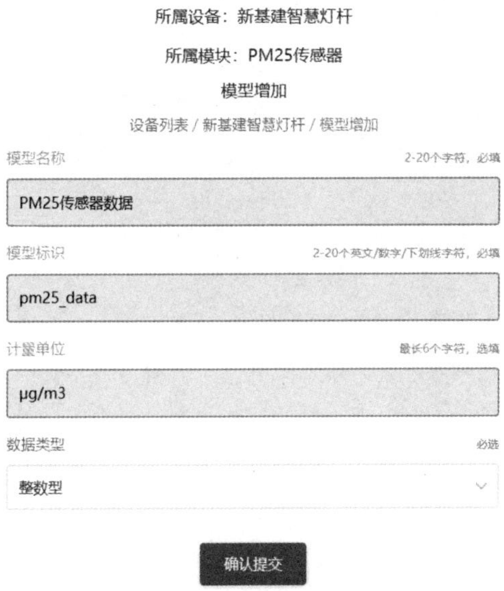

所属设备：新基建智慧灯杆
所属模块：PM25传感器
模型增加
设备列表 / 新基建智慧灯杆 / 模型增加
模型名称
2-20个字符，必填
PM25传感器数据
模型标识
2-20个英文/数字/下划线字符，必填
pm25_data
计量单位
最长6个字符，选填
μg/m3
数据类型
必选
整数型
确认提交

图 9-28　模型设置界面

单击“确认提交”按钮后，返回模块列表界面，可看到模块下有对应的模型信息，可继续进行添加或修改模型，如图 9-29 所示。

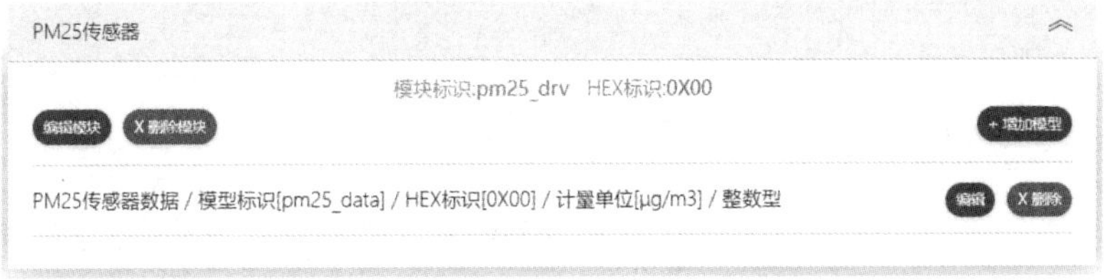

PM25传感器
模块标识:pm25_drv　HEX标识:0X00
编辑模块
X 删除模块
+ 增加模型
PM25传感器数据 / 模型标识[pm25_data] / HEX标识[0X00] / 计量单位[μg/m3] / 整数型
编辑
X 删除

图 9-29　模型添加成功

按照数据需求依次添加报警器、光照度传感器、PM10 传感器、噪声传感器、大气压传感器、风速传感器等模块，并添加对应格式的模型数据，如图 9-30 所示。

增加新模块 - 折叠所有模块 什么是模块? 什么是模型?

报警器
模块标识:remote_alarm_drv HEX标识:0X06
编辑模块 X 删除模块 + 增加模型
报警器数据 / 模型标识[remote_alarm_data] / HEX标识[0X00] / 无计量单位 / 布尔型 编辑 X 删除

光照度传感器
模块标识:light_drv HEX标识:0X05
编辑模块 X 删除模块 + 增加模型
光照度传感器数据 / 模型标识[light_data] / HEX标识[0X00] / 计量单位[lx] / 整数型 编辑 X 删除

PM10传感器
模块标识:pm10_drv HEX标识:0X04
编辑模块 X 删除模块 + 增加模型
PM10传感器数据 / 模型标识[pm10_data] / HEX标识[0X00] / 计量单位[ug/m3] / 整数型 编辑 X 删除

噪声传感器
模块标识:noise_drv HEX标识:0X03
编辑模块 X 删除模块 + 增加模型
噪声传感器数据 / 模型标识[noise_data] / HEX标识[0X00] / 计量单位[dB] / 浮点型 编辑 X 删除

大气压传感器
模块标识:pressure_drv HEX标识:0X02
编辑模块 X 删除模块 + 增加模型
大气压传感器数据 / 模型标识[pressure_data] / HEX标识[0X00] / 计量单位[KPa] / 浮点型 编辑 X 删除

风速传感器
模块标识:wind_speed_drv HEX标识:0X01
编辑模块 X 删除模块 + 增加模型
风速传感器数据 / 模型标识[wind_speed_data] / HEX标识[0X00] / 计量单位[m/s] / 浮点型 编辑 X 删除

PM25传感器
模块标识:pm25_drv HEX标识:0X00
编辑模块 X 删除模块 + 增加模型
PM25传感器数据 / 模型标识[pm25_data] / HEX标识[0X00] / 计量单位[ug/m3] / 整数型 编辑 X 删除

图 9-30 添加传感器模块

在设备编辑界面单击“接入信息”按钮，可查看该设备的 MQTT 接入信息，以及 HTTP 的请求访问地址，如图 9-31 所示。

图 9-31　查看接入信息

在接入信息中有 MQTT 的连接信息：MQTT 接入地址、MQTT 端口号、MQTT 账号和 MQTT 密码、MQTT 上行话题、MQTT 下行话题等，如图 9-32 所示。

设备侧接入：

设备名称：新基建智慧灯杆

设备协议类型：MQTT

设备报文类型：JSON

设备标识（字符串，json使用）：7cd979ec4d203614

设备标识（HEX字符串，二进制使用）：37 63 64 39 37 39 65 63 34 64 32 30 33 36 31 34

MQTT接入地址：115.28.209.116

MQTT端口号：1883

MQTT账号：bkrc

MQTT密码：88888888

MQTT ClientID：3e8143dbacd6deed50e0e9db799bca26
ClientID可以任意填写，但如果发起不同连接使用相同的ClientID，仅会保持最后连接者在线

MQTT上行话题(Topic)：device/7cd979ec4d203614/up

MQTT下行话题(Topic)：device/7cd979ec4d203614/down

图 9-32　接入信息

还有应用侧接入 GET 访问的 url 地址，可进行设备和相关模块最新数据查询，以及 POST 请求，进行模块删改操作等，如图 9-33 所示。

应用侧接入：

设备相关：

设备信息查询(GET)- https://www.r8c.com/index/iot/api/7cd979ec4d203614/get-device.html

模块-模型相关：

模块最新数据查询(GET)- https://www.r8c.com/index/iot/api/7cd979ec4d203614/get-cell-data-list.html

模块-模型列表查询(GET)- https://www.r8c.com/index/iot/api/7cd979ec4d203614/get-cell-model-list.html

新增模块(POST)- https://www.r8c.com/index/iot/api/7cd979ec4d203614/add-cell.html

编辑模块(POST)- https://www.r8c.com/index/iot/api/7cd979ec4d203614/update-cell.html

图 9-33　请求地址

（3）NB-IoT 接入物联网云平台。

物联网云平台设备接入

① 串口的初始化设置。NB-IoT 模组是通过串口发送 AT 指令进行工作模式配置和数据收发的，与 NB 模组连接的串口为 UART4，如图 9-34 所示。

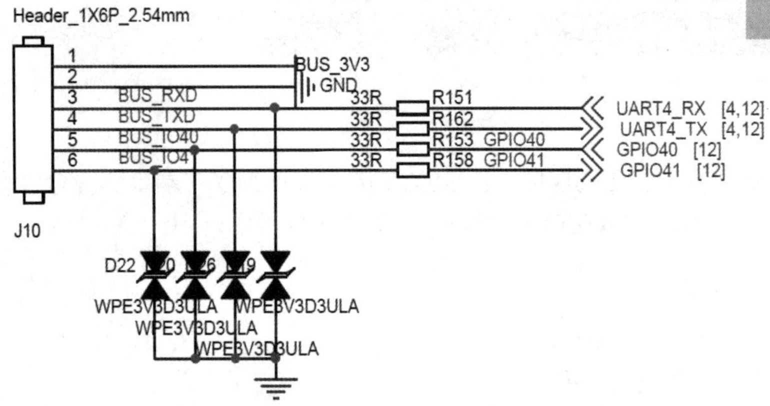

图 9-34　UART4 接口原理图

初始化 UART4，设置波特率为 9600bps，打开串口。

```
1.  void NB_IoT_Uart_Init(void)
2.  {
3.      unsigned int baud = 9600;
4.      ls1x_uart_init(devUART4, (void *)baud);
5.      ls1x_uart_open(devUART4, NULL);
6.  }
```

② NB-IoT 模组 AT 指令设置。根据 NB 模组 AT 指令创建 NB-IoT 重启指令。

```
1.  //NB-IoT 重启指令
2.  char *nbiot_rest[]=
3.  {
4.      "AT+NRB\r\n",
5.      "+++\r\n"
6.  };
```

根据 MQTT 连接信息，设置 MQTT 接入 AT 指令，在关闭 TCP 通道后选择 MQTT 协议，打开透传模式进行 MQTT 接入，配置 MQTT 客户端 ID、用户名及密码，确定 MQTT 订阅、发布主题及服务质量，用于数据的发送和接收。

```
1.  //初始化指令
2.  char *nbiot_init_dat[]=
3.  {
4.      "AT+SOCKONOFF=0,0\r\n",   //关闭 TCP/UDP 通道
```

```
5.    "AT+PDUTYPE=1\r\n",          //选择 MQTT 协议，0 表示 TCP/UDP，1 表示 MQTT/COAP 协议
6.    "AT+EBYTEAPP=1\r\n",         //打开亿佰特透传应用，0 表示关闭透传模式，1 表示打开透传模式
7.    "AT+MQTTMODE=2\r\n",     //MQTT 模式配置，1 表示接入阿里云，2 表示接入 onenet 和其他平台，
3 表示接入百度云
8.    "AT+MQTTADDR=47.92.249.234,1883\r\n", //MQTT 地址和端口号配置
9.    "AT+MQTTCONN=bkrc,bkrc,88888888\r\n", //MQTT 信息配置，客户端 ID、用户名及密码
10.   "AT+MQTTSUBTOP=device/7cd979ec4d203614/down,0\r\n",//MQTT 订阅主题、服务质量
11.   "AT+MQTTPUBTOP=device/7cd979ec4d203614/up,0\r\n",   //MQTT 发布主题、服务质量
12.   "AT+MQTTALIVE=600\r\n",   //MQTT 和服务器 keeppalive 配置，单位为秒，默认为 600 秒
13.   "ATD*98\r\n",                //消息发送
14. };
```

进行软件初始化时，依次调用初始化 AT 指令进行配置，每发送一条 AT 指令后需等待反馈信息，如图 9-35 所示。初始化完成后即完成了云平台 MQTT 的接入，此时可以进行 JSON 数据的发送和接收。

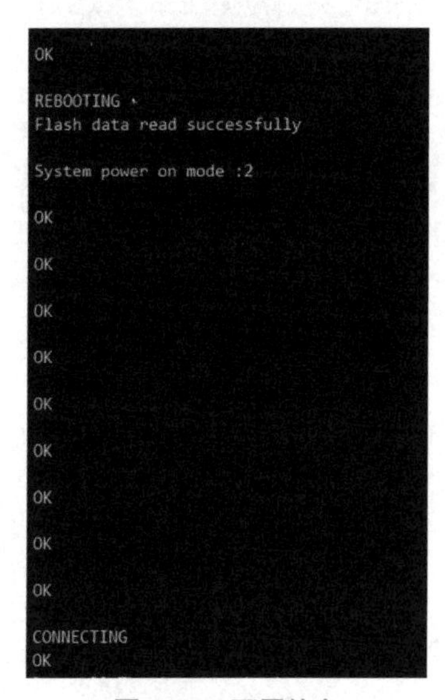

图 9-35　配置信息

```
1.  memset(str,0,sizeof(str));
2.  NBIOT_Send(nbiot_init_dat[0]);//关闭 TCP/UDP 通道
3.  delay_ms(300);
4.  len = ls1x_uart_read(devUART4, str, 256, NULL);//读取 NB 返回数据
5.  if(len > 0)
6.  {
7.      printk(str);
8.  }
```

（4）JSON 格式数据上传。根据云平台数据上传格式要求，生成对应格式数据，“sign”为

设备标识，“type”为数据类型，“data”为待发送的传感器数据。

```
1.  /*
2.    {
3.        "sign": "7cd979ec4d203614",
4.        "type": 1,
5.        "data": {
6.            "模块标识": {
7.                "模型标识": 23,
8.            }
9.        }
10.   }
11.  */
12. cJSON *json = cJSON_CreateObject();         //创建 Json 对象 1
13. cJSON *json1 = cJSON_CreateObject();        //创建 Json 对象 2
14. cJSON *json2 = cJSON_CreateObject();        //创建 Json 对象 3
15. //在对象上添加键值对
16. cJSON_AddStringToObject(json, "sign", "7cd979ec4d203614");
17. cJSON_AddNumberToObject(json, "type", 1);
18. //添加组
19. cJSON_AddItemToObject(json, "data", json1);
20. //添加各传感器
21. cJSON_AddItemToObject(json1, "pm25_drv", json2);
22. //填充真实数据
23. cJSON_AddNumberToObject(json2, "pm25_data", pm25_value);
24. out=cJSON_Print(json);           //转换为字符串
25. sprintf(sdat,"%s",out);          //提取到静态内存中
26. cJSON_Delete(json);              //释放
27. lwmem_free_ex(out);              //释放
28. printk(sdat);
29. NBIOT_Send(sdat);                //将提取内容发布
```

要进行多模块数据的发送，可依次在“data”组中进行添加模块和模型数据，或每次发送一种模块数据。发送的 JSON 数据如图 9-36 所示。

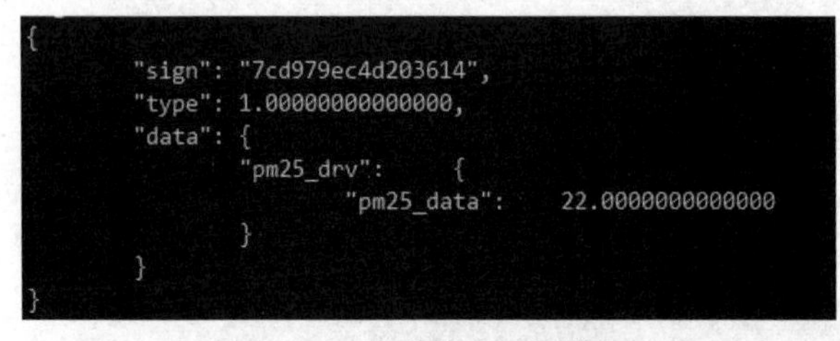

图 9-36　发送的 JSON 数据

数据发送成功后，若订阅和发布主题正确，JSON 数据格式正确，即可在云平台查看接收到的数据，如图 9-37 所示。

图 9-37　设备数据

单击“数据大屏”按钮，还可以进行接收数据的图表拟物展示。

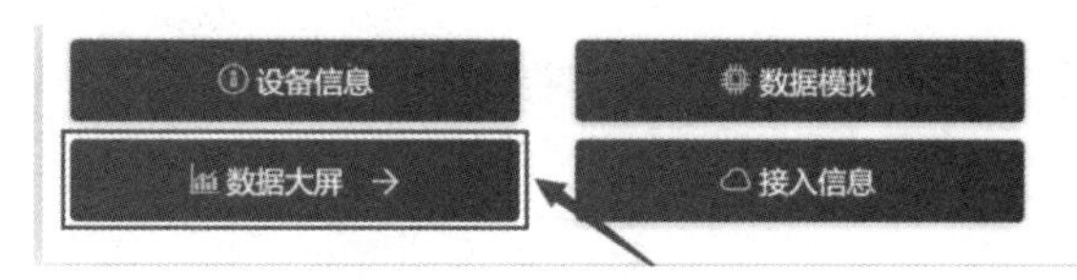

图 9-38　选择数据大屏

可通过拟物设置选择虚拟物品进行状态显示，或通过文本、图表样式进行数据展示，如图 9-39 所示。

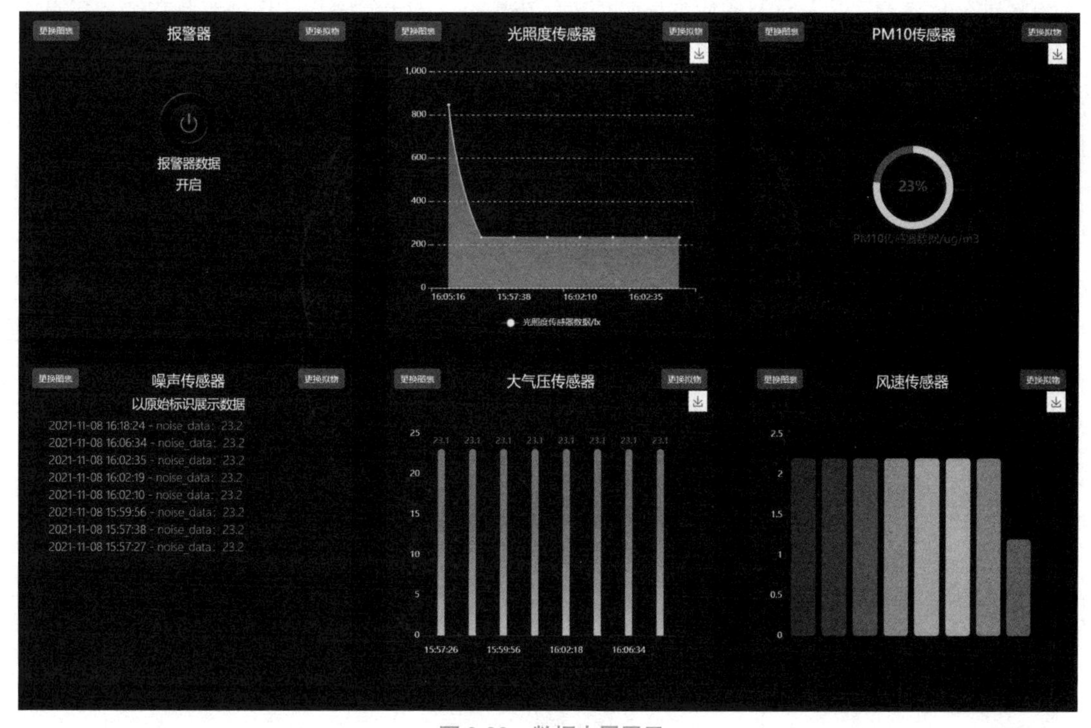

图 9-39　数据大屏展示

任务拓展

1．现需要上传温湿度数据，在云平台创建温湿度模块并添加温度和湿度模型，接着写出平台发送所需要的 JSON 格式数据。

2．使用 cJSON 库构建上述温湿度发送 JSON 数据。

3．学习云平台数据下发功能，通过发送指定 JSON 数据进行指定 LED 灯的点亮与熄灭，或进行风扇控制。编写完整程序，使用 cJSON 库进行 JSON 数据解析，将程序烧写至龙芯 1B 开发板查看现象。

任务 9.3　智慧灯杆综合设计与开发

任务分析

智慧灯杆不仅可以实现城市路灯灯杆的综合利用，通过丰富多彩的画面装饰环境，使得马路不再单调，而且可以根据不同节日和市里重大活动安排播放相应的宣传内容，营造节日和活动气氛，美化市容，并及时发布应急信息或提示市民每天的天气变化、环境监测数据、交通疏导、停车位占用、突发事件预警等情况，如图 9-40 所示。智慧灯杆屏打破了信息传递的壁垒，将各种智慧数据可视化，助力打造智慧城市。

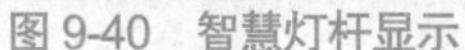
图 9-40　智慧灯杆显示

智慧灯杆信息与广告展示 UI 开发

本任务要求实现智慧灯杆显示控制功能，通过对 LVGL 任务（Task）框架的使用，实现数据获取和 UI 显示的分时进行，确保数据显示的时效性。在进行环境数据采集时，通过折线图表显示各个时段的光照值的变化，使用仪表盘对 PM2.5、PM10、噪声数据进行实时监测显示，以及设置阈值提示。在进行 RGB 路灯控制时，通过颜色轮盘进行颜色选择。

建议学生带着以下问题进行本任务的学习和实践。

- 如何进行数据采集和显示的 LVGL 任务（Task）调度？
- 如何进行光照度折线图显示？
- 如何使用颜色轮盘获取 RGB 数据？

9.3.1　LVGL 任务（Task）系统

LVGL 具有内置的任务系统，可以注册一个函数使其定期被调用，如在 lv_task_handler()中每隔几毫秒定期处理和调用任务。任务是非抢占式的，这意味着一项任务无法中断另一项任务。

lv_task_create(lv_task_cb_t task_xcb, uint32_t period, lv_task_prio_t prio, void * user_data)函数的作用是创建一个新任务。

task_xcb 是该任务的回调函数；

period 是该任务的调用周期，单位为 ms；

prio 是该任务的优先级，user_data 为用户自定义参数。任务优先级有如下几种：

- LV_TASK_PRIO_LOWEST,　　　　//最低优先级
- LV_TASK_PRIO_LOW,　　　　//低优先级
- LV_TASK_PRIO_MID,　　　　//中间优先级
- LV_TASK_PRIO_HIGH,　　　　//高优先级
- LV_TASK_PRIO_HIGHEST,　　　　//最高优先级

9.3.2　LVGL 选项卡视图（lv_tabview）

选项卡视图对象可用于组织选项卡中的内容，进行不同种类的选项卡切换，并可以在标签栏设置种类名称。

1. lv_tabview_create(lv_obj_t * par, const lv_obj_t * copy)

该函数的作用是创建一个视图对象（Tab View）。

par 指针指向父标签；

copy 指针指向一个选项卡对象，如果不为 NULL，则将复制该对象。

2. lv_tabview_add_tab(lv_obj_t * tabview, const char * name)

该函数的作用是使用指定的名称添加一个新选项卡。

tabview 为需要进行添加的视图对象；

name 为添加选项卡的按钮部分的名称。

在 Tab View 中进行选项卡切换时，可通过单击选项卡的按钮部分进行页面选择，也可以通过左右滑动进行页面切换，或使用 lv_tabview_set_tab_act(tabview,id, LV_ANIM_ON/OFF)函数进

行页面选择，展现效果如图 9-41 所示。

Tab 1　Tab 2　Tab 3

This the first tab

If the content
of a tab
become too long
the it
automatically
become
scrollable.

图 9-41　选项卡视图

9.3.3　LVGL 图表（lv_chart）

图表是可视化数据点的基本对象，LVGL 支持折线图和柱形图两种展现形式，还支持设置分割线、x 轴、y 轴、轴刻度和刻度上的文本。

1. lv_chart_create(lv_obj_t * par, const lv_obj_t * copy)

该函数的作用是创建一个图表对象。
par 指针指向父对象；
copy 指针指向一个图表对象，如果不为 NULL，则将复制该对象。

2. lv_chart_add_series(lv_obj_t * chart, lv_color_t color)

该函数的作用是添加数据序列到图表对象中。
chart 图表指针指向图表对象；
color 为颜色值，决定数据序列显示的颜色。

3. lv_chart_set_type(lv_obj_t * chart, lv_chart_type_t type)

该函数的作用是设置图表显示的类型。
chart 图表指针指向图表对象；
type 为图表类型，显示效果如图 9-42 所示。

- LV_CHART_TYPE_NONE = 0x00,　　//不进行显示
- LV_CHART_TYPE_LINE = 0x01,　　//折线图显示
- LV_CHART_TYPE_COLUMN = 0x02,　　//柱状图显示

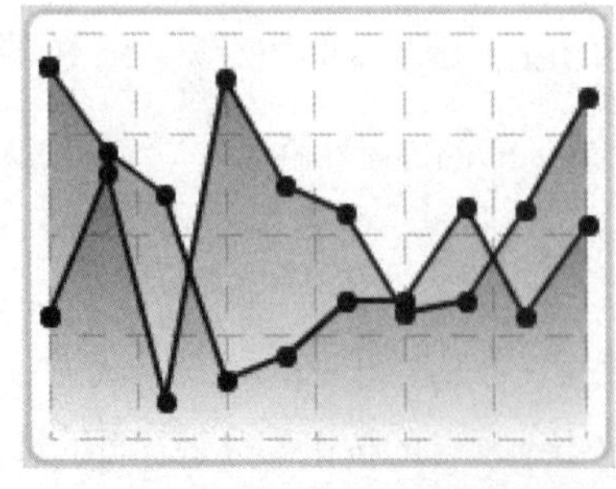
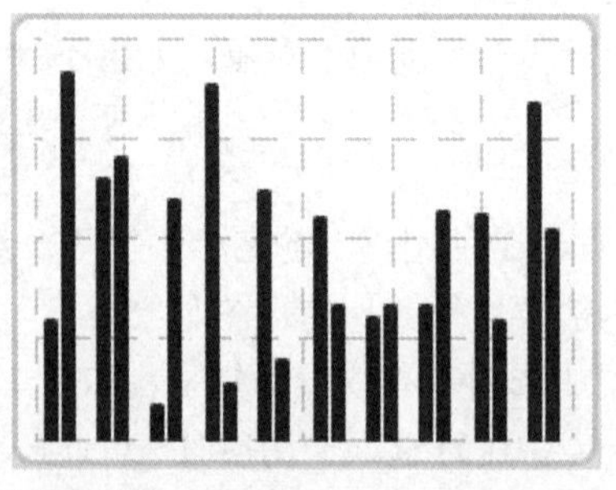

图 9-42　图表显示效果

4. lv_chart_set_div_line_count(lv_obj_t * chart, uint8_t hdiv, uint8_t vdiv);

该函数的作用是设置水平分界线和垂直分界线的数量。
chart 图表指针指向图表对象；
hdiv 和 vdiv 分别代表水平分界线的数量和垂直分界线的数量。

5. lv_chart_set_point_count(lv_obj_t*chart,uint16_t point_cnt);

该函数的作用是在图表上设置数据线的数量，即 x 轴显示数量。
chart 图表指针指向图表对象；
point_cnt 为 x 轴上数据线的数量，如图 9-42 中数据线数量值为 10。

6. lv_chart_set_range(lv_obj_t * chart, lv_coord_t ymin, lv_coord_t ymax)

该函数的作用是设置图表显示的最大值和最小值，即 y 轴数据范围。
chart 图表指针指向图表对象；
ymin 为 y 轴显示的最小值，ymax 为 y 轴显示的最大值。

7. lv_chart_set_x_tick_length (lv_obj_t * chart, uint8_t major_tick_len, uint8_t minor_tick_len)

lv_chart_set_y_tick_length (lv_obj_t * chart, uint8_t major_tick_len, uint8_t minor_tick_len)

这两个函数的作用分别是设置 x 轴和 y 轴上刻线标记长度。
chart 图表指针指向图表对象；
major 和 minor 分别为主刻度和小刻度。

8. lv_chart_set_x_tick_texts (lv_obj_t * chart, const char * list_of_values, uint8_t num_tick_marks, lv_chart_axis_options_t options)

lv_chart_set_y_tick_texts(lv_obj_t * chart, const char * list_of_values, uint8_t num_tick_marks,lv_chart_axis_options_t options)

这两个函数的作用分别是设置 x 轴和 y 轴显示的标签和刻度值。
chart 图表指针指向图表对象；
list_of_values 为字符串形式的列表，以\n 作为分割符，最后一位不用；
num_tick_marks 用于设置两个标签之间的刻度值，为 NULL 时设置默认间隔；
options 为额外选项。

9. lv_chart_set_next(lv_obj_t * chart, lv_chart_series_t * ser, lv_coord_t y)

该函数的作用是动态更新图表显示数据，首先是所有数据向左移动，然后在数据线右边显示最新数据。
chart 图表指针指向图表对象；
ser 指向图表上的数据序列指针；
y 为新添加的数据值。

9.3.4 LVGL 颜色选择器（lv_cpicker）

颜色选择器可通过点击来选择颜色，可依次选择颜色的色调、饱和度和颜色值。颜色选择器具有两种形式：圆形（圆盘）和矩形，分别如图 9-43 和图 9-44 所示。在这两种形式中，长按对象，颜色选择器将更改为颜色的下一个参数（色调、饱和度或颜色值），双击将重置当前参数（默认为红色）。

1. lv_cpicker_create(lv_obj_t * par, const lv_obj_t * copy)

该函数的作用是创建一个颜色选择器对象。

par 指针指向父对象；

copy 指针指向一个颜色选择器对象，如果不为 NULL，则将复制该对象。

2. lv_cpicker_set_type(lv_obj_t * cpicker, lv_cpicker_type_t type)

该函数的作用是设置颜色选择器的类型，分别是圆形和矩形两种。

cpicker 指向颜色选择器对象；

type 为选择的类型，有 LV_CPICKER_TYPE_RECT/LV_CPICKER_TYPE_DISC 矩形/圆形两种（设置时注意矩形显示和圆形显示的长宽比）。

3. lv_color_t lv_cpicker_get_color(lv_obj_t * cpicker)

该函数的作用是获取颜色选择器当前选择的颜色值。

cpicker 指向颜色选择器对象（可通过创建点击事件，在进行颜色的选择后进行颜色数据获取）。

图 9-43　圆形颜色轮盘

图 9-44　矩形颜色选择条

任务实施

1. 智慧灯杆综合系统设计与开发

（1）功能分析。根据智慧灯杆综合设计开发需要，通过龙芯 1B 开发板设计可视化图形界面，用于环境监测数据的实时显示，以及 RGB 灯光颜色的智能调控。

- 智慧灯杆任务系统规划；
- 创建数据监控与智能控制选项卡；
- 创建动态更新光照度图表；
- 创建环境数据展示仪表；
- 设计 RGB 灯光颜色选择器。

（2）任务系统规划。在智慧灯杆综合程序中，有三项主要任务，一是与底层间通信的数据采集任务，二是屏幕界面的环境数据显示任务，三是与云平台间的数据上传任务。根据这三项任务的更新频率设置不同的更新周期和执行内容。数据显示周期为 1s，数据上传周期为 3s，数据采集周期为 500ms。

```
1.  //创建数据显示任务
2.  lv_task_create(my_task1, 1000, LV_TASK_PRIO_LOW, NULL);
3.  //创建数据上传任务
4.  lv_task_create(my_task2, 3000, LV_TASK_PRIO_LOW, NULL);
5.  //创建数据采集任务
6.  lv_task_create(my_task3, 500, LV_TASK_PRIO_HIGH, NULL);
```

在数据显示任务中，通过 LCD 显示传感器数据变化，添加光照度数据到图表，设置仪表盘控件的噪声、PM2.5、PM10 显示数据。

```
1.  //数据显示任务
2.  void my_task1(lv_task_t * task)
3.  {
4.      lv_chart_set_next(chart, s1, light_value);  //添加光照度数据到图表
5.      sprintf(str,"#ffffff Light:%d lx # ",light_value);
6.      lv_label_set_text(label1, str);              //显示光照度数据到文本控件
7.      lv_gauge_set_value(gauge1, 0, noise_value);//设置仪表盘控件数据
8.      lv_label_set_text_fmt(label2,"#01a2b1 %d dB #",(unsigned int)noise_value);//设置文本控件显示噪声数据
9.      lv_gauge_set_value(gauge2, 0, pm25_value);//设置仪表盘控件数据
10.     lv_label_set_text_fmt(label3,"#01a2b1 PM2.5 # \n #01a2b1 %d ug/m3 #",pm25_value);//设置文本控件
显示 PM2.5 数据
11.     lv_gauge_set_value(gauge3, 0, pm10_value);//设置仪表盘控件数据
12.     lv_label_set_text_fmt(label4,"#01a2b1 PM10 # \n #01a2b1 %d ug/m3 #",pm10_value);//设置文本控件显
示 PM10 数据
13. }
```

在数据上传任务中，通过调用 NB-IoT 的数据发送函数，将传感器采集到的数据进行上传，根据云平台 3s 一次的数据接收限制，设定发送周期为 3s。

```
1.  //数据上传
2.  void my_task2(lv_task_t * task)
3.  {
```

```
4.      NBIoT_Pub();
5.  }
```

在数据采集任务中，通过 switch 判断和递增语句，依次进行传感器数据的获取，由于每次执行只进行了单个传感器的数据采集，所以周期设置为 500ms，确保云平台数据上传时采集数据的更新。

```
1.  //数据采集
2.  unsigned char senaor_get_flag=0;
3.  void my_task3(lv_task_t * task)
4.  {
5.      switch(senaor_get_flag)
6.      {
7.          case 0:
8.              sensor_data_get(0);//获取 PM2.5 数据
9.              break;
10.         case 1:
11.             sensor_data_get(1);//获取风速数据
12.             break;
13.         case 2:
14.             sensor_data_get(2);//获取气压数据
15.             break;
16.         case 3:
17.             sensor_data_get(3);//获取噪声数据
18.             break;
19.         case 4:
20.             sensor_data_get(4);//获取 PM10 数据
21.             break;
22.         case 5:
23.             sensor_data_get(5);//获取光照度数据
24.             break;
25.     }
26.     senaor_get_flag++;
27.     if(senaor_get_flag>=6)
28.     {
29.         senaor_get_flag=0;
30.     }
31. }
```

（3）选项卡界面设计。智能灯杆界面分为两个主要部分，一部分是用于数据显示的数据监控界面，另一部分是用于灯光控制的智能控制界面。如果在同一屏幕上显示，而可用的显示空间不足，就可以采取分页方式进行显示。创建主布局界面，在主界面中设置背景和选项卡对象，显示结果如图 9-45 所示。

```
1.  lv_style_init(&style_title);                    //样式的初始化
2.  lv_style_set_text_font(&style_title,LV_STATE_DEFAULT,&myfont12);          //设置字体
3.  //创建主布局界面
4.  lv_obj_t *parent=lv_scr_act();
5.  lv_obj_set_size(parent, 480, 800);              //设置大小
6.  lv_obj_set_style_local_bg_color(parent, LV_OBJ_PART_MAIN, LV_STATE_DEFAULT, LV_COLOR_BLACK);
7.  //设置背景图片
8.  lv_obj_t * img1 = lv_img_create(parent, NULL);
9.  lv_img_set_src(img1, &img_bg);
10. lv_obj_align(img1, NULL, LV_ALIGN_CENTER, 0, 0);
11. lv_obj_t *tabview;                              //创建 tabview 对象
12. tabview = lv_tabview_create(parent, NULL);      //创建 tabview 控件
13. lv_obj_set_style_local_bg_opa(tabview,LV_TABVIEW_PART_BG,LV_STATE_ DEFAULT,LV_OPA_TRANSP);
14. lv_tabview_set_anim_time(tabview,0);            //设置控件动画时间为 0，关闭动画
15. lv_style_list_t * list = lv_obj_get_style_list(tabview, LV_LABEL_PART_MAIN);//获得当前控件的样式
16. _lv_style_list_add_style(list, &style_title);   //添加新的样式到样式
17. lv_obj_refresh_style(tabview, LV_STYLE_PROP_ALL);//更新样式
18. lv_obj_t  *tab1  =  lv_tabview_add_tab(tabview,  """\xE6\x95\xB0"/* 数 */"""\xE6\x8D\xAE"/* 据 */"""\xE7\
x9B\x91"/*监*/"""\xE6\x8E\xA7"/*控*/"");
19. lv_obj_t  *tab2  =  lv_tabview_add_tab(tabview,  """\xE6\x99\xBA"/* 智 */"""\xE8\x83\xBD"/* 能 */"""\xE6\
x8E\xA7"/*控*/"""\xE5\x88\xB6"/*制*/"");
20. visuals_create(tab1);//创建页面
21. controls_create(tab2);//创建页面
```

图 9-45　选项卡界面

（4）图表界面设计。在显示光照度数据时，为了看到实时光照度的变化，可通过图表控件中的折线图来显示。具体操作方法：设置图表为折线图显示，数据范围为 0～4000Lx，图表上显示 10 个数据，如图 9-46 所示。

```
1.  chart = lv_chart_create(parent, NULL);          //创建图表控件
2.  lv_obj_set_width_margin(chart, 450);            //设置控件宽度
3.  lv_obj_set_height_margin(chart, 280);           //设置控件高度
4.  lv_chart_set_div_line_count(chart, 3, 5);       //设置图表分割线数量，只有水平分割线
```

```
5.  lv_chart_set_point_count(chart, 10);                    //设置图表点数
6.  lv_chart_set_type(chart, LV_CHART_TYPE_LINE);           //设置为折线图
7.  lv_chart_set_range(chart, 0, 4000)                      //设置图表数据范围
8.  lv_obj_align(chart, parent, LV_ALIGN_IN_TOP_MID, 0, 10);//设置图表位置
9.  //设置图表样式
10. lv_obj_set_style_local_bg_opa(chart, LV_CHART_PART_SERIES, LV_STATE_ DEFAULT, LV_OPA_80);
11. lv_obj_set_style_local_bg_grad_dir(chart, LV_CHART_PART_SERIES, LV_STATE_ DEFAULT, LV_GRAD_DIR_VER);
12. lv_obj_set_style_local_bg_main_stop(chart, LV_CHART_PART_SERIES, LV_STATE_ DEFAULT, 255);
13. lv_obj_set_style_local_bg_grad_stop(chart, LV_CHART_PART_SERIES, LV_STATE_ DEFAULT, 0);
14. //设置图表内框位置
15. lv_obj_set_style_local_pad_left(chart,   LV_CHART_PART_BG, LV_STATE_ DEFAULT, 5 * (LV_DPI / 13));
16. lv_obj_set_style_local_pad_bottom(chart,   LV_CHART_PART_BG, LV_STATE_ DEFAULT, 3 * (LV_DPI / 13));
17. lv_obj_set_style_local_pad_right(chart,   LV_CHART_PART_BG, LV_STATE_ DEFAULT, 2 * (LV_DPI / 13));
18. lv_obj_set_style_local_pad_top(chart,   LV_CHART_PART_BG, LV_STATE_ DEFAULT, 2 * (LV_DPI / 13));
19. //设置图表外数据显示风格与数据
20. lv_chart_set_y_tick_length(chart, 0, 0);//设置 Y 轴刻度线长度为 0
21. lv_chart_set_x_tick_length(chart, 0, 0);//设置 X 轴刻度线长度为 0
22. lv_chart_set_y_tick_texts(chart, "4000\n3000\n2000\n1000\n0", 0, LV_CHART_ AXIS_DRAW_LAST_TICK);
23. lv_chart_set_x_tick_texts(chart, "1\n2\n3\n4\n5\n6\n7\n8\n9\n10", 0, LV_ CHART_AXIS_DRAW_LAST_TICK);
24. //添加线
25. s1 = lv_chart_add_series(chart, LV_THEME_DEFAULT_COLOR_PRIMARY);
```

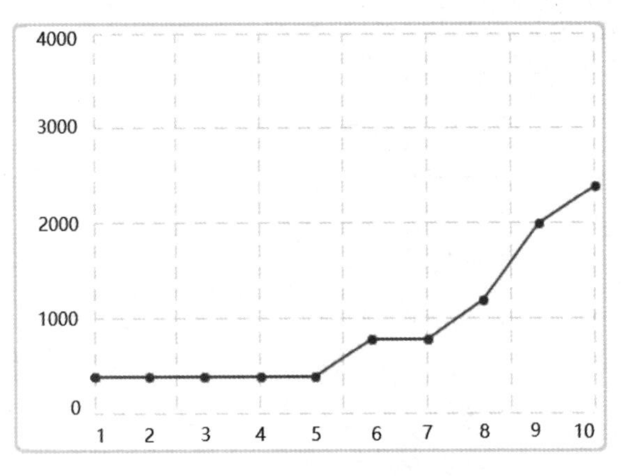

图 9-46　光照度数据折线图显示

（5）仪表盘界面设计。在进行噪声、PM2.5、PM10 数据显示时，通过仪表盘控件进行显示，使用仪表盘控件能及时、明确地显示当前监测数据，还可以设置数据阈值，当超过阈值时改变表盘颜色，如图 9-47 所示。

```
1.  static lv_color_t needle_colors[3];            //创建指针颜色数组
2.  needle_colors[0] = LV_COLOR_BLUE;              //设置指针颜色为蓝色
3.  gauge1 = lv_gauge_create(parent, NULL);        //创建仪表盘控件
```

```
4.  lv_gauge_set_needle_count(gauge1, 1, needle_colors);//设置仪表盘为一个指针
5.  lv_obj_set_size(gauge1, 200, 200);       //设置大小
6.  lv_gauge_set_range(gauge1, 0, 120);    //设置数据显示范围
7.  lv_gauge_set_critical_value(gauge1,80);//设置仪表盘临界值
8.  lv_obj_align(gauge1, label1, LV_ALIGN_OUT_BOTTOM_MID, 0, 10);//设置位置
9.  label2 = lv_label_create(parent, NULL); //创建噪声分贝显示文本控件
10. lv_label_set_recolor(label2, true);         //设置字体颜色可修改属性
11. lv_obj_align(label2, gauge1, LV_ALIGN_IN_BOTTOM_MID, -15, -15);//设置位置
12. gauge2 = lv_gauge_create(parent, NULL);//创建仪表盘控件
13. lv_gauge_set_needle_count(gauge2, 1, needle_colors);//设置仪表盘为一个指针
14. lv_obj_set_size(gauge2, 200, 200);       //设置大小
15. lv_gauge_set_range(gauge2, 0, 120);    //设置数据显示范围
16. lv_gauge_set_critical_value(gauge2,80);//设置仪表盘临界值
17. lv_obj_align(gauge2, gauge1, LV_ALIGN_OUT_BOTTOM_LEFT, -120, 0);//设置位置
18. label3 = lv_label_create(parent, NULL);  //创建 PM2.5 显示文本控件
19. lv_label_set_recolor(label3, true);         //设置字体颜色可修改属性
20. lv_obj_align(label3, gauge2, LV_ALIGN_IN_BOTTOM_MID, -30, -30);//设置位置
21. gauge3 = lv_gauge_create(parent, NULL);//创建仪表盘控件
22. lv_gauge_set_needle_count(gauge3, 1, needle_colors);//设置仪表盘为一个指针
23. lv_obj_set_size(gauge3, 200, 200);       //设置大小
24. lv_gauge_set_range(gauge3, 0, 120);    //设置数据显示范围
25. lv_gauge_set_critical_value(gauge3,80);//设置仪表盘临界值
26. lv_obj_align(gauge3, gauge1, LV_ALIGN_OUT_BOTTOM_RIGHT, 120, 0);//设置位置
27. label4 = lv_label_create(parent, NULL);  //创建 PM10 显示文本控件
28. lv_label_set_recolor(label4, true);         //设置字体颜色可修改属性
29. lv_obj_align(label4, gauge3, LV_ALIGN_IN_BOTTOM_MID, -30, -30);//设置位置
```

图 9-47　仪表盘显示

（6）RGB 灯光调色轮盘。在进行 RGB 灯光控制时，通过 RS485 总线发送 R、G、B 三色指令来实现灯光颜色的切换，使用颜色选择器进行灯光颜色的选择，不仅可以快速选择颜色，

调节颜色的饱和度，还能通过颜色轮盘看到选择的颜色值。

```
1.  //创建取色器控件
2.  lv_obj_t* cpicker1 = lv_cpicker_create(h, NULL);
3.  lv_cpicker_set_type(cpicker1, LV_CPICKER_TYPE_DISC);
4.  lv_obj_set_size(cpicker1, 300, 300);
5.  lv_cpicker_set_knob_colored(cpicker1, true);
6.  lv_obj_set_event_cb(cpicker1, cpicker_event_handler);
7.  lv_obj_align(cpicker1, h, LV_ALIGN_IN_BOTTOM_MID, 0, 100);//设置位置
```

在进行颜色轮盘选择时，创建监听事件，当该对象被按下并释放时，通过调用颜色获取函数返回当前轮盘选择的颜色值，然后通过调试串口输出获取到的 RGB 颜色值，再将数据通过 RGB 路灯控制函数发送至路灯，进行颜色切换。

```
1.  unsigned int rgb_color=0;
2.  static void cpicker_event_handler(lv_obj_t* obj, lv_event_t event)
3.  {
4.  
5.      if (event == LV_EVENT_RELEASED)//在对象被释放时调用
6.      {
7.          lv_color_t current_color = lv_cpicker_get_color(obj);
8.          rgb_color= (current_color.ch.red<<16)+(current_color.ch.green<<8)+(current_color.ch.blue);
9.          printf("LV_EVENT_VALUE_CHANGED %x\n", rgb_color);
10.         Get_RGB_Ctrl(0x00,rgb_color);
11.     }
12. }
```

如图 9-48 所示，当前串口打印信息为 RGB 颜色值。由 RGB 颜色值的范围可知，颜色选择器输出值范围为 RGB565 格式，即 R 值范围为 0～0x1f，G 值范围为 0~0x3f，B 值范围为 0～1f。

```
LV_EVENT_VALUE_CHANGED 1f0300
LV_EVENT_VALUE_CHANGED 1f0000
LV_EVENT_VALUE_CHANGED 1f3900
LV_EVENT_VALUE_CHANGED 1f3f00
LV_EVENT_VALUE_CHANGED 1f001f
LV_EVENT_VALUE_CHANGED 1b001f
LV_EVENT_VALUE_CHANGED   1f1f
LV_EVENT_VALUE_CHANGED   3f0d
```

图 9-48　串口打印颜色数据

在进行程序固化之前，需要连接好相关硬件设备，将气象站传感器、RGB 灯连接到龙芯 1B 开发板的 A、B 接口上，下载运行程序后，默认加载数据监控界面，如图 9-49 所示。通过仪表、图表等控件显示环境监测数据，单击上方分页的智能控制选项，可切换到智能控制界面（见图 9-50），可进行 RGB 灯光的切换，以及广告牌信息的展示。

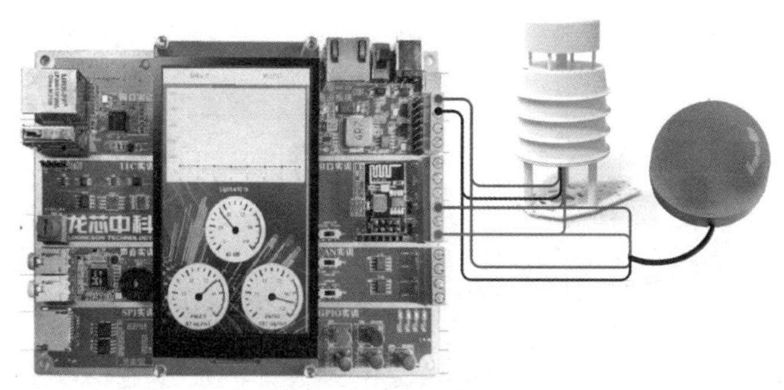

图 9-49　数据监控界面

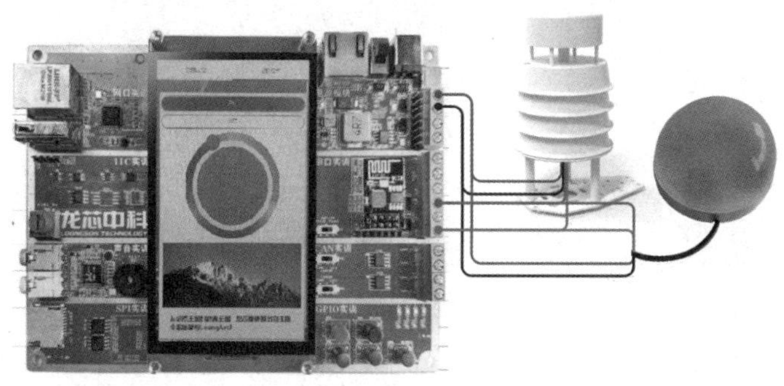

图 9-50　智能控制界面

任务拓展

1. 设计温湿度图表，通过柱状图进行显示，y 轴上的数据范围为 0～100，x 轴上显示 8 条数据，其中设置温度数据为红色，湿度数据为蓝色。编写完整程序，将程序烧写至龙芯 1B 开发板查看现象。

---

2. 将颜色选择器更换为矩形滑动条，可节省空间，在下方空余位置进行图片显示，如可显示城市标语字样等。编写完整程序，将程序烧写至龙芯 1B 开发板查看现象。

总结与思考

1. 项目总结

新基建智慧灯杆项目在前面嵌入式技术的基础上，加入了 RS485 总线技术和物联网云平台技术，随着新基建的加速，城市将变得更加智慧。当前，物联网、人工智能、大数据等新型基础设施正被加速应用到社会治理中，帮助各地解决政务、交通、应急等领域的难题。

随着知识更新的不断加快，社会分工日益细化，新技术、新模式层出不穷，这既为我们提供了展示能力的舞台，也对我们的学习能力提出了更高要求。学习能力决定工作水平，一个优秀的技术人员应该是全方位的，不但在知识上需要不断更新，在自身的领域上也需要不断精进。

根据完成新基建智慧灯杆项目的情况，填写项目任务单和项目评分表，分别如表 9-16 和表 9-17 所示。

表 9-16　项目任务单

任 务 单

班级：________　学号：________　姓名：________

任务要求	1 完成 RS485 气象站传感器的数据采集； 2 掌握物联网云平台的设计开发； 3 完成智慧灯杆 NB-IoT 接入物联网应用开发； 4 完成智慧灯杆综合设计应用开发
任务实施	
任务完成情况记录	
已掌握的知识与技能	
遇到的问题及解决方法	
得分	

表 9-17　项目评分表

评 分 表

班级：________　学号：________　姓名：________

考核内容		自 评	互 评	教 师 评	得 分
素质考核（25%）	出勤率（10%）				
	学习态度（30%）				
	语言表达能力（10%）				
	职业行为能力（20%）				
	团队合作精神（20%）				
	个人创新能力（10%）				
任务考核（75%）	方案确定（15%）				
	程序开发（40%）				
	软硬件调试（30%）				
	总结（15%）				
总分					

2. 思考进阶

（1）在新基建智慧灯杆数据监测的基础上，可通过增加人体热释电或红外检测等装置，在红灯状态下有行人靠近时，控制灯光切换为红色进行警告提示。

（2）基于新基建智慧灯杆的物联网云平台功能，尝试移动端访问云平台，在手机 App 或微信小程序上获取当前灯杆数据，并进行远程灯光控制。

课后习题

1．简述 RS485 与 RS232 的相同点和不同点。

2．学习使用百度云平台或华为云、阿里云，更改相关接入信息，通过 NB-IoT 通信节点接入其他物联网云平台。

3．基于智慧灯杆光照监测功能，进行路灯的智能光控，在光照度低于指定阈值时，控制 RGB 灯光强度的变化。RGB 灯光的强度可通过设置 RGB 颜色值的大小来控制。